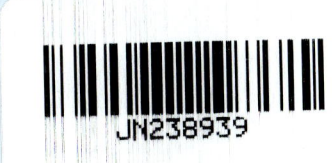

図解

維持・補修に強くなる

一目で分かるインフラ維持管理の教科書

日経コンストラクション編

目次　図解 維持・補修に強くなる

Part 1　コンクリートの基本

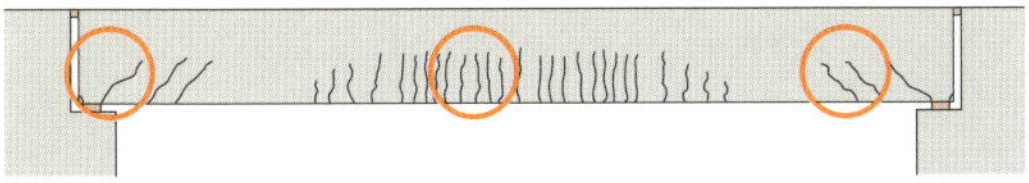

Part 2　コンクリート橋梁上部

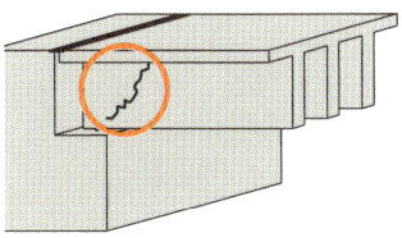

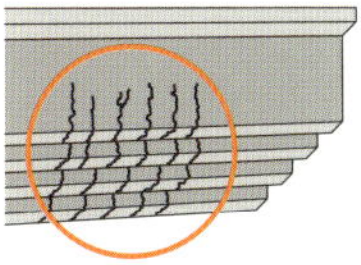

Part 3　コンクリート橋梁下部

Part 4　鋼橋

〈橋梁の地震被害の見極め方〉

Part 5　道路舗装

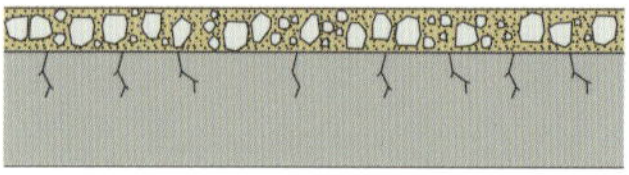
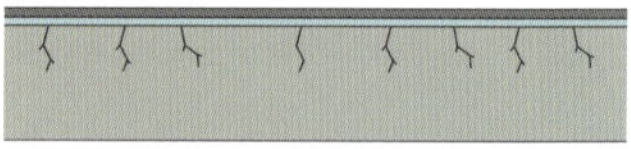

Part 6　下水道

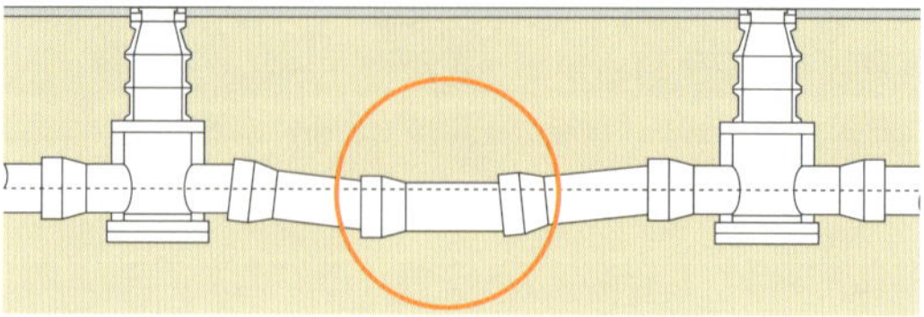

Part 7 トンネル

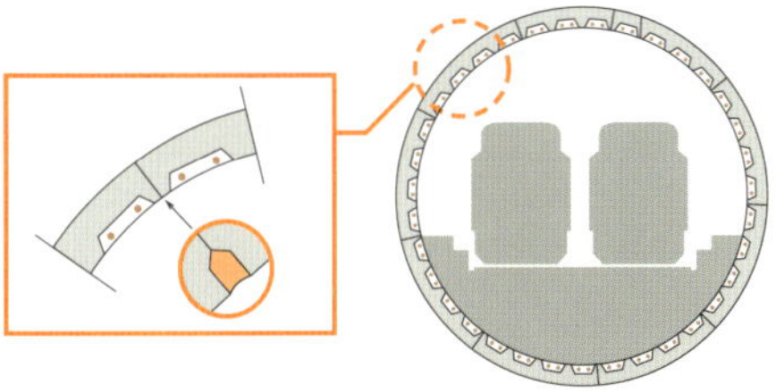

Part 8 港湾施設

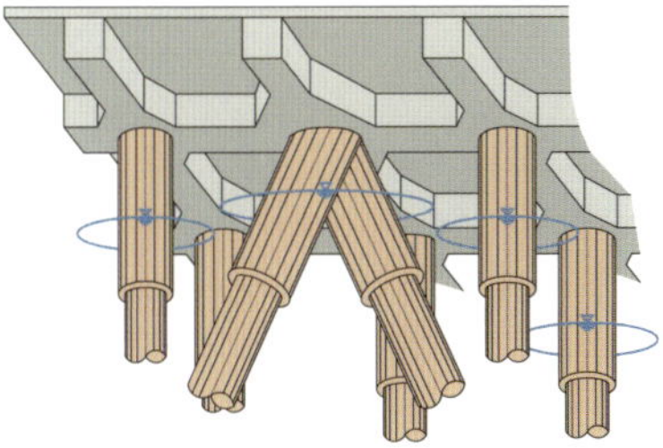

Part 1

コンクリートの基本

コンクリートの劣化分類

劣化パターンと環境条件から原因を判断

塩害や中性化といった経年劣化や構造的欠陥については最低限、日常の維持管理で見分けられるようにならなければならない。コンクリート構造物の維持・補修の基礎として、構造物に生じた変状から劣化要因を見極める要点を解説する。劣化要因ごとのメカニズムを理解して変状パターンを知っておくことが必要だ。

要因別の劣化パターンのポイント

〈塩害〉

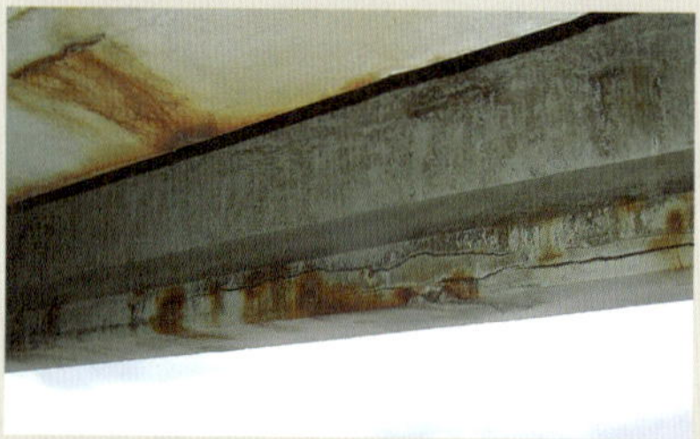

▶PC桁に橋軸方向のひび割れ。PC鋼材の腐食

▶マクロセル腐食*で再劣化。補修箇所のさび流出

〈中性化〉

▶排気ガスが多い車道側高欄の剥落

▶かぶり不足のRC床版下面の剥落

*修復した部分の鉄筋と、塩化物イオンを含む既設コンクリート部分の鉄筋との間に電位差が生じ、既設コンクリート側の鉄筋が腐食する現象

コンクリート構造物に生じる変状は、その要因から初期欠陥や経年劣化、構造的欠陥に大別される。それぞれが複合している場合もあるが、塩害や中性化などの経年劣化と構造的欠陥については最低限、日常の維持管理のなかで見分けることができるようにならなければならない。

〈構造的な欠陥〉

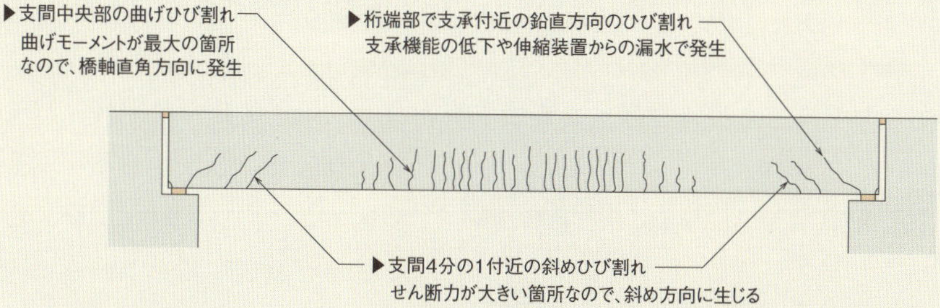
▶支間中央部の曲げひび割れ
曲げモーメントが最大の箇所
なので、橋軸直角方向に発生
▶桁端部で支承付近の鉛直方向のひび割れ
支承機能の低下や伸縮装置からの漏水で発生
▶支間4分の1付近の斜めひび割れ
せん断力が大きい箇所なので、斜め方向に生じる

〈アルカリシリカ反応〉

▶橋台の前面に発生した亀甲状のひび割れ

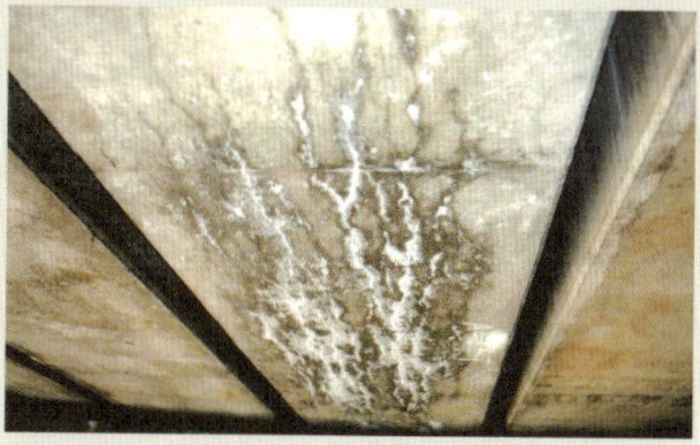

▶PC桁のPC鋼材方向に発生したひび割れ

〈凍害〉

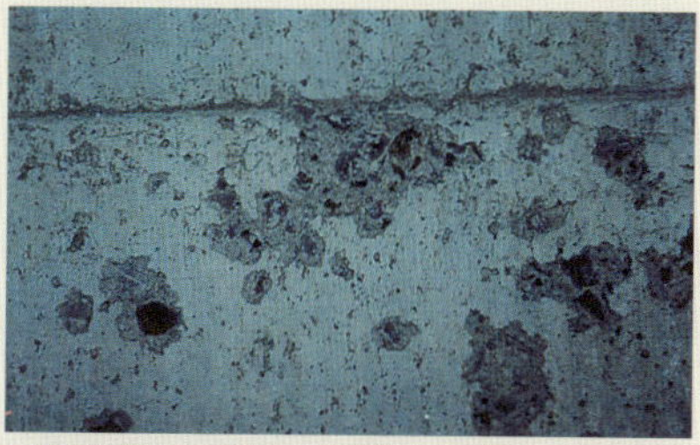

▶最も初期段階の円錐状の剥落（ポップアウト）

▶橋脚の表面が薄片状に剥離（スケーリング）

同じ劣化形状でも原因は異なる

　経年劣化の要因を見極めるには、劣化パターンを知っておく必要がある。そのうえで、構造物が置かれた環境条件を加味して判断する。

例えば、凍結防止剤が散布される地域や沿岸地域の構造物で、内部鋼材に沿ってひび割れが生じていたら、発生原因は塩害と推測できる。

塩害は海から飛来した塩分や凍結防止剤に含まれている塩化物イオンがコンクリート中に浸透し、蓄積することで生じる劣化だ。鋼材位置で塩化物イオン濃度がある限度を超えると、内部の鋼材が腐食して体積が膨張する。この膨張圧により、腐食した鋼材に沿ってひび割れが発生。ひび割れから塩化物イオンが浸入するようになると、内部鋼材の腐食がさらに加速して、かぶりコンクリートの剥離や剥落が始まる。

塩害の仕組み

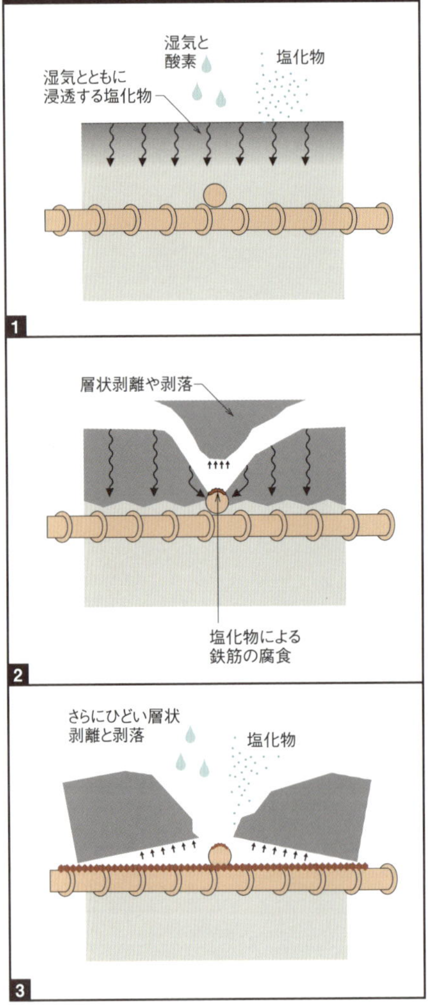

鋼材が露出すると腐食で鋼材断面が減少して、耐荷性能が急速に低下していく。過去に補修された箇所の補修効果が低下することによって、ひび割れや剥離、剥落などの劣化現象が再度発生する場合もある。

内部鋼材に沿ったひび割れでも、塩害環境にはなく、かぶりが不足していたり排気ガスなどの高濃度の二酸化炭素にさらされていたりすれば、中性化が原因と推測できる。

中性化は、空気中の二酸化炭

素がコンクリート内に浸入することで生じる。強アルカリ性のコンクリートが次第にアルカリ性を失い、内部の鋼材が腐食して体積膨張する劣化現象だ。ひび割れが発生すると、そこからさらに二酸化炭素が浸入し、鉄筋の腐食が加速する。

この劣化は、かぶり不足の箇所に多く認められる。直接的に構造物の耐荷性能に影響するものは少ないが、かぶりの剥落によって第三者被害を引き起こす恐れがある。

中性化の仕組み

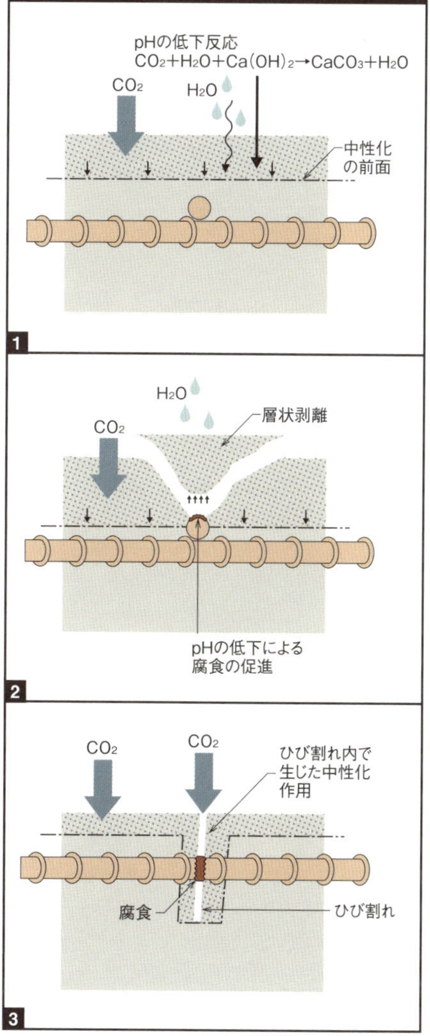

内部でひび割れが進むことも

水分が供給されやすい環境にある構造物のひび割れで、表面の変色やひび割れからの白色析出物がある場合は、アルカリシリカ反応によるものだと推測できる。ひび割れの形状は、無筋や鉄筋量の少ない構造物で亀甲状、RC（鉄筋コンクリート）桁で主鉄筋方向、PC（プレストレスト・コンクリート）桁でPC鋼材方向だ。

アルカリシリカ反応は、骨材中の特定の鉱物とコンクリート中のアルカリ金属イオン、水分が反応することで、骨材の体積が膨張し、ひび割

アルカリシリカ反応の仕組み

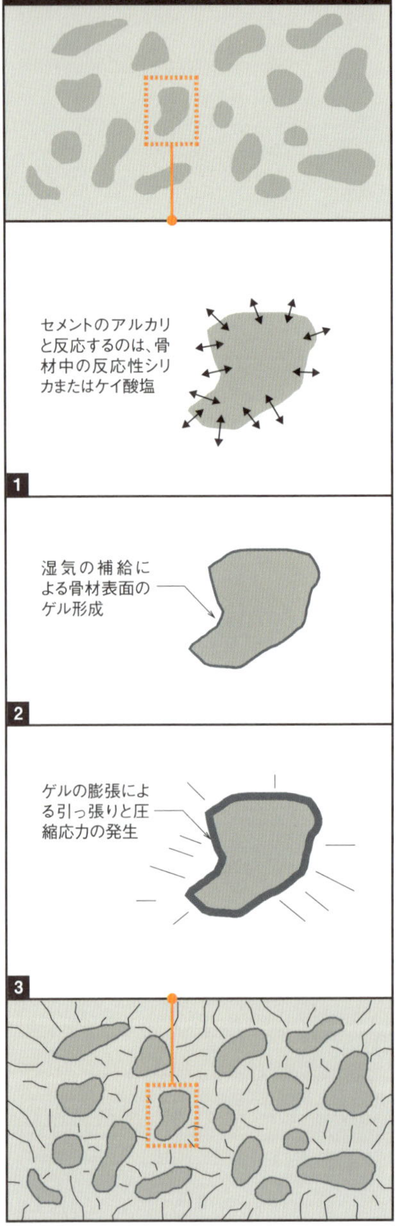

凍害の仕組み

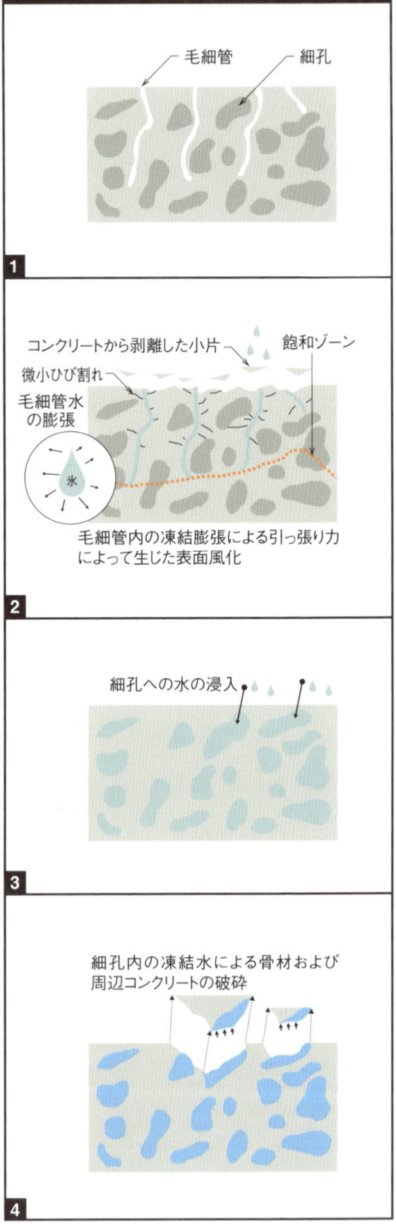

れが発生する現象だ。ひび割れは拘束されている方向に発生しにくいので、上記のような形状となる。

コンクリート表面が内部の膨張力で盛り上がり、ひび割れ部分に段差が生じる場合もある。表面上は変化がなくても、内部の深い位置でひび割れが進行していることもある。

寒冷地にある構造物の南面のように、1日の寒暖差が大きい部位で、表面が薄片状に剥離（スケーリング）している場合は、凍害が発生原因と推測できる。

凍害は、コンクリート中の水分が凍結と融解を繰り返すことで劣化する現象だ。コンクリートの品質が劣る場合や、適切な空気泡が連行されていない場合に発生しやすい。

劣化の初期は、表層下の骨材粒子などの膨張による破壊で表面に円錐状の剥離（ポップアウト）ができる。次に微細ひび割れやスケーリングが発生し、最後は崩壊に至る。

構造的な欠陥は力の掛かる部分に

コンクリート強度や断面強度の不足、設計や施工時の不具合などの構造物の欠陥によって生じる劣化もある。橋梁の上部構造を一例に挙げると、支間中央部や支間の4分の1付近、桁端部の支承付近の3カ所にひび割れが生じやすい。いずれも緊急の対策が必要となる劣化だ。

支間中央部は、曲げモーメントが最大となる位置であり、構造的な欠陥があると橋軸直角方向に曲げひび割れが発生する。RC桁では設計上、ひび割れを許容しているが、極端に幅や本数が多いと耐久性が低下する。経年劣化や構造的な欠陥、初期劣化以外でも、見落としがちな変状として、構造物全体の沈下や傾斜、移動がある。基礎部分の異状に関連することが多いので、遠方から構造物全体を見ないと気付きにくい。もし、変状があれば、すぐに対処が必要だ。

非破壊検査の使い方

精度を踏まえて複数の検査を併用

目視観察などの表面から得られたデータだけでは内部の劣化状況を把握できない。維持管理計画を適切に立案するには、非破壊検査で構造物の性能を損なわずにコンクリート内部の情報を得ることが必要だ。ただし、各検査の測定精度には限界があるので、検査の仕組みを理解して適用範囲や精度を把握し、複数の検査を併用する。

コンクリート構造物を維持管理していくうえで必要な情報には、下の表に示したような項目がある。例えば、配筋の状況（鉄筋径や鉄筋間隔）やPC鋼材の配置状況などだ。これらのコンクリート中の情報を得るには非破壊検査が有効となる。

目視観察からは、コンクリート表面の劣化状況を把握できても、内部の劣化状況は把握できない。表面観察から得られたデータだけでは、劣化予測など今後の維持管理計画を立案するデータとしては不十分だ。

かぶりコンクリートをはつり出して内部鉄筋の腐食状況などを直接目

■ 維持管理のための情報を得る検査・点検方法

小 ← 破壊の度合い → 大

調査内容	非破壊検査	微破壊検査、局部破壊検査	
❶コンクリート圧縮強度	反発度法 （シュミットハンマー）	小径コア（φ25mm）	通常のコア （φ100mm）
❷鉄筋位置、かぶり （鉄筋探査）	電磁波法（レーダー法） 電磁誘導法	—	はつり調査
❸鉄筋腐食状況	自然電位法	—	はつり調査
❹浮き、剥離	打音調査（近接） 赤外線法（遠望）	—	—
❺ひび割れ深さ ❻空隙、ジャンカ位置 ❼PC鋼材のグラウト充填状況	超音波法 衝撃弾性波法 放射線（X線）透過法 打音振動法	—	コアボーリング はつり調査
❽塩化物イオン浸透深さ （塩化物イオン含有量試験）	—	ドリル法　小径コア	通常のコア（φ50mm）
❾中性化深さ（中性化試験）	—	ドリル法　小径コア	通常のコア（φ50mm）

非破壊検査のポイント(1)

❶コンクリート圧縮強度

〈反発度法〉

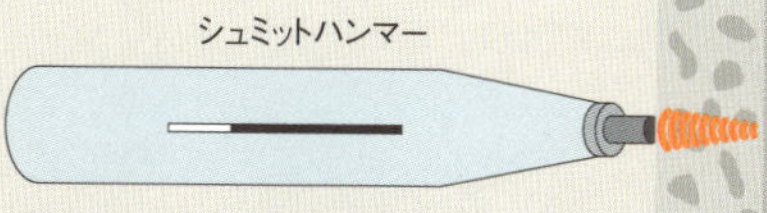

簡単にコンクリート強度を把握できる手法で、強度をコンクリート表面の反発度との関連式から算定する。反発度が大きいほど強度は高い。強度算出式には複数あるが、必ずしも測定精度は高くない。特に、部材厚が10cm以下の薄い部材や、湿潤状態にあるコンクリート面では正確な反発度を測定できない

❷鉄筋位置、かぶり

〈電磁波法〉

コンクリート中に電磁波を放射して、鋼材の位置を探査する。鋼材が密な場合(鉄筋間隔が10cm以下)や、かぶりが大きい場合(15cm以上)は精度が落ちる。探査記録は画像で保存できる

〈電磁誘導法〉

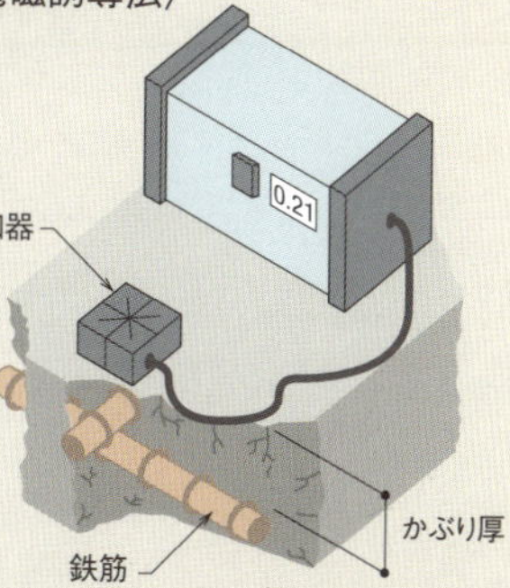

コイルに交流電流を流して交流磁場を発生させる。その磁場内に鉄筋があると電流が発生し、新たな磁界を形成する。この磁界の変化を測定して鉄筋位置を探査する

❸鉄筋の腐食状況

〈自然電位法〉

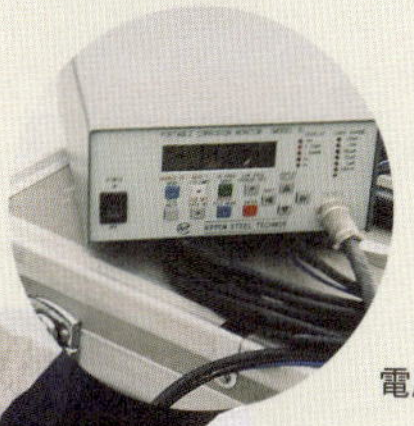

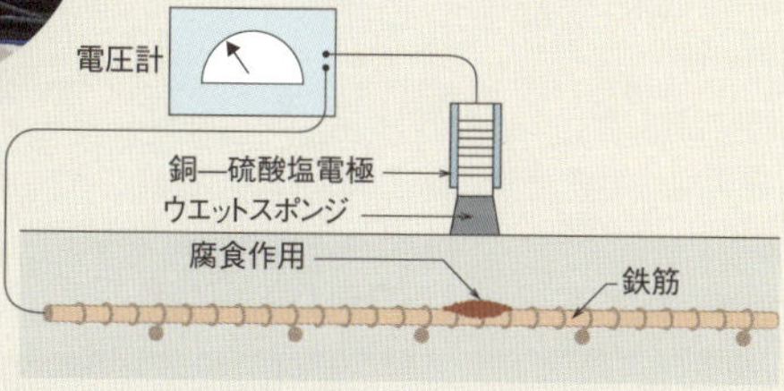

腐食で変化する鉄筋表面の電位から、鋼材が腐食しやすい環境にあるか否かを評価する。マイナス方向に大きな値を示すほど鋼材の腐食の可能性が高い。コンクリート表面が十分に湿っていることが必要で、乾燥している場合は適用できない。コンクリート表面が塗装されている場合や常に水に覆われている場合、エポキシ樹脂鉄筋や亜鉛めっき鉄筋といった表面がコーティングされている鉄筋を使用している場合は適用できない

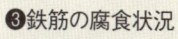

非破壊検査のポイント(2)

❹浮き、剥離

〈赤外線法〉

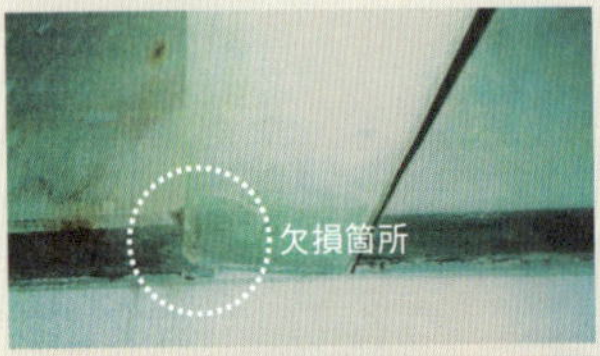

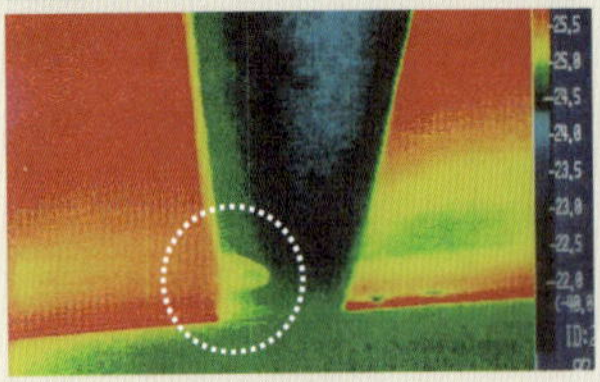

赤外線カメラでコンクリート表面を撮影し、表面温度の差で浮きや剥離箇所を探査する。探査精度は気象条件に左右され、雨天での探査は難しい。1日の中で温度の上昇時と下降時の2回撮影するのがよい。日射による表面温度をもとに探査する場合は、表面から深さ5cm程度が探査できる限界だ

〈打音調査〉

コンクリート表面を点検用ハンマーでたたき、打撃音や感触からコンクリート表面の浮きや剥離の有無を推測する。現場で点検者が判断するので、記録を残すことが難しい

❺ひび割れ深さ

〈超音波法〉

コンクリートに超音波を伝搬させ、その速度からコンクリートの品質や空隙などの内部欠陥、ひび割れ深さなどを調べる。鉄筋の影響を受けやすく、鉄筋に音波が伝搬すると測定精度が低下する。比較的浅い位置(測定器によるが1.5m程度まで)の欠陥探査に向いている

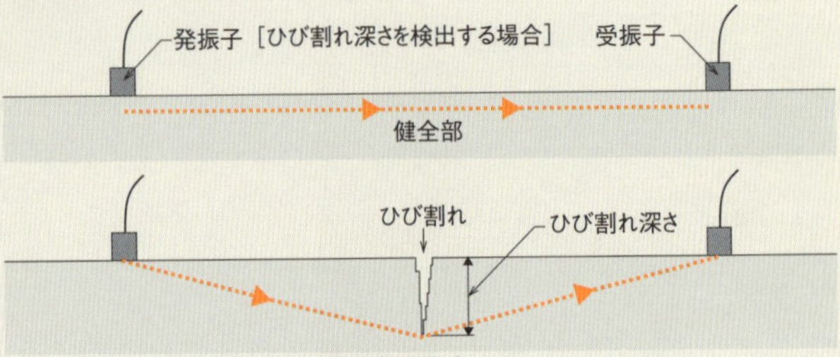

波がひび割れの先端を迂回し、伝達時間が延びる

視すれば有効な情報となる場合もあるが、はつり箇所の劣化状況はある一点の情報にすぎない。構造物全体の劣化状況を推測するには、ある程度広範囲にはつる必要がある。

しかし、広範囲のはつりは構造物の耐久性能や耐荷性能を著しく低下させ、コストもかさむ。

塩害環境下の予防保全には必須

非破壊検査の適用を考える例として、沿岸地域にある塩害環境下のコンクリート構造物で、点検によってひび割れを見つけた場合を考えてみる。この構造物の健全度を評価するには、以下の項目を判定・評価する

❻空隙、ジャンカ位置

〈衝撃弾性波法〉

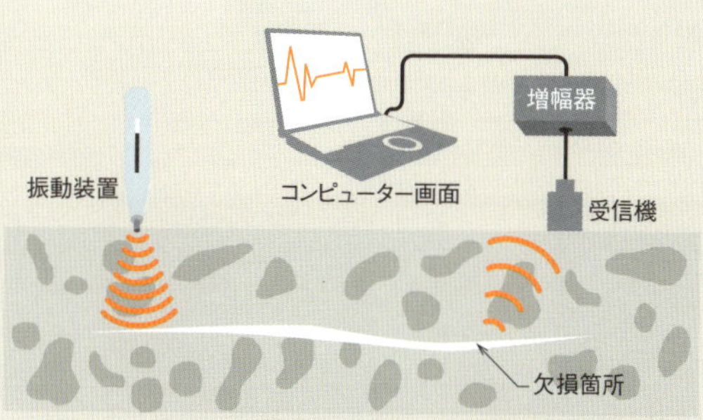

コンクリート表面を打撃し、その反射波形から内部の空隙などの欠陥を調べる。超音波と同様に内部鋼材の影響を受けやすい。探査可能な深度は超音波法より深い（測定器によるが5m程度）ので、基礎杭の根入れ深さや欠陥の探査に適している。一方、超音波法で調べられるひび割れ深さの測定はできない

❼PC鋼材のグラウト充填状況

〈放射線透過法〉

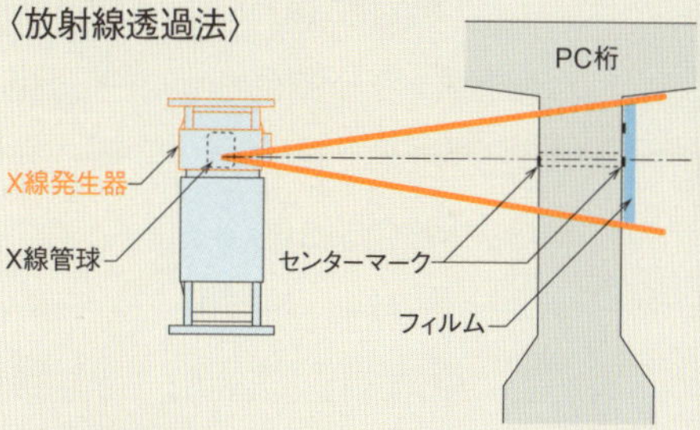

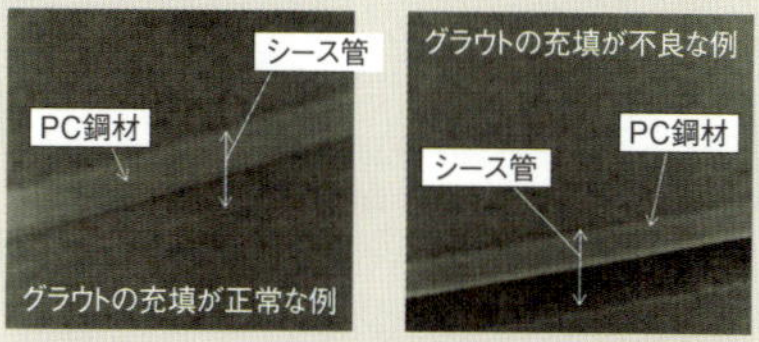

X線を透過させ、コンクリート内部の空隙などの欠陥を調べる。放射線に関する有資格者が実施しなければならない。部材厚は50cmが限界。PC桁のPC鋼材の配置確認やグラウト充填状況の把握に多用される。一般的には部材厚25cmで1m²を撮影し、現像には約1時間が必要となる

〈打音振動法〉

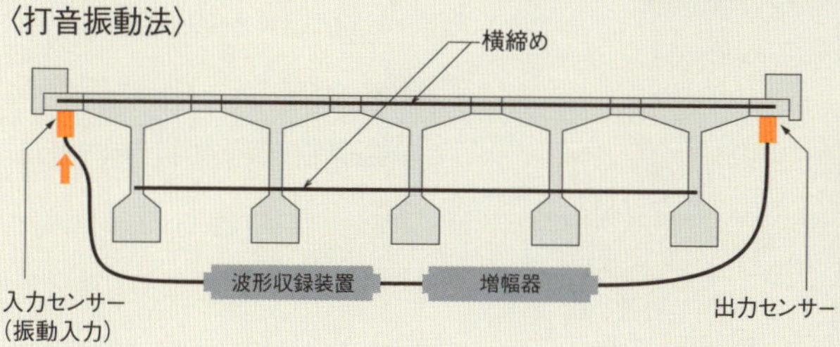

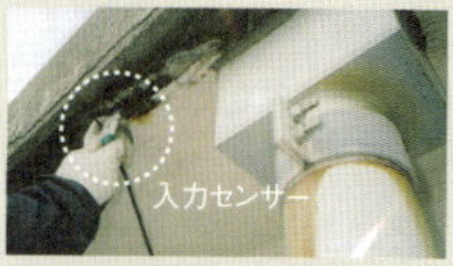

PC鋼材両端の定着具近傍にアコースティックエミッション（AE）センサーを取り付けて測定。一端をハンマーで打撃し、他端の受信波からPC鋼材のシース管内のグラウト充填状況を推定する

ことが必要だ。

①劣化の原因は塩害か、②内部鋼材は発錆《はっせい》しているか、③内部鋼材は破断していないか、④内部鋼材は発錆する環境下か、⑤供用しても安全か、⑥劣化はどのように進行するのか。

各項目に客観的な判定や評価を下すためには、コンクリート中の塩化物イオン濃度分布や中性化深さ、鉄筋やPC鋼材の位置とかぶり、発錆状況、破断状況、保有している耐荷性能（負担可能な荷重）を知ることが

微破壊検査のポイント

❽塩化物イオン浸透深さ

〈塩化物イオン含有量試験〉

全塩化物イオンを測定する。表面から鋼材位置までの範囲を1～2cmピッチで試料を採取。構造物をできるだけ傷付けないために、コンクリートドリルの削孔粉や小径コア（直径25mm）も用いる

❾中性化深さ

〈フェノールフタレイン法〉

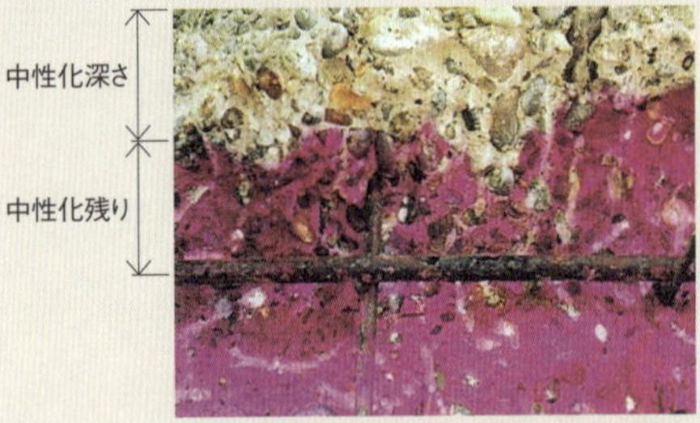

フェノールフタレインアルコール溶液をコアの割裂面や側面、ドリル削孔粉に噴霧し、赤紫色に発色した範囲が中性化していないと判断する

必要だ。そのために適切な非破壊検査を選ぶ。

特に、塩害環境下のコンクリート構造物に対して非破壊検査で内部の劣化状況を的確に把握することは、予防保全を実施するうえでは欠かせない。塩害損傷の進行は速い。表面にひび割れなどの劣化現象が現れた時点では、既に内部の劣化がかなり進行していることが多い。

とはいえ、塩化物イオン濃度や中性化深さの把握は、非破壊検査だけでは対応できない。構造物の耐久性能の低下を最小限に抑えるためには、コンクリートドリルの削孔粉を用いる方法や小径コア（径25mm）を採取する方法などの微破壊検査を併用する。

仕組みや適用範囲を頭に

非破壊検査は構造物の予防保全を進めるうえで基本となる。以下に示す代表的な方法は、測定の仕組みや適用できる範囲などの特徴を頭に入れておきたい。

反発度法：簡単にコンクリート強度を把握できる手法で、強度をコンク

リート表面の反発度との関連式から算定する。

電磁波法（レーダー法）：コンクリート中に電磁波を放射して、鋼材の位置を探査する。

自然電位法：腐食で変化する鉄筋表面の電位から、鋼材が腐食しやすい環境にあるか否かを評価する。

赤外線法：赤外線カメラでコンクリート表面を撮影し、表面温度の差で浮きや剥離箇所を探査する。

打音調査：コンクリート表面を点検用ハンマーでたたき、打撃音や感触から浮きや剥離の有無を推測する。

超音波法：コンクリートに超音波を伝搬させ、その速度からコンクリートの品質や空隙などの内部欠陥、ひび割れ深さなどを調べる。

衝撃弾性波法：コンクリート表面を打撃し、その反射波形から内部の空隙などの欠陥を調べる。

放射線透過法：X線を透過させ、コンクリート内部の空隙などの欠陥を調べる。

打音振動法：PC鋼材両端の定着具近傍にアコースティックエミッション（AE）センサーを取り付けて測定。一端をハンマーで打撃し、他端の受信波からPC鋼材のシース管内のグラウト充填状況を推定する。

部分的なはつりと併せて使う

それぞれの非破壊検査を適用するに当たっては、精度の限界を理解しておくことが大事だ。一つの非破壊検査の結果だけから得た評価は、精度のうえで問題が含まれることもある。複数の検査から総合的に判定や評価をすることで精度が向上する。例えば、鉄筋腐食の評価は、自然電位の測定だけで評価せず、一部のかぶりコンクリートをはつる。目視でさびの状況を把握したうえで、その位置の自然電位の結果と比較。対比した結果を踏まえて、腐食状況を再評価するのがよい。

ひび割れ補修

ひび割れ幅や補修目的にらみ工法選択

被覆工法や注入工法、充填工法などのひび割れ補修工法は、それぞれに効果を発揮する条件が違う。ひび割れの幅や変動の大小、鉄筋腐食の有無、補修目的などに応じて、最適な補修工法を選択する。常時漏水しているひび割れには、止水を目的とした工法を使う。直接、補修工事に携わらない技術者でも、施工に関する最低限の知識は持っておきたい。

■ ひび割れに対する補修工法の分類

補修目的	ひび割れの現象や原因*1		ひび割れ幅*2 (mm)	補修工法*3				
				ひび割れ被覆工法	注入工法	充填工法	浸透性防水剤の塗布工法	特殊テープによる被覆工法
防水性	鉄筋が腐食していない場合	ひび割れ幅の変動が小	0.2以下	○	△		○	○
			0.2～1	△	○	○		○
		ひび割れ幅の変動が大	0.2以下	△	△		○	○
			0.2～1	△	○	○		△
耐久性	鉄筋が腐食していない場合	ひび割れ幅の変動が小	0.2以下	○	△	△		
			0.2～1	△	○	○		
			1以上		△	○		
		ひび割れ幅の変動が大	0.2以下	△	△	△		
			0.2～1	△	○	○		
			1以上		△	○		
	鉄筋が腐食している場合		―			○		

*1 ひび割れ幅の変動は、劣化に伴うひび割れの進展や温度変化などによる変動を意味しており、交通荷重などに伴うひび割れの開閉は対象外とする。ひび割れ幅が100%以上の変動がある場合を大、100%に満たない場合を小とする
*2 幅3mm以上のひび割れは、構造的な欠陥を伴うことが多いので、ここで表示した補修工法だけでなく、構造耐力の補強を含めて実施するのが一般的
*3 補修工法の○印は適当と考えられる工法で、△印は条件によっては適当と考えられる工法

（資料:日本コンクリート工学会「コンクリートのひび割れ調査、補修・補強指針」、2003年）

コンクリート構造物のひび割れは宿命的なもので、補修・補強工事のなかでもひび割れ補修は最も古い工種だ。ところが、現在でも「ひび割れ補修工事のポイント」なるテーマは無くならない。

知識としては分かっていても、ひび割れの発生している構造物を見たときに適切な対処ができないケースや、一度補修した部分が再度損傷する事例があるからだろう。現場経験の不足による判断ミスだ。

ひび割れ補修の基本は、「調査による現状把握」→「原因推定」→「将来の挙動予測」→「諸条件の考慮」→「補修目的の決定」→「材料や工

ひび割れ被覆工法のポイント

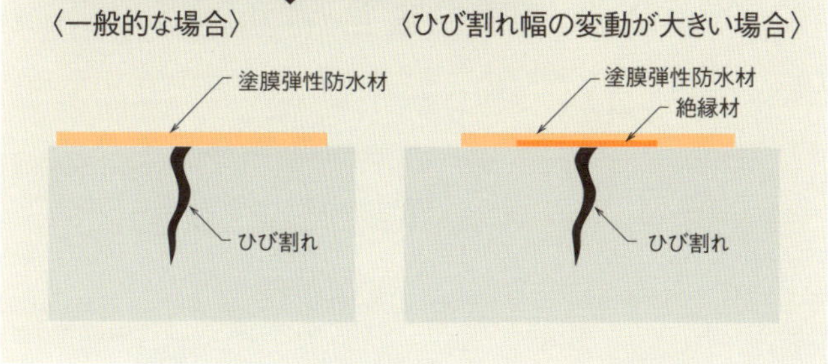

法の決定」→「適切な施工」というサイクルを確実に実施することだ。

具体的にいえば、耐久性や防水性、耐力、第三者影響度の有無、気密性、美観などの構造物の要求性能と予定供用期間を考慮し、補修目的を明らかにしたうえで施工する。

また、事前の調査結果から、ひび割れ発生の原因、ひび割れ幅の大小、ひび割れ幅変動の大小（有無）、鉄筋腐食の有無などを明らかにする。そのうえで、補修や補強を必要とする範囲と規模、環境条件（補修や補強を施すときの施工条件、構造物の立地条件、供用条件など）、安全性、工期、経済性、補修･補強材料が環境に与える負荷などを総合的に検討して、工法を選定しなければならない。

現在、一般的に使う補修工法として、日本コンクリート工学会の「コンクリートのひび割れ調査、補修・補強指針」に示された分類を左ページに示す。以下に、各工法の概要と施工上のポイントを説明する。

［ひび割れ被覆工法］付着力の確保が大切

幅0.2mm程度以下の微細なひび割れの上に塗膜を形成させ、防水性や耐久性を向上させる。ひび割れ部分のみを被覆する方法なので、ひび割れ内部の補修はできない。

簡便な工法だが、開閉量が大きかったり進行性だったりするひび割れに対しては、その動きに追従しにくいなどの欠点がある。ひび割れ追従を考慮して、可とう性のある材料の採用や絶縁材でひび割れを覆うような工夫もある。その場合でも、可とう性の持続時間など、材料の耐久性

注入工法のポイント

■ 低圧・低速の注入工法の例

[ゴム圧による注入]　[圧縮空気圧による注入]　[スプリングバネ圧による注入]

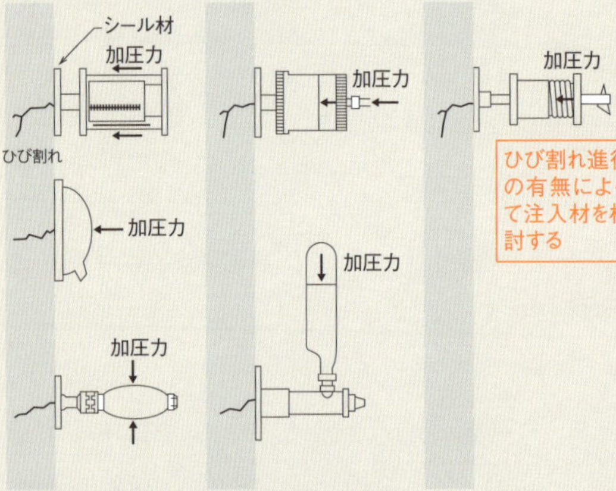

■ 注入工法の手順

- 開始
- ▼ ←ひび割れ調査
- ひび割れ部の清掃
- ▼
- 注入用治具のセット
- ▼ ←パイプ間隔確認
- ひび割れ面シール　1
- ▼ ←シール材の養生
- 注入　2　3
- ▼ ←注入量の確認、養生
- 注入用治具の撤去
- ▼
- シール材の撤去
- ▼
- 終了

ひび割れ進行の有無によって注入材を検討する

〈注入パイプ取り付けとシール〉

〈注入用治具取り付け〉

〈注入〉

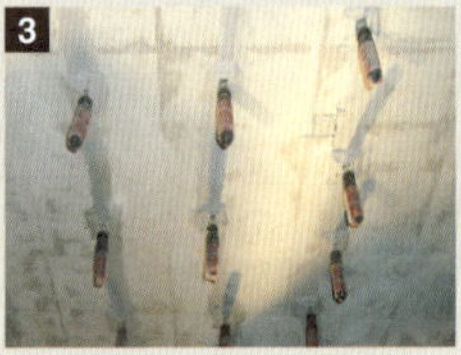

注入材に蛍光顔料を混入して、コア採取やドリル削孔で注入状況を確認

には限界があることに注意しなければならない。

施工上のポイントは、被覆材とコンクリートとの付着力を確保することだ。目荒らしや清掃、平たん性の確保など、コンクリートの表面処理を確実に実施する。

[注入工法] 注入箇所のひび割れ閉塞に注意

ひび割れに樹脂系またはセメント系の材料を注入して、防水性や耐久性を向上させる工法だ。注入材にエポキシ樹脂系接着材を用いた場合に

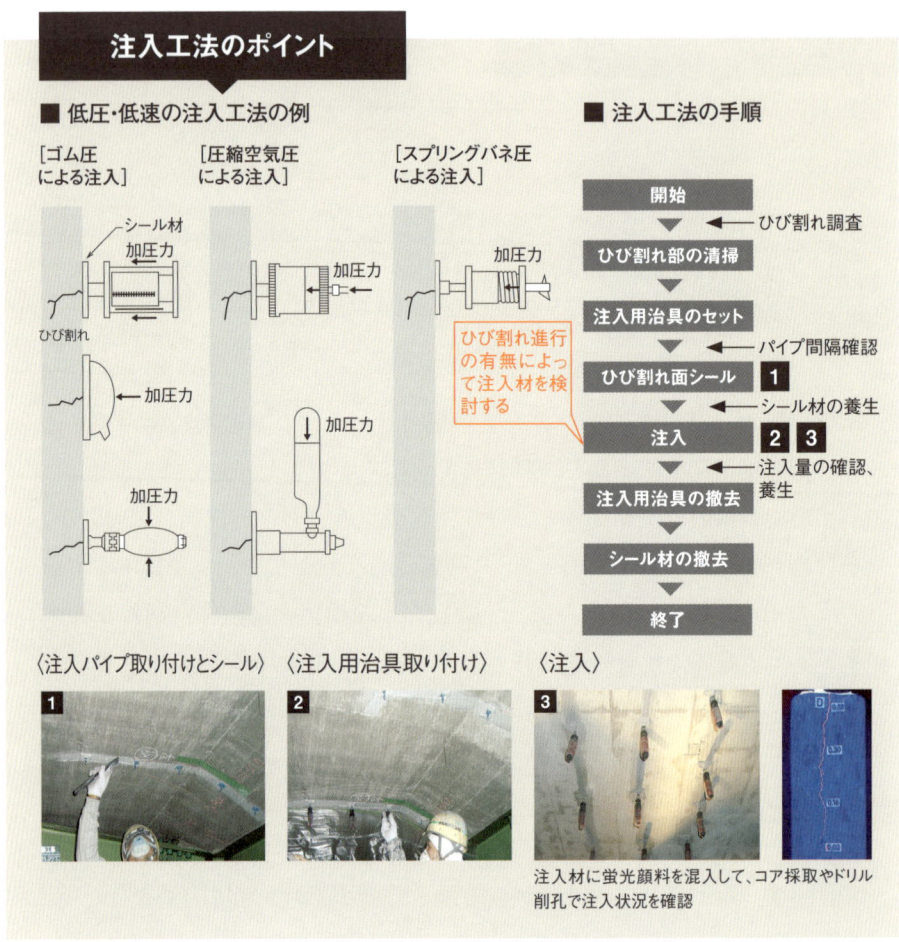

は、接着性が良好なので躯体の一体化を期待できる。

従来、注入工法は手動や足踏み式の機械注入方式で実施していたが、(1) 注入の精度が作業員の熟練度に左右される、(2) 注入量の管理が難しい、(3) 注入圧が高いと、ひび割れの奥に樹脂が注入される前に、ひび割れの表面に沿って樹脂が広がったりシール材が割れたりする場合がある、といった問題があった。

現在ではほとんどの場合、注入圧力0.4MPa以下の低圧かつ低速で注入する工法を採用している。低圧・低速の注入工法は、(1) 注入量のチェックが容易である、(2) 注入の精度が作業員の熟練度に左右されない、(3) ひび割れ深部のひび割れ幅が0.05mmと狭い場合でも確実に注入できる、などが特徴だ。

この工法の施工上のポイントは、ひび割れ部分の確実なシール（密閉）と注入器具の正しい取り付けにある。注入器具を取り付けた後で継続的に低圧注入するためには、圧力漏れがあってはならない。ひび割れ部分のシールは確実に施工する。

注入器具は、取り付け箇所のひび割れを閉塞させることなく、正しく取り付ける。器具は、取り付けるだけで確実な注入が可能だと考えがちだが、取り付け箇所のひび割れ自体が閉塞していては注入できない。

閉塞の原因としては、下地処理による目詰まりの場合や、表面のひび割れ幅が部分的に狭くなっている場合などが考えられる。解決策としては、(1) 下地処理後はエアブローではなく吸引や水洗で必ず清掃すること、(2) 注入部に直径20mm程度の小さな削孔を施して確実な注入孔を設けることなどが有効だ。

注入工法の場合、常に問題とされるのが、「どこまで注入できているか」を確認する方法だ。超音波を用いて非破壊的に確認する方法も研究されているが、現時点では実用化に至っていないようだ。

従来から使われているのは、注入材に蛍光顔料を混ぜ、コア採取やド

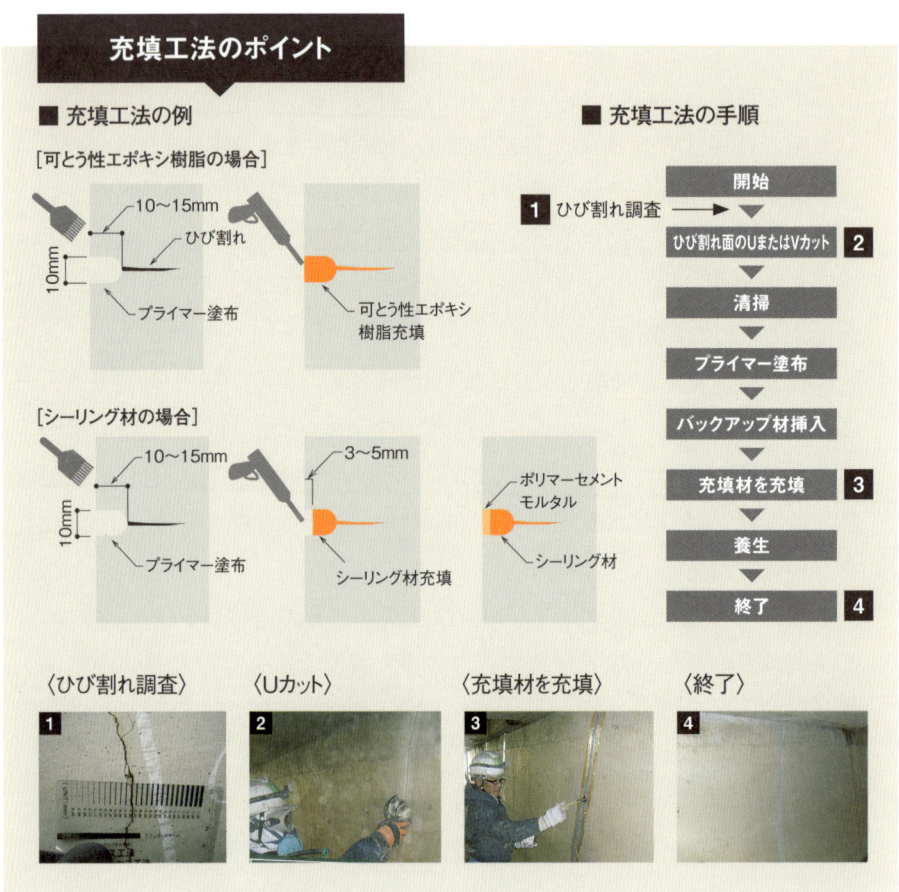

充填工法のポイント

■ 充填工法の例

[可とう性エポキシ樹脂の場合]

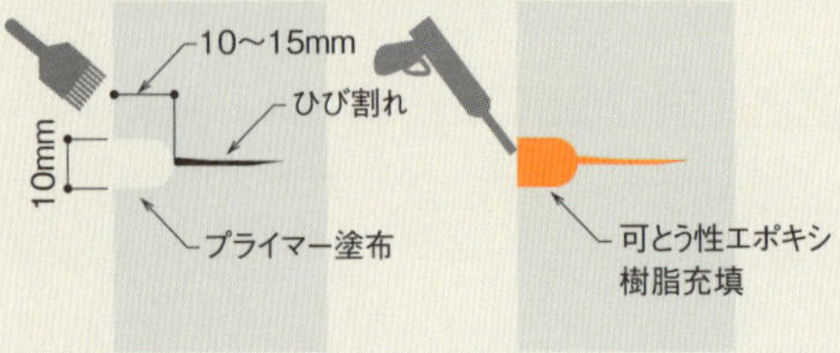

[シーリング材の場合]

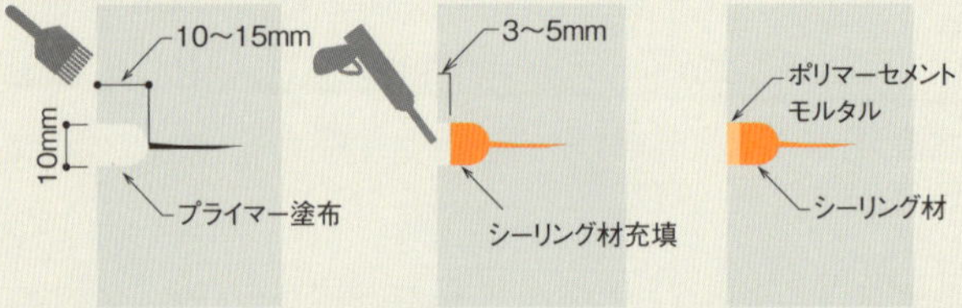

■ 充填工法の手順

開始

1 ひび割れ調査 →

▼

ひび割れ面のUまたはVカット 2

▼

清掃

▼

プライマー塗布

▼

バックアップ材挿入

▼

充填材を充填 3

▼

養生

▼

終了 4

〈ひび割れ調査〉

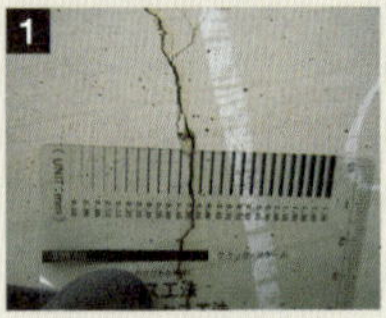

〈Uカット〉

〈充填材を充填〉

〈終了〉

リル削孔によって直接観察する方法だ。現時点では、最も確実に確認できる方法だろう。ただし、破壊を伴う検査は実施できないこともある。そうした場合、過去に施工実績の多い工法を採用するのが無難だ。

[充填工法] 幅の大きなひび割れに適する

充填工法は、0.5mm以上の比較的大きな幅のひび割れの補修に適している。被覆工法ではひび割れ部分を完全に覆えないからだ。

ひび割れに沿って約10mmの幅でコンクリートをU字形にカットした後、カットした部分にシーリング材や可とう性エポキシ樹脂、ポリマー

■ 樹脂系材料を使った止水工法の手順

[ひび割れからの漏水の場合]

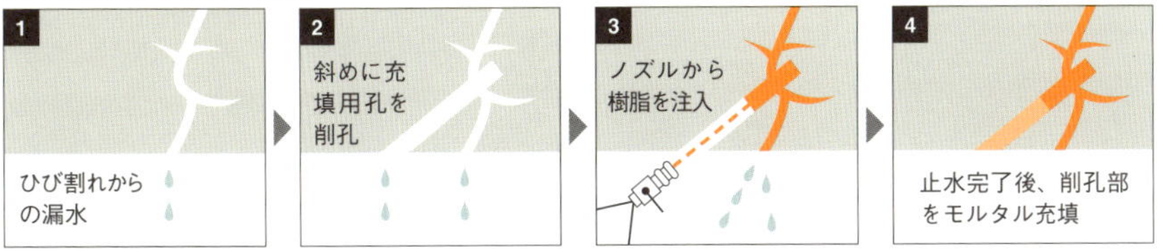

[伸縮目地からの漏水の場合]

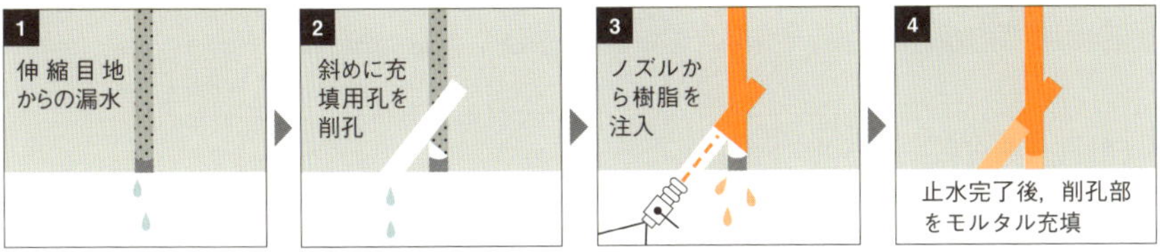

セメントモルタルなどを充填してひび割れを補修する。カットするには、U字形をした円すい状のダイヤモンドビットを電動ドリルの先に付け、ひび割れに沿って削る方法などがある。

施工上のポイントは充填材の選定と付着力の確保だ。特にポリマーセメントモルタルを使う場合は、材料に柔軟性が無く変形に追従できないので、ひび割れに動きがないことを確認してから使用する。付着力を確保するには、十分な下地処理を施すことが重要。確実な接着力が得られれば、材料の耐久性を損なわない。

[止水工法] 漏水量が多いときは樹脂系材料

ここまで説明してきた工法は、基本的にドライな状態のひび割れ補修方法だ。補修工事では、常時ひび割れから漏水があり、止水を目的とした工法が適している場合も多い。

止水工法には、急結セメントによるVカット止水工法と、ウレタン樹脂やアクリル樹脂を注入して止水する工法とがある。前者は、漏水量が極めて少ない場合や、緊急時の対策として適用し、本格的に止水する場

■ 特殊テープによる被覆工法

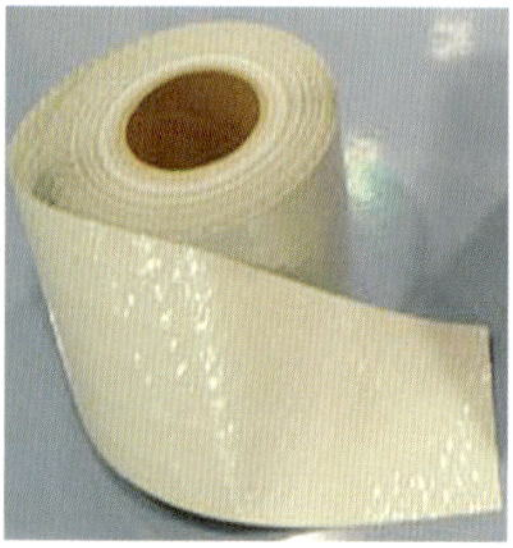

左は、特殊テープを使ったひび割れ被覆工法で、テープの貼り付けを完了したところ。右は、特殊テープ。工場製作した耐久性の高いテープを使うことで幅の大きなひび割れにも採用できる。水路の内面などの漏水防止を目的とする補修に適している

合は後者を採用する場合が多い。

樹脂系材料を注入する止水工法のなかでも親水性のアクリル樹脂を用いる工法は、硬化物が弾力性や水膨張性のある親水性ゲルだ。密着力によって止水し、変形追随性も持つ。伸縮目地部の止水効果を長期間維持する工法もいくつかある。この種の止水工事は高い技術力と専門知識が必要なので、専門の施工会社による実施が確実だ。

[浸透性吸水防止材、特殊テープ] 防水性を高める被覆工法

そのほかに、特に防水性を高めたい場合、ひび割れ被覆工法の一種である浸透性吸水防止材を使う工法がある。浸透性吸水防止材をコンクリート表面に塗布含浸させて吸水防止層を形成し、そのはっ水効果で外部からの水の浸入や塩化物イオンの浸透を抑制する。

浸透性吸水防止材は無色透明の液体で、表面被覆材のように塗膜を形成しない。構造物の外観を変えない利点があるので、ひび割れ幅が0.2mm程度以下の場合に適用する。

しかし、吸水防止層にはひび割れ追従性がないので、新たにひび割れが発生した場合やひび割れ幅が大きい場合、常時水中に浸漬《しんせき》される場合などには不適当だ。

含浸深さが躯体コンクリートの含水率によって異なるので施工管理も

難しい。この工法を使う場合には、適切な試験方法や信頼できる資料、使用実績によって、その品質が確かめられたものを選ぶようにする。

ひび割れ被覆工法には、通常の被覆材の代わりに、工場製作された高耐久性のテープやフィルムを用いる工法もある。0.6mm以上の大きなひび割れにも適用できる工法だ。

施工方法は、ひび割れや目地周辺の汚れをワイヤブラシなどで落とし、その部分にエポキシ樹脂系接着剤や弾性シーリング材を塗り、その上から特殊テープを貼り付けるものだ。簡易に施工できる。

下地に凹凸があっても、接着剤や弾性シーリング材で均一にならすので、コンクリートと確実に密着できる。水路内面など、漏水防止を目的とする場合などに最適だ。

補修後の点検は欠かさずに

現実には、ひび割れが顕著になってから現場調査を実施するため、ひび割れ発生時期などの十分な事前調査ができないまま施工せざるを得ない場合も多い。ひび割れ補修での再損傷は決して少なくない。補修工事全般に共通することだが、経過観察や追跡調査が重要だ。

「コンクリートのひび割れ調査、補修・補強指針」では、「補修・補強は専門技術者が実施することを原則とする」と明記している。ひび割れに限らず構造物の補修や補強には豊富な知識と高度な技術力が不可欠だ。不適切な施工は効果が無いばかりか劣化を助長する場合もある。

近年、ひび割れ補修に関する新しい技術として、だれでも施工できる簡易な方法や、ひび割れを見えにくくする工法も開発されている。しかし、発生原因を直接取り除く工法ではないので、適用に当たっては十分注意しなければならない。

断面修復

温度管理や養生で初期ひび割れを防ぐ

劣化部分を取り除くはつりは、構造物の重要度やコストを勘案して工法を選ぶ。モルタルを充填する方法は、作業方向や規模によって使い分ける。施工時の品質管理は基本的にコンクリート打設と同様だが、既設の躯体に薄厚の部材を施工するので初期ひび割れが生じやすい。温度管理や養生が重要になる。

断面修復工法による補修は、コンクリート構造物の損傷現象である浮きや剥離に対して実施する。既設コンクリートの劣化部分を取り除き、ポリマーセメントモルタルや無収縮モルタルで充填するのが主な施工の流れだ。

劣化部分を取り除くためのはつりは、選ぶ工法によって構造物への影響度合いが大きく違う。施工規模、構造物の残存供用年数や重要度に応じて、工法の使い分けが必要だ。

「フェザーエッジ」をつくらない

電動ピックやハンドブレーカーによる手ばつりは、既設コンクリートに微細ひび割れを生じさせたり既設の鉄筋を傷付けたりして、躯体に大きくダメージを与えることがある。結果的に、既設コンクリートと断面修復材の付着強度が低くなる。

ウオータージェット工法ならば、既設コンクリートの微細ひび割れや既設鉄筋への損傷の懸念が少なく、既設コンクリートの健全部分だけを残して、高い付着強度を得られる。ただし、施工費が電動ピックやハンドブレーカーと比較して高い。

はつりの形状にも注意する。はつりの端部が鋭角になる「フェザーエッジ」と呼ぶ形状に剥ぎ取ってしまうと、充填した断面修復材が薄くなり剥離しやすい。フェザーエッジを形成しないように、はつり端部には、

はつりのポイント

■工法によるはつりの特徴

	微細ひび割れ	鉄筋損傷	付着力 (N/mm²)	施工費用	施工規模	施工能力
電動ピック、ハンドブレーカー	×	×	1.1～1.6	安い	小面積、薄はつり	低い
ウオータージェット	○	○	2.0～2.7	高い	大面積、中～深はつり	高い

（資料：日本コンクリート工学会「コンクリートのひび割れ調査、補修・補強指針2009」）

■コンクリートのはつり範囲

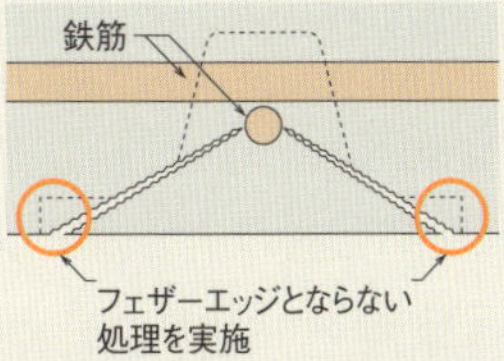

（資料：日本コンクリート工学会「コンクリートのひび割れ調査、補修・補強指針2003」）

■塩害以外のはつり範囲

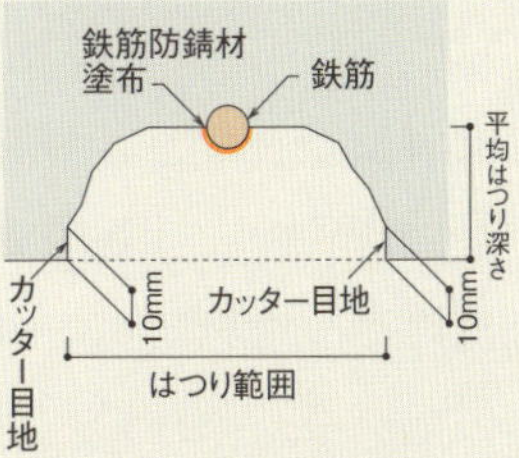

■塩害箇所のはつり範囲

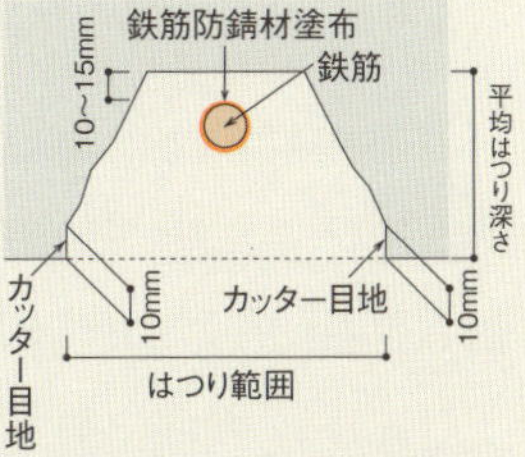

〈ハンドブレーカー〉

〈ウオータージェット工法〉

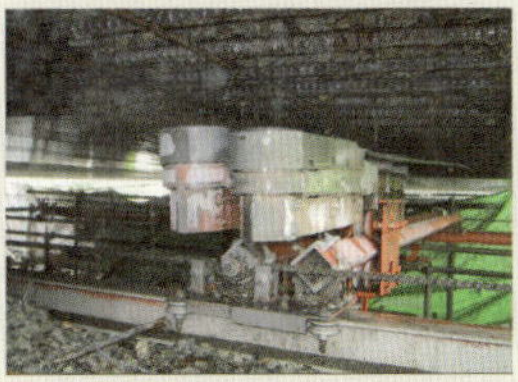

〈ウオータージェット実施後〉

ディスクサンダーなどで10mm程度の切り込みを入れる。

はつり深さは、劣化原因によって変える。劣化原因が塩害以外の場合は、劣化したコンクリートだけを取り除けばよい。しかし、鉄筋周りのコンクリートの塩化物イオン濃度が発錆限界値である1.2kg/m³以上の場合は、鉄筋の裏側まで塩化物イオンを含むコンクリートを取り除く。

鉄筋背面に隙間なく充填する

断面修復に使うのは、主にポリマーセメントモルタルや無収縮モルタルなどのセメント系材料だ。生産工場でセメントや砂、混和剤、ポリマーディスパージョンをプレミックスし、20 ～ 25kgの袋詰めとなっている。乾燥収縮などによる初期ひび割れを抑制する目的で、ビニロンやポリプロピレンなどの短繊維も混入している。現場では、プレミックス材料に所定量の水を練り混ぜるだけなので、配合管理が容易だ。

高い施工品質を求める東日本や中日本、西日本の各高速道路会社の発注工事では、共通の「構造物施工管理要領」のなかで、断面修復材に次のような要求性能を規定している。

材料の性能としては、有害なひび割れが発生しないこと、コンクリートとの付着性能、鉄筋背面への充填性、寸法安定性、熱膨張性など。また、耐久性能として中性化抵抗性や凍結融解抵抗性、遮塩性を、力学的性能として圧縮強度や静弾性係数をそれぞれ定めている。高速道路会社発注の工事以外であっても、上記のような断面修復の材料に求められる性能を理解しておきたい。

断面修復の工法には、左官（コテ塗り）工法と充填工法、吹き付け工法があり、施工面積や施工深さ、施工方向によって使い分ける。例えば、コテ塗り工法ならば、施工箇所が比較的小さい面積で薄厚の場合に有効だ。吹き付け工法は、上向きや横向きの施工で、大面積の深厚な断面修復に適する。

施工の際には、特に鉄筋背面などに隙間なく材料を充填することが必要だ。そのためには、使用する材料の性能だけでなく、施工する技能者の能力も要求される。

技能を評価するため、吹き付け工法では、日本建設機械化協会施工技術総合研究所が「ノズルマン技能試験」と呼ぶ鉄筋背面への充填性に関

断面修復のポイント

■ 断面修復の各施工方法の特徴

	施工能力	適する修復箇所の形状		
		上向き施工	横向き施工	下向き施工
左官工法	低い	小面積、薄厚		
充填工法	高い	大面積、深厚		中～大面積、深厚
吹き付け工法	高い	中～大面積、深厚		大面積、深厚

（資料:土木学会「吹付けコンクリート指針（案）補修・補強編」）

■ 充填工法

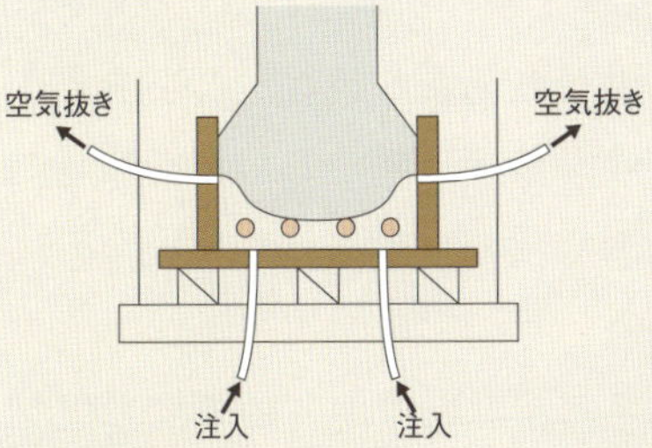

■ 吹き付け工法

（資料:左も日本コンクリート工学会「コンクリートのひび割れ調査、補修・補強指針2003」）

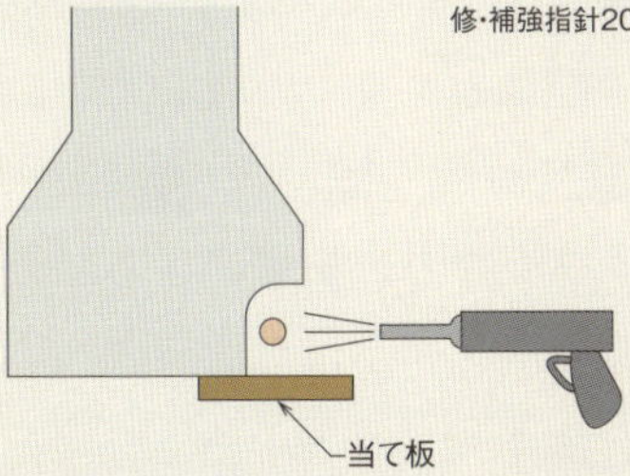

〈吹き付け工法〉

〈ノズルマン技能試験〉

〈シートで覆い補修面を養生〉

〈ビニールシートで保湿〉

する技能検定を実施している。鉄筋を配置した50cm四方の型枠に下側からポリマーセメントモルタルを吹き付けて、モルタル硬化後に有害な空隙の有無を判定する試験だ。

ここ数年、吹き付け工法はこうした技能検定に合格した技能者が施工するようになってきた。発注者によっては、一部の工事で特記仕様書に記載するケースもある。

コンクリートと同様の品質管理

要求された品質を発揮するには、施工時の品質管理も重要だ。断面修復の材料はセメントの水和反応による硬化体を形成する材料なので、基本的にはコンクリート打設と同様の品質管理をすれば問題は生じない。

かつて左官工法を主としていた時は、材料の配合が大雑把となるような管理方法だった。近年では充填工法や吹き付け工法のモルタル材料がプレミックス化され、質量による配合管理も精度良く実施できる。それほど神経を使う必要が無くなった。

ただし、寒中施工や暑中施工では断面修復材料の温度管理が重要になる。寒中施工では、モルタルの練り上がり温度が10℃以上となるように練り混ぜ水を暖めて、所定の保温養生を施す。暑中施工では、モルタルの練り上がり温度が25℃以下となるように練り混ぜ水を冷やして、モルタルの急激な硬化を回避する。

断面修復は、既に乾燥収縮などが終了した既設コンクリート表面に、躯体厚さと比較して薄厚の15cm以下で施工することが多い。そのため、断面修復後に乾燥収縮などでひび割れが発生しやすい。施工中に外気や風にさらされることで、初期ひび割れの発生事例も多い。

初期ひび割れを回避するために、施工中は足場の外周をシートで覆い、外気や風から補修面を保護した方がよい。大きな面積の施工では補修面に養生剤を散布したりビニールシートで被覆したりして、乾燥収縮ひび割れを防ぐことも必要だ。

断面修復と併せて水の供給を絶つ

同じ損傷現象でも、構造物の置かれている環境に応じて劣化原因は異なる。断面修復を施す場合も、そのことをきちんと認識し、補修方法の細部に反映する。発注図面や仕様書に無い隠れた損傷原因が存在することは多い。そうした劣化要因を突き止めるには、水の介在を把握することがカギとなる。劣化因子は水とともに来ることが多いからだ。

次ページに、断面修復が必要な五つの損傷事例を示した。同じように断面修復するにしても、各事例で劣化原因が異なるので、施工内容もそれに合わせて変える。水の供給元を絶たないと、良い施工を施しても再損傷する。例えば、多くの場合、断面修復と併せて表面保護を施すことで、水や塩化物イオンなどの劣化因子の供給を抑えられる。

劣化要因の1は、アルカリシリカ反応で劣化した橋台の事例だ。反応性骨材にセメントのアルカリイオンと水が反応して膨張ひび割れを引き起こした。写真では橋台上面からの回り水によって、外側の黒くなっている流水後の損傷が著しい。未補修部分に水が供給されると劣化する。

同2は、外部から塩化物イオンがコンクリート中に浸透して橋脚に塩害が生じた。凍結防止剤は上部構造の伸縮継ぎ手に生じた隙間から、橋脚上部に供給されることが多い。ところが、ここでは上部構造に設置した排水パイプの損傷部分から供給されていた。排水パイプを取り替えなければ、断面修復箇所に凍結防止材が供給され続け、再劣化が生じる。

同3は海砂の使用、同4は海浜からの飛来塩分による塩害事例だ。海砂の使用による塩害の場合は、構造物全体の塩化物イオン濃度が発錆限界以上なので、損傷がない箇所もいずれ損傷する。ただし、水分がコンクリート内部に供給されなければ、発錆限界以上の塩化物イオンがあっても鉄筋はさびにくい。飛来塩分による塩害の場合は、発錆限界以下の部

■ 断面修復が必要な五つの損傷事例

1
アルカリシリカ反応により劣化した橋台。断面修復に加えて、水の供給を絶ち、表面保護を施す

4
海浜からの飛来塩分による塩害事例。発錆限界以下の部分に塩分が浸透するのを防ぐため、表面保護を施す

2
外部からの塩化物イオンの浸透で塩害を生じた橋脚。排水パイプも取り替える

5
凍結融解作用により劣化した橋脚の張り出し部分。断面修復に加えて、水分供給を絶つために表面保護を施す

3
海砂の使用による塩害事例。構造物全体が発錆限界以上の塩化物イオンを持つので、表面保護を施して水分供給を絶つ

分に飛来する塩分の浸透を防ぐ。

同5は凍結融解作用によって橋脚の張り出し部に生じた損傷だ。橋脚張り出し部は、雨水や降雪で水分が供給されて冬季にはコンクリートが凍結する。凍結融解による損傷に対しても、断面修復するのに加えて、水分供給を絶つことが有効だ。

これらの原因が複合的に作用して劣化する事例も多い。複合劣化の可能性も常に意識する必要がある。

Part 2

コンクリート橋梁上部

点検・調査の勘所（橋梁上部）

路上の変化から別の損傷を疑う

橋梁点検では個別の箇所を調べる前に、現場を歩いて橋全体を観察し、路上の高欄や舗装面、伸縮装置などの状態を確認することが大切だ。高欄や舗装面の損傷は、床版や桁、橋台といった別の橋梁部材の損傷を知る手掛かりとなる。床版は損傷を見て進行の程度を判断できるようにし、桁は損傷が生じやすい箇所を中心に点検して異状を見逃さない。

各部位の橋梁点検を始める前に、現場踏査で路上や路下、側面を観察する。現橋の状況や周辺環境を把握して、工程や足場計画、協議機関、安全管理体制などを記載した点検計画書を作成する。現場踏査で確認する主なポイントは次の項目だ。

①どのような構造形式でどのくらいの規模の橋か。②路上や路下に、点検するうえで障害となるものはないか。③点検足場としてどのようなものが必要か。④交差物件（河川、道路、鉄道など）は何か。⑤点検実施に当たり、警察、鉄道事業者、河川や道路の管理者などとの協議は必要か。⑥緊急対策が必要な損傷はないか。⑦損傷状況はどうか。

こうした準備を整えたうえで、点検作業に入る。

亀甲状の局所ひび割れは床版も確認

高欄は、橋のたもとから見る。鉛直方向や水平方向の変形を把握しや

■ まずは橋梁全体を見る
→環境条件や車両通行時の異常音・振動・たわみの有無を把握

▶路上から

▶側面から

▶路下から

すいからだ。径間内ではなく、橋脚や橋台の位置で高欄が折れているような変形があれば、橋脚や橋台が沈下や移動をしていたり支承が破損していたりする可能性があるので、路下の点検で確認する。高欄が変形しているだけだと決め付けない。

橋面舗装に局所的な亀甲状のひび割れを見付けたら、舗装自体が劣化していることもあるが、床版上面の損傷によって舗装にひび割れが発生したとも判断できる。また、局部的に舗装が打ち換えられている箇所があれば、ひび割れが発生したために打ち換えた可能性がある。

このような状況を確認したら、舗装を撤去して床版上面の状況を調べるとともに、床版下面の損傷状況も点検する。下面に、2方向のブロック化したひび割れがあり、漏水や遊離石灰を伴っていたら、床版が抜け落ちる危険性がある。損傷した床版を部分的に打ち換えるなどの緊急対応が必要だ。

一方、亀甲状ではなく、橋軸方向などの規則性のあるひび割れならば、床版上面ではなく、主桁や横桁、支承などの損傷が原因となってひび割れが発生したと考えられる。路下から上部構造や支承の状況を詳細に点検する。

橋台背面の舗装面も重要なチェックポイントだ。ここに橋軸直角方向のひび割れを見付けたら、橋台が変形していないかを調べる。

伸縮装置にも注目する。移動機能の低下による遊間異常や段差があれば、橋台や橋脚の変形、移動、支承の沈下や破損を疑う。橋梁上を車両が走行すれば何らかの音は出るが、周辺の住民から今までとは違う音が出ているといった苦情が道路管理者に寄せられることもある。そうしたケースでは、路下で伸縮装置、支承、鋼部材の取り合い部などを中心として入念に点検する。

40～41ページの囲みに示したように、橋全体を遠目で観察した場合に気が付く橋の変形や、路面上を点検して得られた高欄や舗装、伸縮装置

路上の点検ポイント

〈高欄を見る〉

▶高欄の変形

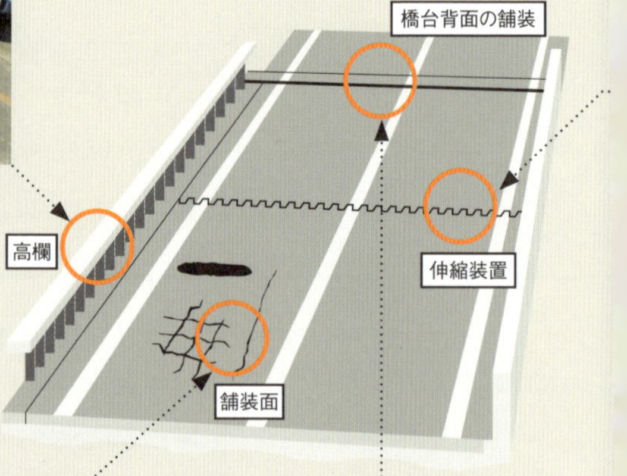

〈舗装面を見る〉

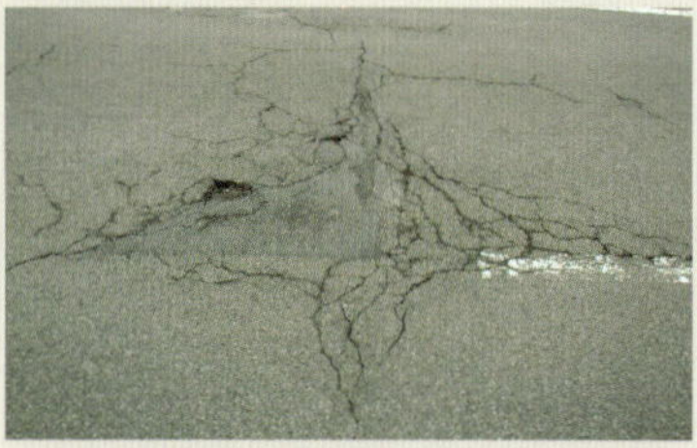

▶局所的に集中したひび割れ

▶橋軸または橋軸直角方向の大きなひび割れ

〈橋台背面の舗装を見る〉

▶橋軸直角方向のひび割れ

などの損傷は、ほかの橋梁部材の損傷を知る手掛かりとなる。こうした関連性を理解しておく。

床版下面は遊離石灰の有無を見る

床版は通行荷重を直接支える部材なので、橋梁部材のなかでも最も過

〈伸縮装置を見る〉

▶冬季に閉じている

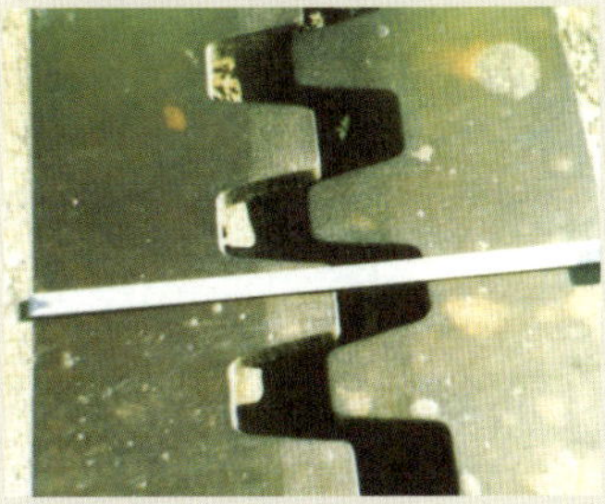
▶夏季に開いている

▶段差がある

■ 路上で注目すべき損傷

注目すべき損傷	関連している損傷	
高欄 ・鉛直方向の変形	橋台、橋脚	沈下、傾斜、移動、損傷
	主桁	異常たわみ、ひび割れ
	支承	移動不良、回転不良、モルタル破損
路面 ・大きなひび割れ ・亀甲状のひび割れ	床版	ひび割れ、遊離石灰
	主桁	異常たわみ、ひび割れ
	橋台、橋脚	沈下、傾斜、移動、損傷
	支承	移動不良、回転不良、モルタル破損
伸縮装置 ・異常音 ・段差 ・遊間異常	橋台、橋脚	沈下、傾斜、移動、損傷
	支承	移動不良、回転不良、モルタル破損
	伸縮装置	欠損、変形

≫ 変状を確認⇒路下の点検強化

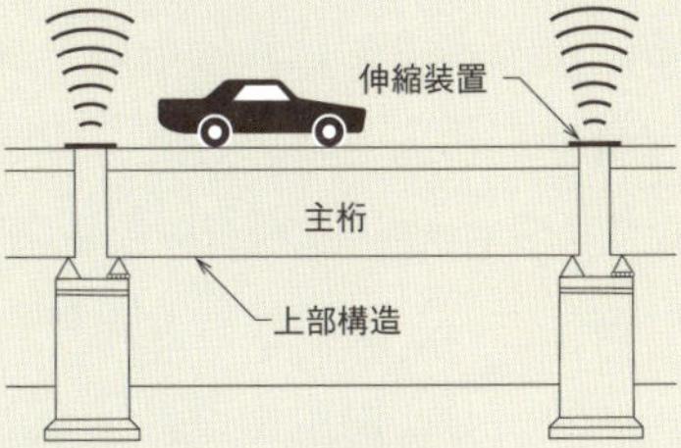

▶車両の通過時に異常音が発生する

酷な環境に置かれている。特に鋼橋のRC（鉄筋コンクリート）床版は、ひび割れなどの損傷が生じやすい部材だ。施工時に配慮しても、コンクリートの乾燥収縮によってひび割れが発生し、活荷重の繰り返しでさらに進展していく。

　その進展度合いはコンクリートの品質や床版厚、鉄筋量などによって

床版下面の点検ポイント

〈中間床版を見る〉

▶亀甲状のひび割れ
▶遊離石灰の流出
▶漏水

≫ 緊急に補修や補強が必要（床版の打ち替えなど）

▶橋軸直角方向に貫通した並列状のひび割れ
▶遊離石灰の流出

≫ 補修や補強が必要（詳細な調査で補修・補強工法を検討）

▶遊離石灰を伴わない軽微なひび割れ

≫ 当面、補修や補強の必要はない

異なる。RC床版の設計基準は損傷の発生を教訓に改訂されてきた。基準の床版厚が薄かった時代に設計、施工した床版で、特に損傷の発生事例が多い。

点検時は、床版下面に白い遊離石灰がひび割れからにじみ出ていないかを確認する。にじみ出ていれば床版上面から下面までひび割れが貫通していると判断できる。逆に、遊離石灰を伴わないひび割れは貫通していないと判断できるので、遊離石灰がある床版に比べて健全だ。

ひび割れが橋軸方向と橋軸直角方向の2方向に発生し、ブロック化している場合は、床版のせん断耐力が低下している。抜け落ちる危険性があるので、早急な対策が必要だ。特に、ひび割れが密に発生して、さび汁がにじみ出していたら、緊急対策を講じる。

張り出し部は中性化しやすい

床版下面を鋼板接着工法で補強しているRC床版の点検ポイントは、鋼板の周囲や床版との接合ボルトの周りにさびが発生しているか否かだ。さびの発生は、橋面からの水の浸入が原因だと判断できる。

〈鋼板接着部を見る〉

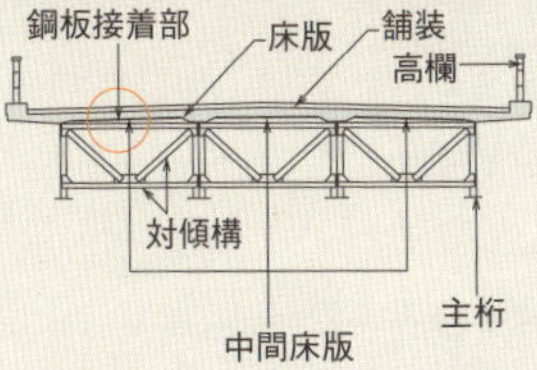

▶鋼板接着部の塗装劣化と床版下面からの剥がれ

» 打音検査などの詳細な調査を実施し、損傷レベルを判断して補修・補強対策を検討する

〈桁間コンクリートの打ち継ぎ目を見る〉

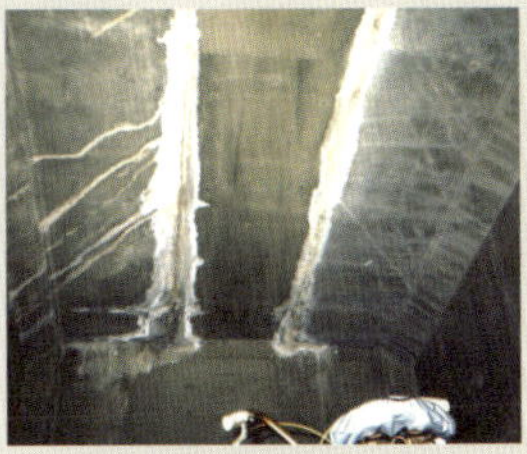

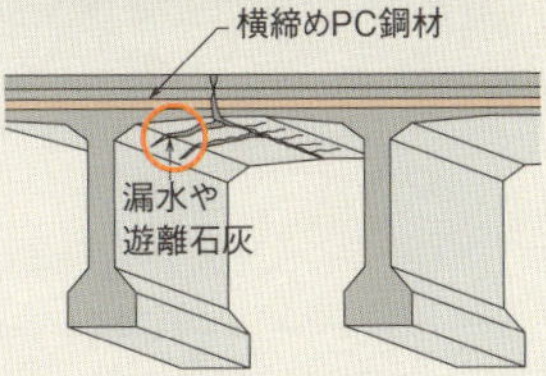

▶桁間コンクリートの打ち継ぎ目からの遊離石灰の流出や漏水

» 橋面防水工事が必要

〈張り出し床版を見る〉

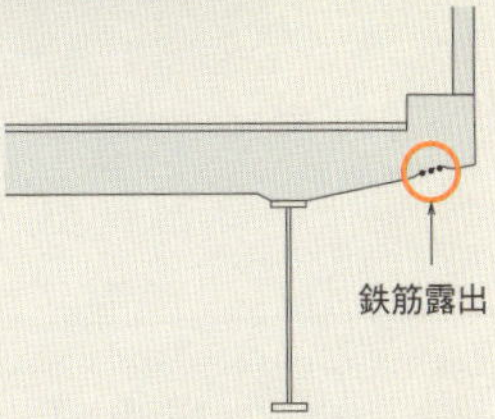

▶張り出し床版にひび割れや鉄筋の露出

» 床版の耐荷力には直接関係しないが、コンクリート片の落下による第三者被害の可能性があるので、補修が必要

この工法では、鋼板と床版下面をエポキシ樹脂で接着している。橋面の防水対策が不十分だと、ひび割れから雨水が浸入してエポキシ樹脂を劣化させるので接着力が低下する。

さびが発生していたら、鋼板の補強効果が低下している証拠だ。鋼板のたたき点検などの詳細調査によって接着していない範囲を明確にし、対策を検討する。

多くのPC（プレストレスト・コンクリート）橋では、主桁を架設してから現場で桁間にコンクリートを打設して一体化する。PC橋で床版に相当するのは、この桁間コンクリート部分だ。

点検するポイントは、桁間コンクリートと主桁との境界部から遊離石灰やさび汁が流出しているか否かだ。もし、それらの流出があれば、橋

桁の点検ポイント

〈鋼桁を見る〉

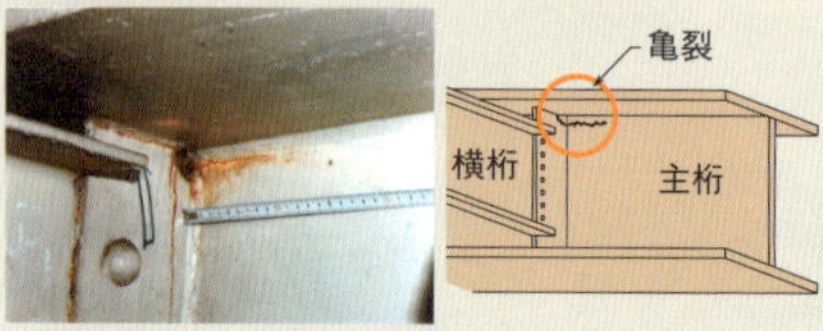

▶対傾構取り付け部付近に亀裂が発生

≫ 溶接箇所の疲労亀裂であると考えられるので詳細に範囲を調査

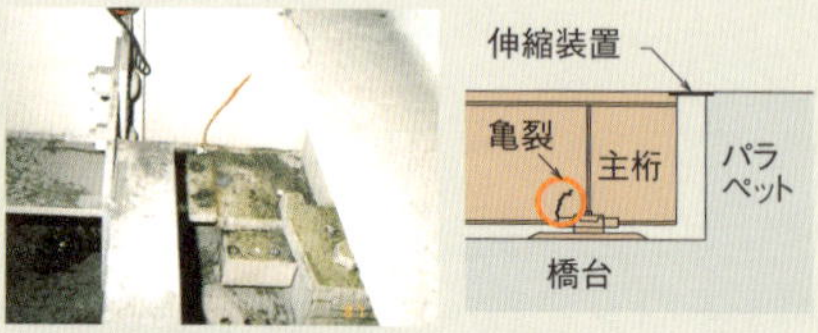

▶支承上の主桁に亀裂が発生

≫ 疲労亀裂であると考えられるので亀裂範囲を詳細に調査。支承部の損傷は落橋などにつながるため、主桁仮受けなどの落橋防止対策を緊急に実施

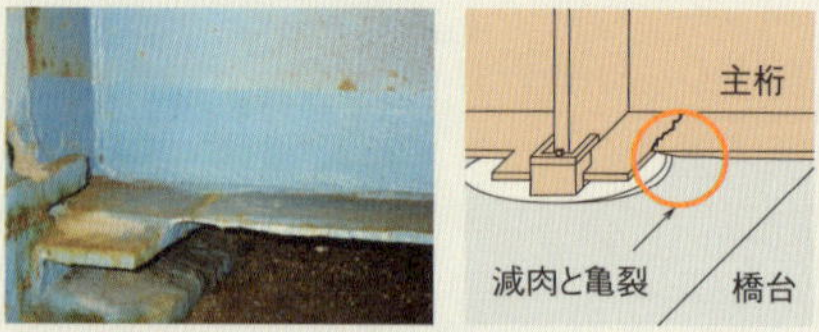

▶主桁の腐食による減肉と亀裂の発生

≫ 耐荷力が低下していると考えられるので、緊急に主桁仮受けなどの落橋防止対策を実施し、支承機能や亀裂範囲を詳細に調査

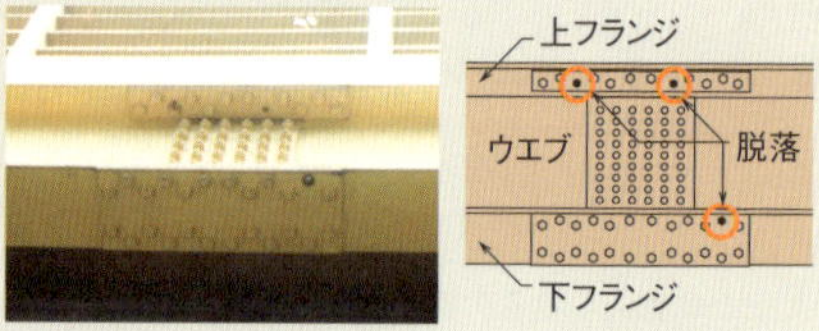

▶高力ボルトの脱落

≫ 高力ボルトの遅れ破壊が原因と考えられるので、ほかの高力ボルトについてもゆるみを詳細に調査

面から雨水が浸入しているので、横締めPCケーブルの腐食が促進される。橋面の防水対策を早急に実施しなければならない。

RC床版の張り出しの先端部は、コンクリート片の落下事故が多い。直接、車両の荷重が載ることはないものの、水切りがあるので雨水などが集まりやすく、かぶりも小さくなるので、中性化によって内部の鉄筋が腐食しやすい環境となるからだ。

点検時には検査ハンマーでコンクリート面をたたき、音質によってかぶりコンクリートの浮きの状況を調べる。剥離する可能性の高い箇所は、たたき落としておく。赤外線カメラを用いて浮きの箇所を調べる方法もある。

床版耐力の低下には直接影響しないが、第三者被害を防止するうえで重要な点検部位だ。

〈コンクリート桁を見る〉

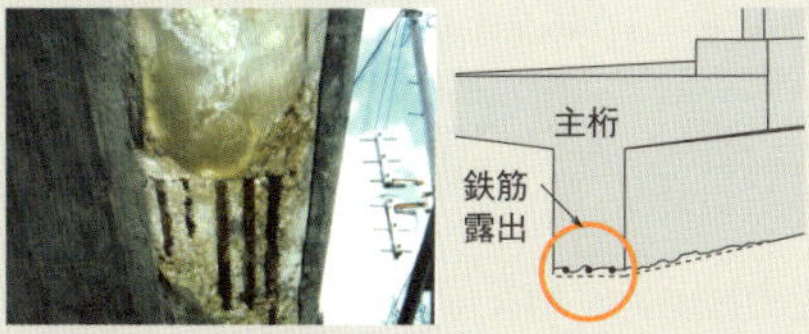

▶局部的な主桁の鉄筋露出

≫ コンクリートのかぶり不足が原因と考えられるので詳細に調査。塩害の可能性がある場合には早急に対応する

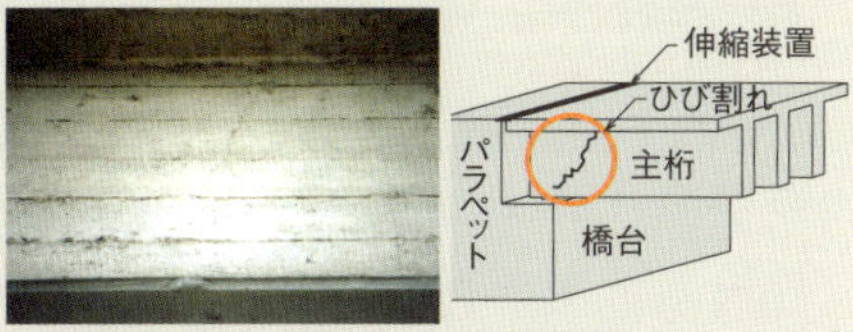

▶支点付近のウエブに斜めのひび割れが発生

≫ せん断耐力の不足が原因と考えられるので配筋状況などを詳細に調査

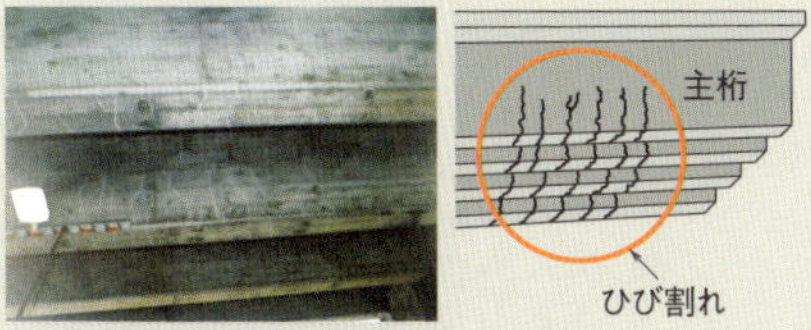

▶主桁に橋軸直角方向のひび割れが発生

≫ RC桁であり、設計上は発生する可能性があるが、幅が大きかったり間隔が狭かったりすると耐久性の面で問題があるので補修する

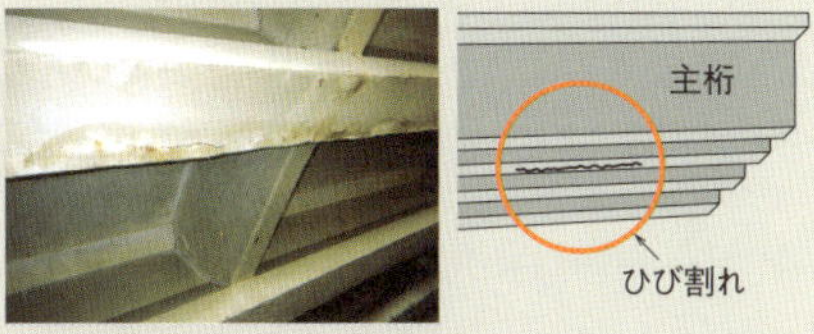

▶主桁に橋軸方向のひび割れが発生

≫ PC鋼材の腐食が原因と考えられるので、コンクリートをはつり、内部の鉄筋の腐食状況を調査

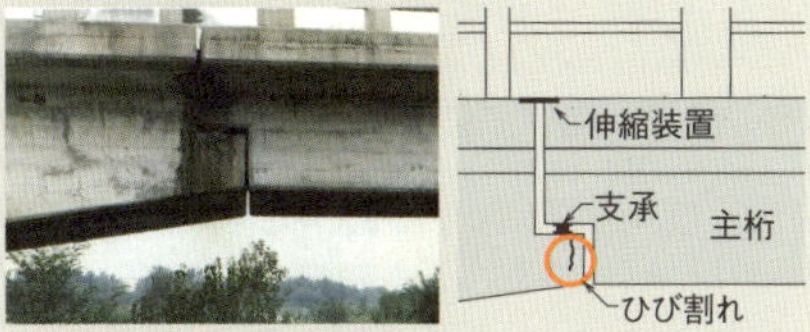

▶ゲルバーヒンジ部のひび割れ

≫ 耐荷力の低下が懸念されるのでひび割れ状況を詳細に調査

ボルト頭の「F11T」は脱落注意

鋼橋で疲労亀裂が発生しやすい箇所は過去の事例などから分かっている。点検時にはその箇所を中心にさびの有無を確認する。

疲労亀裂が発生しやすいのは繰り返し荷重が作用する箇所だ。荷重の繰り返しによって塗膜が剥げ、局部的に鋼材の防食機能が低下すると鋼材にさびが発生する。支承付近や、主桁と横桁との接合部分などにさびを見付けたら、疲労亀裂が発生している確率が高い。

また、水が集まりやすい箇所を中心に鋼材の腐食状況を確認する。鋼材が腐食するには、水と酸素が必要だからだ。

スパイクタイヤの使用が禁止された1990年代以降、塩化物イオンを含んだ融雪剤の散布量が増えている。寒冷地域で最近多いのは、この融雪剤を含んだ雨水が伸縮装置から漏れて、桁端部の鋼部材や鋼製支承を腐食させる事例だ。さらに、支承の腐食によって移動や回転機能が低下し、腐食で減肉した主桁に疲労亀裂が発生する事例もある。

ボルトの脱落に関しては、70年代中ごろに使われたF11Tの高力ボルトが遅れ破壊によって脱落する事例が多い。脱落で耐荷力が大きく低下することはないものの、第三者被害の発生を防止するためには、点検時にボルトの頭にF11Tの記載があるかを見る。該当すれば、すべてのボルトに対して脱落の危険がないかを調べる。

一般的に震度4以上の地震が発生した場合は、橋梁に対して緊急点検を実施する。地震の際には、桁端部の鋼部材に変形や座屈、支承に破損が発生しやすいので、それらの箇所を重点的に点検する。

塩害橋では小さな損傷も見逃さない

コンクリート桁に発生する損傷は、ひび割れや剥離、鉄筋露出などの外観に現れる変状が多いので、比較的発見しやすい。

発生原因は、塩害や中性化、凍害、アルカリシリカ反応といった材料の経年劣化に関連したものと、鉄筋量や部材厚の不足などの構造的な欠陥に由来するものとに分けられる。点検だけで原因を明確に判定することは難しいが、ひび割れの発生位置と方向からある程度は推測できる。

例えば、支点付近のウエブのひび割れはせん断耐力不足、支間中央付近の下フランジの橋軸直角方向に生じるのは曲げひび割れで、PC桁の場合は耐力不足が懸念される。ゲルバーヒンジの近くにひび割れがあれば、せん断耐力不足や支承の機能低下が考えられる。

いずれも構造的な原因によるひび割れだ。このような部位は、重点的に点検する必要がある。

一方、塩害や中性化などで内部鋼材がさびて発生するひび割れは、必ず鋼材方向つまり橋軸方向に発生する。特に、塩害損傷を受けやすい沿岸地域にあるコンクリート桁の点検では、鋼材方向の微細なひび割れやさび汁を見落とさないことが大切だ。塩害損傷の進行は極めて速い。損傷が軽微な段階に対策を講じることが、寿命を延ばすカギとなる。

RC床版の調査

遊離石灰＋2方向ひび割れは打ち換え

舗装面に亀甲状のひび割れや打ち換えを繰り返した跡がある箇所は、舗装だけでなく床版の劣化も疑う。特に床版下面で、ひび割れが2方向に発生して遊離石灰が流出していたら、床版が抜け落ちる危険性がある。いずれは全面的な打ち換えが必要だ。古い基準を適用したRC床版はもともとの耐荷力が低い。場合によっては床版の剛性を向上させる。

舗装面の点検ポイント

〈亀甲状のひび割れ〉

〈打ち換えを繰り返している箇所〉

上の写真2点とも、床版上面のコンクリートが脆弱化している可能性がある

RC床版は通過車両の荷重などを直接支持する部材で、橋梁を構成する部材のなかでも特に損傷が発生しやすい部材の一つだ。

アスファルト舗装面に亀甲状のひび割れが発生していたり、ひび割れを補修した打ち換えが繰り返されていたりする箇所は、床版上面のコンクリートが脆弱化し、骨材とモルタルが分離して砂利化している場合がある。舗装自体の劣化もあるが、床版上面の劣化との関連を疑う。

特に、舗装ひび割れの直下の床版下面で、ひび割れが2方向に発生してブロック化し、ひび割れから白色の遊離石灰が流出している状況が認められると、その箇所の床版コンクリートがかなり脆弱化しており、抜け落ちる危険性がある。緊急対策が必要な状況だ。

張り出し床版は第三者被害に注意

中間床版下面にそのような状況を見つけた場合は、ひび割れが上面から下面まで貫通していると判断できる。ひび割れ内部に雨水が浸透すると、砥石に水を垂らして刃物を研ぐように、走行車両荷重の繰り返しでひび割れ面がすり磨かれ、床版の耐荷力が低下していく。

また、浸透した雨水が内部鉄筋の腐食を促進させ、鉄筋の腐食膨張によってコンクリートが脆弱化していく。特に、冬季に凍結防止剤を散布する機会が多い場合は、塩化物イオンにより鉄筋の腐食速度がさらに上がる。遊離石灰とともに、鉄筋腐食によるさびが流出することもある。

緊急対策で、通行止めを実施し、ひび割れの発生箇所を打ち換える。

一方、張り出し床版は、直接通行車両が乗る部位ではないので、かぶりコンクリートの浮きがあっても車両通行の支障となることはない。しかし、雨水などが集まりやすく、内部鉄筋が腐食すると、かぶりコンクリートに浮きや剥離が生じる。橋梁下に落下すると第三者被害につながる。こうした事例は非常に多い。

まずは水の浸入を防ぐ

ここまで見た損傷を確認した場合には、以下で説明する処置を施す。

床版下面のひび割れから遊離石灰の流出があれば、ひび割れには橋面

抜け落ちた床版。舗装面にひび割れがあり、その直下の床版下面でひび割れが2方向に発生してブロック化し、遊離石灰が流出している場合、その箇所の床版コンクリートは脆弱化が進んでおり、抜け落ちの危険性があると判断できる

中間床版下面の点検ポイント

〈ブロック化して遊離石灰を伴ったひび割れ〉

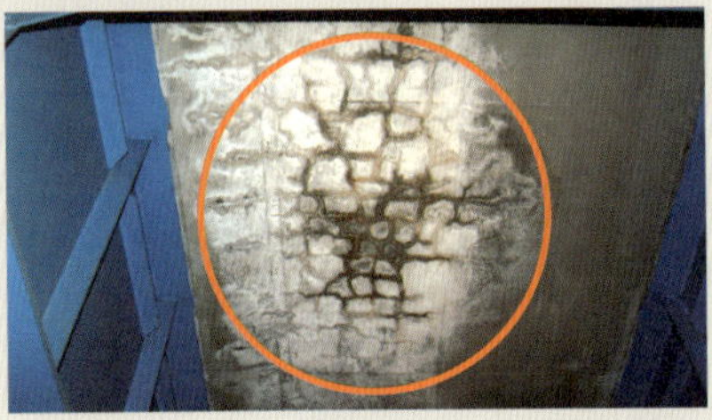

橋面防水工事を施すだけでは、ひび割れの進行を食い止めることができない場合が多い。いずれは全面的に打ち換える必要がある

〈遊離石灰を伴った1方向のひび割れ〉

橋面防水工事を施した後でひび割れの進行が認められなければ、当面は対策の必要がない

■ 走行車両荷重によるひび割れの挙動

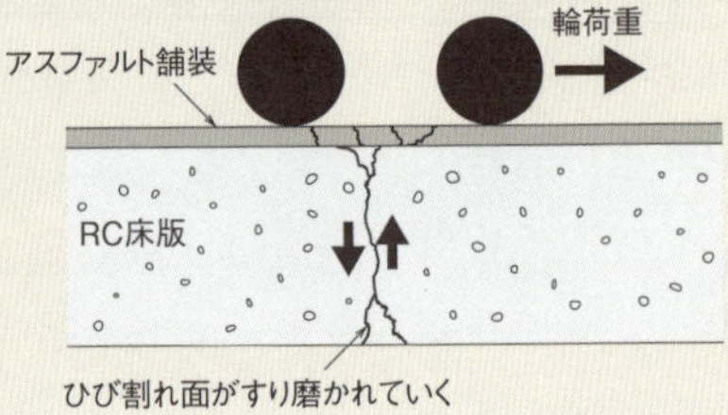

からの水みちが出来上がっており、水が供給されるたびに床版が脆弱化していく。この場合にまずやらなくてはならないのは、ひび割れへの水の浸入を遮断することだ。

そのために橋面防水工事を施す。仮にひび割れが発生していない場合でも、予防保全として施せば、長寿命化対策となる。

遊離石灰が流出していても、ひび割れが1方向の場合は、橋面防水工事を施した後、ひび割れの進行がそれ以上認められなければ、当面は対策の必要がない。

それに対し、2方向にひび割れが生じて遊離石灰が流出していたら、橋面防水工事だけではひび割れの進行を食い止められない場合が多い。いずれは全面的に床版を打ち換えることになる。特に、ひび割れ間隔が狭いほど、押し抜きせん断耐力が急速に低下し、抜け落ちる可能性が高くなる。部分的に打ち換える場合もあるが、あくまでも応急対策だ。

部分打ち換えは、弾性係数の違いにより、既設部との境界部に欠陥が発生しやすい。また、既設部との付着力が十分に確保できない場合もあり、この境界部分から損傷が発生する可能性が高い。早い時期に全面打ち換えを実施するのがよい。

古い橋梁はもともと耐荷力が低い

道路橋のRC床版では、1965年ごろから損傷が顕在化してきた。それを教訓に、最小床版厚や必要鉄筋量、許容鉄筋応力度の基準を改定してきた。例えば、64年制定の道路橋示方書で設計したRC床版は床版厚が小さく、現行の示方書のものと比較して60％程度の押し抜きせん断耐荷力しかない。

ひび割れを見つけた橋梁は、設計時の適用基準を調べる。もともとの耐荷力が小さい床版ならば、ひび割れの進行が早いと判断できる。床版の剛性を向上させる対策が必要だ。

下面からの手当てとしては鋼板接着や炭素繊維接着、縦桁増設、下面増し厚など、橋面からの手当てとしては上面増し厚などの対策がある。その際の補強規模を検討するには、床版厚や配筋状況、コンクリート強度などの調査が必要だ。

床版調査は、橋梁上で交通規制が可能であれば、橋面舗装と床版上面のかぶりコンクリートの一部を撤去して、鉄筋の径と間隔を調べる。下面からは電磁波レーダーなどの非破壊検査手法を用いて、配筋状況を把握する。また、コンクリート強度は床版上面から下面まで貫通させたコアを採取して床版厚を調べ、そのコアを用いて測定する。コアの径は5cm程度でよい。

赤外線カメラは晴天時に使う

一方で、張り出し床版の端部は、床版や高欄の鉄筋が錯綜《さくそう》しているう

■ RC床版に関する基準の変遷

適用した基準および示方書	発行年月	輪荷重P (kgf)*1	曲げモーメント式*2 主鉄筋方向	曲げモーメント式*2 配力筋方向	鉄筋の許容応力度	配力鉄筋量	最小床版厚
道路橋示方書	1956年5月	8000	0.4P(L−1)／(L+0.4)（ただし、2<L≦4m）	規定なし	SR24 1400kgf／cm²	主鉄筋の25%以上	14cm
道路橋示方書	1964年6月				SD30 1800kgf／cm²		
鋼道路橋の一方向鉄筋コンクリート床版の配力鉄筋量設計要領	1967年9月					主鉄筋の70%以上	
鋼道路橋の床版設計に関する暫定指針（案）	1968年5月				SD30 1400kgf／cm²		3L+11≧16cm
鋼道路橋の鉄筋コンクリート床版の設計について	1971年3月	8000 (9600)	0.8(0.12L+0.07)P	0.8(0.10L+0.04)P		曲げモーメントを規定	
道路橋示方書	1973年2月						
鋼道路橋の鉄筋コンクリート床版の設計施工について	1978年4月				SD30 1400kgf／cm²で200kgf／cm²程度余裕を持たせる		$k_1 \cdot k_2 \cdot d_0$*3 d_0=3L+11≧16cm 床版支間は3m以内が望ましい
道路橋示方書	1980年2月						
	1990年2月						

[RC床版の押し抜きせん断耐荷力の計算例]

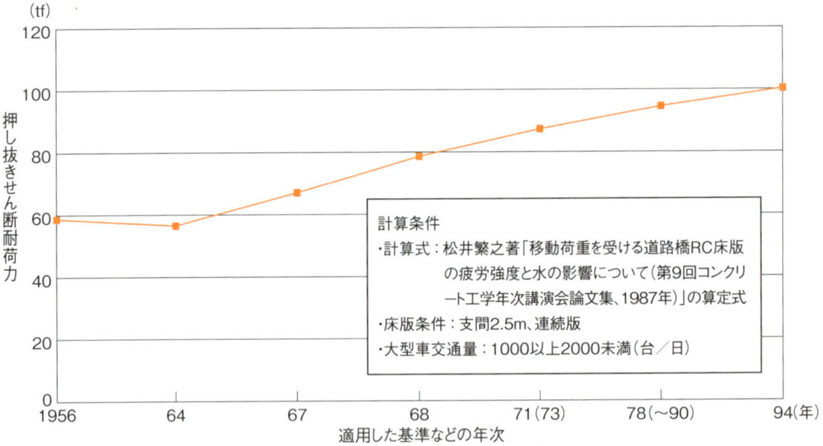

1994年2月発行の道路橋示方書では90年2月発行のものから、輪荷重が1万kgfに補正係数を掛けた数値に変わった。補正係数は、床版支間（L）が4m以下の場合には1.0、4m超の場合には（L／32+7／8）で算定する

*1:1等橋の場合で、カッコ内は大型車が1方向に1日当たり1000台以上の場合（20%増し）

*2: 連続版で主鉄筋が車両進行方向に直角の場合。Lは床版支間長（m）

*3: d_0=道路橋示方書で与えられる1等橋に対する最小全厚、$k_1 \cdot k_2$=形式・大型車交通量・付加曲げモーメントなどによる割り増し係数

（資料:日本道路協会発行「鋼橋の疲労」）

張り出し床版先端部の点検ポイント

〈かぶりコンクリートの剥離〉

≫ 浮き部分を落として、全ての箇所に対して剥落防止対策を講じる

■ 張り出し床版先端部の剥落

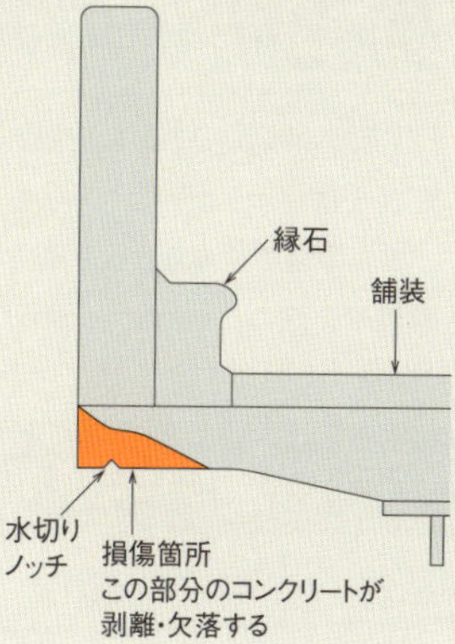

えに、隅角部なので、コンクリートを均一に打設しにくい箇所だ。また、水切りを設けている部分は、鉄筋のかぶりが小さくなる。鉄筋が発錆《はっせい》しやすく、かぶりコンクリートが剥落して橋梁下に落下する事例が非常に多い。

たたき点検や赤外線カメラなどで浮きのある箇所を把握する。

たたき点検は、コンクリート表面を直接ハンマーでたたき、音質の違いにより浮きのある箇所を把握する方法だ。また、赤外線カメラでコンクリート面を撮影すると、表面の温度の差から浮きの疑いのある箇所を把握できる。

ただし、赤外線カメラによる方法は、コンクリート表面温度に差が生じにくい雨天時には精度が低下するので、晴天時に撮影することが基本だ。望遠レンズを用いれば、遠くからでも把握できる。

赤外線カメラで浮きの疑いのある箇所を把握し、その箇所をたたき点検で確認する流れが効率的だ。浮き部分を落とし、全ての箇所に対して剥落防止対策を講じておく。

RC床版の補修

劣化防止の基本は床版防水

RC床版の補修・補強は、劣化の程度によって選ぶべき工法が違う。補修・補強の目的や道路橋の交通規制ができるか否かも考慮する。床版は雨水が入ると急激に劣化速度が上がるので、床版防水が最も重要で基本となる工法だ。足場が必要となる床版下面の作業をする場合には、施工空間の確保や全面のシート養生を怠らないようにする。

劣化レベルと工法選定のポイント

■ 床版下面のひび割れ進行

（資料：下も土木学会「2007年制定コンクリート標準示方書維持管理編」）

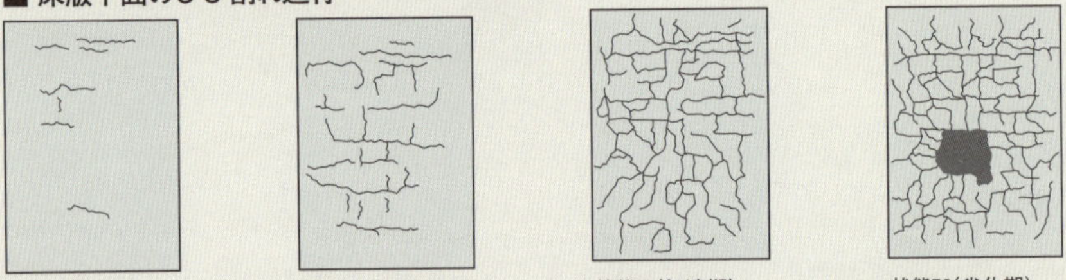

状態Ⅰ（潜伏期）
1方向ひび割れ

状態Ⅱ（進展期）
2方向ひび割れ

状態Ⅲ（加速期）
ひび割れの
網細化と角落ち

状態Ⅳ（劣化期）
床版の陥没

■ 床版の疲労による外観上のグレードと標準的な工法の例

床版の外観上のグレード	標準的な工法例
Ⅰ（潜伏期）	橋面防水層（予防的に実施）
Ⅱ（進展期）	橋面防水層、鋼板・FRP接着、上面増し厚、下面増し厚、増設桁
Ⅲ（加速期で浸透水の影響あり）	橋面防水層、鋼板接着、上面増し厚
Ⅲ（加速期で浸透水の影響なし）	橋面防水層、鋼板接着、上面増し厚、増設桁
Ⅳ（劣化期）	供用制限、打ち換え

実物大床版を使った輪荷重走行試験の状況。大型車両の後輪荷重を載荷したまま往復させる

床版の劣化メカニズムは、輪荷重走行試験により実物大床版を用いて究明された。床版に雨水が浸透すると、ドライな環境下にある場合と比べて疲労寿命が400分の1に低下することが分かっている。

床版に浸透する雨水に加えて凍結防止材や飛来塩分などの作用があれ

ば、劣化はさらに加速する。このような観点から、床版（橋面）防水は床版の補修・補強工法の中で最も重要な工法であり、早期に実施すれば、より大きな効果が得られる。

左ページに、道路橋床版の劣化グレードと、各グレードに応じた床版の補修・補強工法を示す。

工法の選定は、道路橋の交通規制が可能かどうかで、上面側の補修と下面側の補修に分かれる。補修・補強の目的によっても選定すべき工法が違う。床版の厚さを増して押し抜きせん断耐荷力を向上させるのが主目的ならば増し厚工法、曲げ補強を主とするのであれば下面増し厚や鋼板・FRP接着などの工法だ。

[床版（橋面）防水] 古い部材を取り除き接着力を確保

床版防水はこれまで、舗装の打ち換え時に合わせて実施する付帯工法の位置付けだった。そのため、舗装を剥いだら、既設床版の損傷の補修に想定以上の時間を費やし、床版防水の時間を十分に取れないことも少なくなかった。そうしたリスクは事前に想定して、施工計画を立てる。

床版防水の詳細な設計・施工法は日本道路協会編「道路橋床版防水便覧（2007年3月）」に示されている。

防水層の種類はシート系防水層と塗膜系防水層に大別されるが、両者とも主にアスファルト系のものが安価で使用実績が多い。シート系は基材のポリエステル不織布にアスファルトを含浸させた形態で使用し、流し貼り工法を主に採用する。

アスファルト舗装の切削は、入念な事前調査で舗装厚さや床版コンクリートのかぶり厚さを把握し、床版を傷めないように丁寧に施工する。切削後の床版上面にはアスファルト塊や既存のタックコート、防水層などが残る。それらを取り除いて接着力を確保することが必要だ。

床版上面の浮きや損傷箇所は、樹脂モルタルなどで断面修復をきちん

補修・補強工法のポイント(1)

〈床版(橋面)防水〉

■ 防水層の構成断面の例

(1)シート系防水層
(流し貼り型、加熱溶着型、常温粘着型)

(2)塗膜系防水層
(アスファルト加熱型、ゴム溶剤型)

(3)高規格防水層

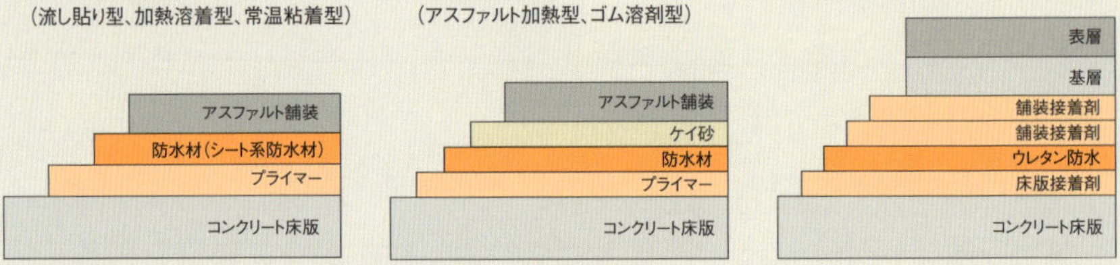

(資料:(1)と(2)、下の表は日本道路協会「道路橋床版防水便覧」、2007年3月)

■ 防水材の主な原材料

防水工の種類	主な使用素材・材料
シート防水	アスファルト、合成ゴム、合成樹脂、繊維(ポリエステル不織布や織布など)、ケイ砂
塗膜防水	合成ゴム、アスファルト、エポキシ樹脂など
高規格防水	ウレタン樹脂、アクリル樹脂など

ウレタン樹脂吹き付けによる高規格防水の施工状況。耐久性や防水性などの性能の高さが評価されている

と施す。未補修箇所や不充分な補修箇所があると再損傷を招く。また、貼り付け材を溶融するときには、所定の溶融温度を守って局部や長時間の加熱に注意する。

最近では従来のシート防水と塗膜防水のほかに、旧日本道路公団系の高速道路会社(NEXCO)各社が防水性能の高い高規格防水工法を採用している。防水性能だけでなく、耐久性能も高いので、寒冷地や凍結防止剤、飛来塩分が問題となる箇所に有効な工法だ。

[上面増し厚] 打ち継ぎ目を十分締め固める

上面増し厚工法も、床版の上面側の工法なので、床版防水と同様に舗装の入念な切削が必須だ。

切削後の床版上面はショットブラスト工法で脆弱層を取り除く。切削によって生じたマイクロクラックや旧コンクリートの脆弱層を除去する研掃は、新旧コンクリートの一体化を図るうえで重要な工程といえる。

増し打ちは鋼繊維速硬コンクリートを使い、専用フィニッシャーで適切に締め固める。上面増し厚工法の垂直打ち継ぎ目となる型枠近傍は専用フィニッシャーで施工しにくく、締め固め不足になりやすい。型枠や地覆の近傍の締め固めでは、必要に応じてバイブレーターなどを使う。

そうした弱点を補う手法として、NEXCO各社の発注工事では、新旧コンクリートの打ち継ぎ部に接着剤を標準的に使用している。接着剤が固まらないうちに鋼繊維補強コンクリート（SFRC）を打ち込むことで一体化が図れる。ただし、接着剤には可使時間があるので、SFRC打ち込みの進捗に合わせて塗布する。

［下面増し厚］熟練工が施工する

下面増し厚工法は床版下面に補強鉄筋を配置し、ポリマーセメントモルタルを増し厚する工法だ。吹き付けで合理的に施工できる。密実な補強部分を床版下面に施工する必要があるので、「吹き付けノズルマン」の技能検定に合格した熟練工が施工するのがよい。

［FRP・鋼板接着］水分量10%以上ならば乾燥処置

FRPや鋼板の接着に使うエポキシ樹脂は、温度や湿度の管理が重要だ。冬季の施工で外気温が5℃以下になると硬化時間が長くなり、施工性が低下する。既設コンクリートや施工する樹脂の温度にも気を配る。

一般的にエポキシ樹脂は水分があると樹脂表層部が変質し、層間の接着不良や樹脂白化の原因となる。コンクリート表面の水分量8%以下、湿度85%以下の条件で施工するのが標準だ。水分量10%以上では乾燥処置を施す。8～10%ならば湿潤用プライマーなどの対策を取る。

ただし、最近では5℃以下の温度でも硬化時間が低下しない材料が開発

補修・補強工法のポイント(2)

〈上面増し厚〉

■ 構成断面の例

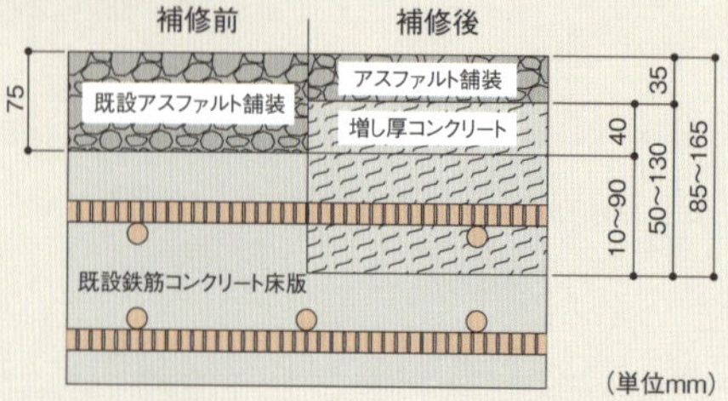

上面増し厚の鋼繊維速硬コンクリート敷きならしと専用フィニッシャーによる締め固め状況(既設床版面に接着剤塗布)

〈下面増し厚〉

■ 概要図

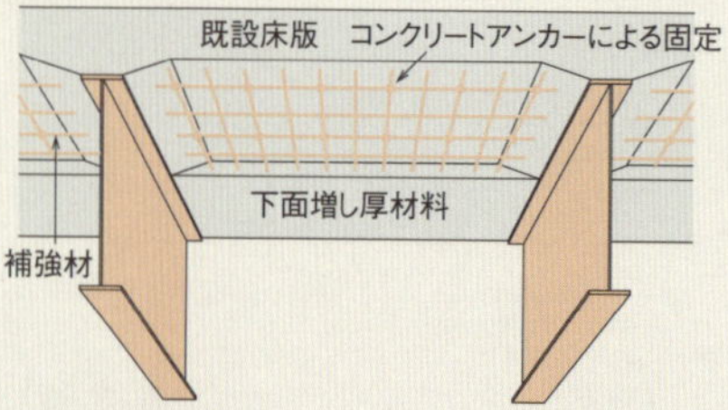

ポリマーセメントモルタル吹き付けによる下面増し厚工法の施工状況。吹き付けノズルマン技能検定に合格した熟練工が施工するのがよい

〈FRP接着〉

■ 概要図

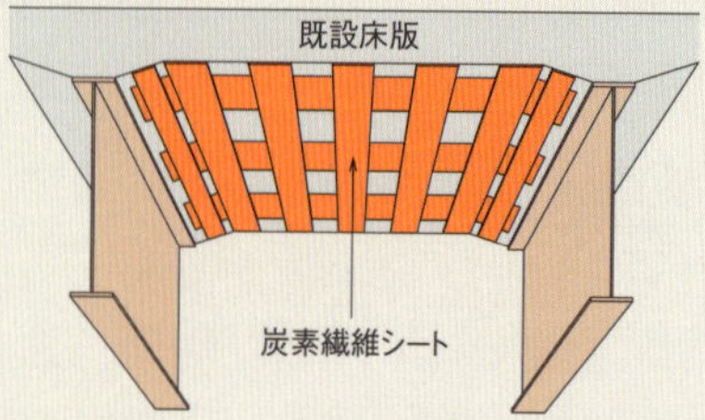

炭素繊維シートを床版下面に格子状に接着している状況。格子状に貼ることで既設床版の損傷の経過状況を目視で確認できる

〈鋼板接着〉

■ 概要図

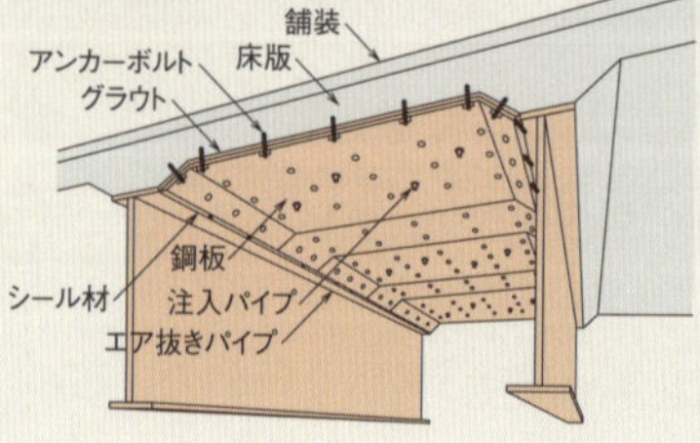

塗装がいらない特殊メッキ鋼板による高耐久鋼板接着工法で、エポキシ樹脂を注入している状況

足場のポイント

■ 概要図

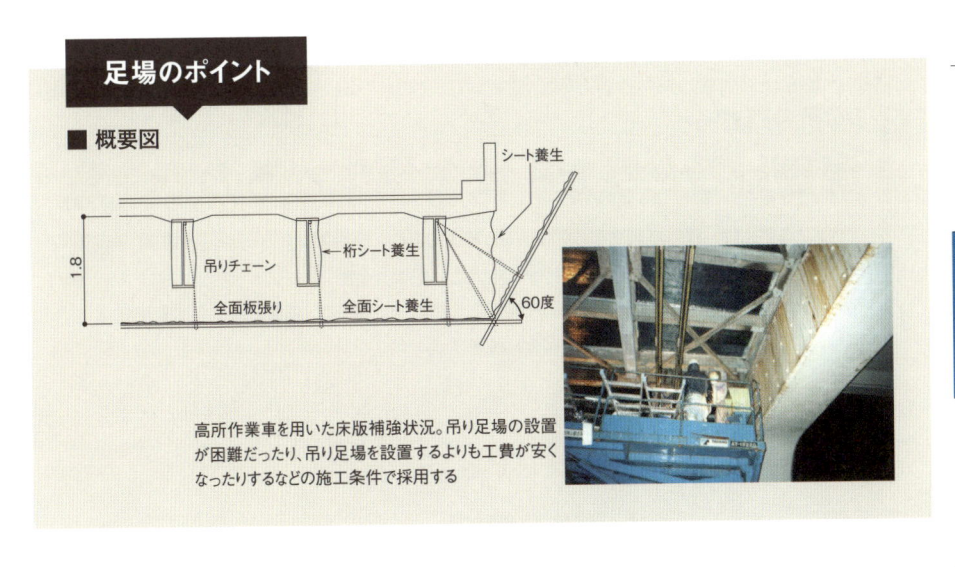

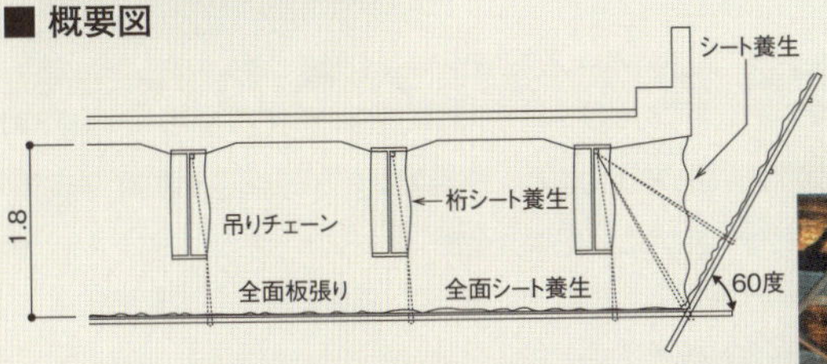

高所作業車を用いた床版補強状況。吊り足場の設置が困難だったり、吊り足場を設置するよりも工費が安くなったりするなどの施工条件で採用する

されている。水分の影響を受けない湿潤用エポキシ樹脂も開発されており、施工例がある。現場条件に合わせて材料を選ぶことが大切だ。

施工性と安全性からシート養生

床版下面側からの補修・補強工事では、吊り足場や枠組み足場を使用する。足場内の作業空間は天井方向に力を入れて作業することができる1.8mの高さを確保する。床版下面の作業は上向きなので、全面板張りとして開口部を残さない。

シート養生は、側面も含めて内側全体を覆う。ポリマーセメントモルタルやエポキシ樹脂を外気や寒風などから遮断して効率的に養生できる。補修材料や工具が橋梁下へ落ちることも防げるので、安全性の面からも必要だ。桁や支承、落橋防止装置なども、補修材料が付着しないようにビニールシートで養生する。

PC桁の調査

塩害はひと冬でも致命傷になるので注意

塩害による劣化は、損傷が顕在化した段階から急速に進む。特にPC橋はPC鋼材が腐食、破断すると、耐荷力が一気に低下する。損傷を見つけたら、軽微なうちにかぶりコンクリートをはつって鋼材の腐食状況を把握。損傷がある桁と同一環境下の桁は塩化物イオン濃度を測定する。断面修復は、補修箇所が劣化原因となるマクロセル腐食に注意する。

塩害による損傷のポイント

下フランジ下面にさび汁が流出している。内部鋼材の腐食の可能性が高いものの、腐食範囲は比較的限定されていると推察できる。早い時期に鋼材腐食が進行しないような対策を適切に講じておけば、十分に長寿命化が図れる

下フランジ側面に、橋軸方向に大きなひび割れが発生している。さび汁も多量に流出しており、PC鋼材の腐食、破断の可能性が非常に高い。架け替えを前提に、架け替え完了までの安全を確保する最低限の補強対策を検討する

完成後26年経過した段階での損傷状況。PC鋼線が破断し、バラバラになって垂れ下がっている。何度か補修対策を講じたが、内部の塩化物イオン濃度が高いため効果が無く、PC鋼材の腐食進行を食い止められなかった

海岸線から近い位置にあるPC（プレストレスト・コンクリート）橋では、海から飛来した塩分により内部のPC鋼材が腐食、破断する甚大な損傷が発生している。塩害による損傷進行は急速で、完成してから40年も経過していないのに、落橋が懸念される状況に至り、架け替えられたPC橋も多い。

PC橋はPC鋼材が腐食、破断すると、プレストレス力が急激に消滅し、耐荷力が一気に低下する。RC（鉄筋コンクリート）橋も主鉄筋が腐食、破断すると、耐荷力が低下するものの、PC橋ほど急激ではなく、架け替える例はPC橋に多い。

ここでは、塩害を原因とするひび割れやかぶりコンクリートの剥離、内部鋼材の露出などの損傷があるPC橋を中心に、調査方法や補修計画を解説する。なお、RC橋の塩害に対する調査方法や補修計画はPC橋と同様だ。

はつりと非破壊検査を併用する

塩害が原因と考えられる損傷が発生しているPC橋に対して、今後の対策を検討するには、損傷の範囲と程度の把握が必要だ。まず、ひび割れなどの損傷がある箇所について、かぶりコンクリートをはつり、鋼材の腐食状況を確認する。自然電位法などの非破壊試験を用いて内部の腐食状況を把握する方法もあるが、精度面で問題がある。測定した箇所のうち、何カ所かのかぶりコンクリートをはつり、鋼材の腐食状況と測定値を対比させて、はつり出していない箇所の腐食状況を評価する。

損傷箇所は、土木学会のコンクリート標準示方書［維持管理編］で規定している1.2kg/m^3の鋼材腐食発生限界濃度を超えた高濃度の塩化物イオンの浸透が明らかだ。塩化物イオンを測定する必要があるのは、損傷がある桁と同一環境下にあり、かつ現時点で表面的には損傷が見られない箇所。同じ径間内のほかのPC桁や隣接する径間に対して実施し、損傷

はつり出しによる腐食状況確認のポイント

〈はつり調査前〉

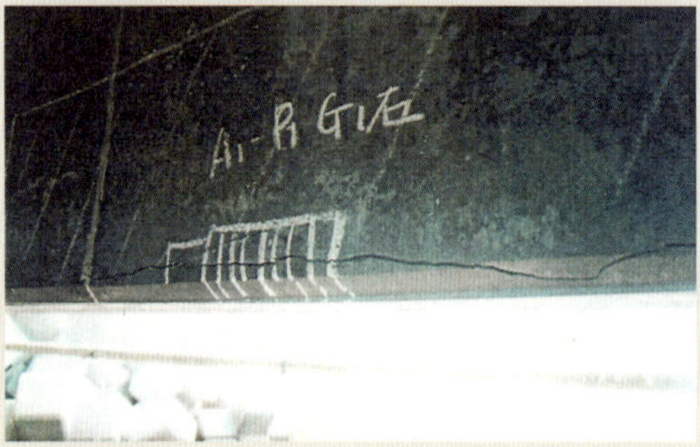

PC桁の下フランジに、橋軸方向にひび割れが発生。さび汁の流出は無い。内部の腐食状況を確認するため、チョーキングの範囲をはつることにした

〈はつり調査後〉

内部のPC鋼材の腐食を確認。ひび割れのある範囲で鋼材腐食の可能性が高い。載荷試験で現有耐荷力を推定し、安全性を確保するための補強を施す

発生の可能性や時期を予測して今後の対策を検討する。

調べるのは、コンクリート表面から鋼材位置までの塩化物イオン濃度分布。それらのデータに基づき、フィックの拡散方程式を用いて塩化物イオンの拡散予測（劣化予測）を実施する。現在の環境が変化しないことを前提に、何年経過すると鋼材が腐食環境下に入るのかを予測して、表面保護工法などの予防保全対策の実施時期を見極める。

ただし、塩化物イオン濃度が1.2kg/m^3の鋼材腐食発生限界濃度を超えていても腐食していない場合がある。鋼材腐食はコンクリートの品質やコンクリート中の環境条件によって発生状況が異なるからだ。実際の腐

塩化物イオン濃度測定のポイント

鋼材位置の塩化物イオン濃度は土木学会が示す鋼材腐食発生限界濃度1.2kg/m³を超える6.1kg/m³だが、鋼材はごく表面的な腐食が認められる程度。高強度コンクリートを使うPC橋は単位セメント量が多く、限界濃度が高いと推測される

■ フィックの拡散方程式による塩化物イオンの拡散予測

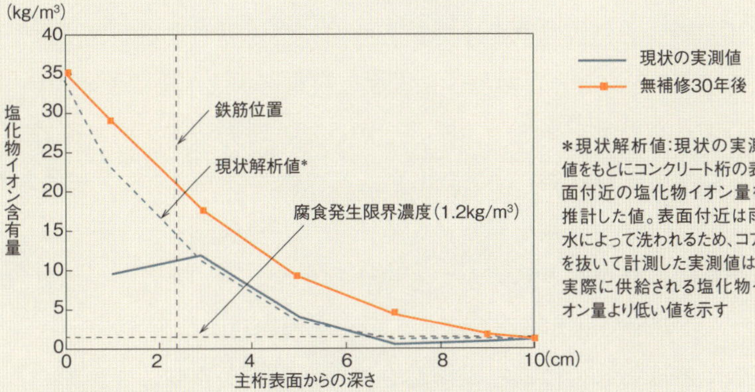

*現状解析値:現状の実測値をもとにコンクリート桁の表面付近の塩化物イオン量を推計した値。表面付近は雨水によって洗われるため、コアを抜いて計測した実測値は、実際に供給される塩化物イオン量より低い値を示す

$$C(x,t)=C_0\left(1-\mathrm{erf}\frac{X}{2\sqrt{Dt}}\right)+C(x,0)$$

C(x,t)：深さx(cm)、時刻t(年)における塩化物イオン含有量(kg/m³)
C(x,0)：初期塩化物イオン含有量(kg/m³)
C_0：表面塩化物イオン含有量(kg/m³)
D：塩化物イオンの見かけの拡散係数(cm²/年)。セメント材料と水セメント比から求める
erf：誤差関数

フィックの拡散方程式は、塩化物イオンの拡散の予測に使われる公式。セメントの材料や水セメント比、表面塩化物イオン含有量などの値から、ある年のある深さにおける塩化物イオン濃度を算出する。コンクリート表面から深さ方向の塩化物イオン含有量は、コンクリート桁から採取したコアを分析して計測する

食発生限界濃度は1.2 ～ 2.5kg/m³だとの考え方や、単位セメント量が多くなれば限界濃度が高くなるとのデータもある。

塩化物イオン濃度が高くても内部鋼材の腐食が軽微ならば、コンクリート中の環境条件を維持することが、損傷の進行を抑えるうえで有効な場合がある。当面、対策は講じずに点検の頻度を上げるのは消極的なように思えるが、有効な対策だ。

マクロセル腐食には犠牲陽極材

かぶりコンクリートをはつって内部鋼材の腐食状況を調べた結果、腐食はしているものの、PC鋼材の断面減少や破断が見られないケースでは、対策を決めるのが難しい。

一般的な対策としては、損傷箇所をはつり落とし、ポリマー系の補修材などで断面を修復したうえで、表面に損傷が見られない箇所はそのままにして、コンクリート面全体を表面被覆材で保護することが多い。

このような対策を講じた箇所のなかには、断面修復箇所と既設コンクリートの境界面からさび汁が流出し、再補修が必要となるケースもある。これはマクロセル腐食を原因とする損傷だ。塩化物イオンが全く含まれていない断面修復材とわずかでも塩化物イオンが含まれている既設コンクリートとの間で腐食電流が流れ、境界部の鋼材が腐食する。

この現象に対しては犠牲陽極材を用いた対策が有効とされている。犠牲陽極材中の亜鉛とコンクリート中の鋼材とのイオン化傾向の違いを利用する方法だ。防食電流を鋼材に供給することで、腐食部と健全部との間に生じていた電位差を低減し、腐食反応を抑制する。

また、鋼材位置で腐食発生限界濃度を超過しているものの、ひび割れが発生していなかったり広範囲ではなかったりするPC橋に対しては、電気防食工法や脱塩工法などの電気化学的防食工法が有効で、採用する事例も増えている。

マクロセル腐食への対応のポイント

■ マクロセル腐食のさびの発生と電気化学的犠牲材料による防食

［マクロセル電流による鉄筋腐食］

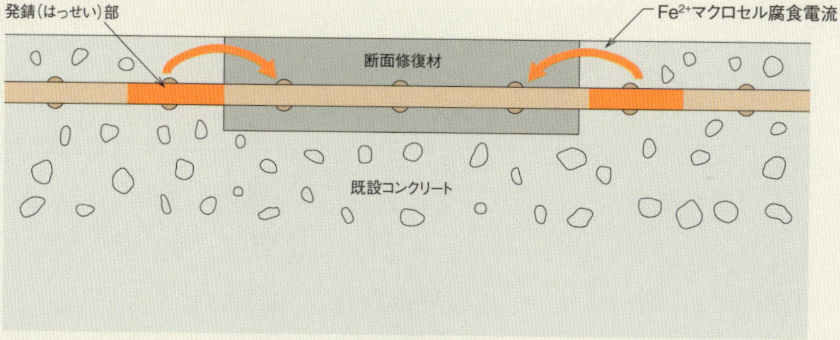

［電気化学的犠牲材料による防食の例］

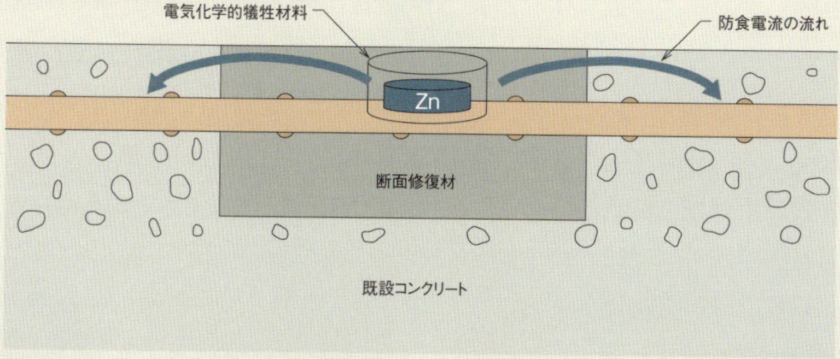

塩害補修は一般に損傷箇所を断面修復して全体を表面被覆材で保護する。修復箇所と既設箇所の境界面からさび汁が流出し、再補修が必要となるものもある

犠牲陽極材を用いた防食は、亜鉛と鋼材のイオン化傾向の違いを利用。防食電流を鋼材に供給して腐食部と健全部の電位差を低減し、腐食反応を抑制する

これらの工法は比較的新しい工法なので、まだコストが高い。今後、実橋でのデータが増えれば、効果を十分に検証できて採用事例が増え、コストも下がるだろう。

架け替えまでの安全を確保

塩害の損傷は、顕在化した段階からの進行が速い。日本海側の事例を見ると、鋼材腐食がひと冬で一気に致命的な状況まで進行してしまう。損傷が軽微な段階で有効な対策を講じなかった結果、架け替えざるを得ない状況に追い込まれたPC橋も多い。逆に、人間のがんと同じように、早期に適切な手当てをすれば多くの場合は延命できる。

一方、PC鋼材が既に破断したPC橋は、内部に高濃度の塩化物イオンが蓄積しており、破断により耐荷力が急速に低下していくと推察できる。コストを掛けて電気化学的防食工法を採用しても、劣化進行を食い止めるのは難しい状況だ。

そうした状況になったら、できるだけ早く架け替えの準備に入る。架け替えるまでには時間が必要で、どんなに急いだとしても5年以上の年月が掛かる。劣化が進んだPC橋の課題は、架け替えまでの間の安全をどのような対策で確保するかだ。

対策を検討するには、まず現状の耐荷力を正確に把握する。一般的には、橋梁上に荷重車を載荷して主桁のたわみやひずみを測定し、計算で求めた健全な状態での値と比較することによって現有耐荷力を評価する。ただし、死荷重、つまり自重により発生しているたわみやひずみの値は、この載荷試験では分からないので、計算で求める。

得られた現有耐荷力に基づき、必要な補強規模を検討する。新設橋の設計に使う設計荷重を満足するような補強ができればよいが、既に大きな損傷が発生している橋梁に対して、新設と同等の規模の補強は構造的に難しい場合がある。

現実には、構造的に可能な補強規模で考えざるを得ない。補強で向上できる耐荷力には限界があるので、安全上問題が生じない範囲で、通行荷重を規制するケースもある。

架け替えが完了するまでの間には鋼材腐食などの損傷が進行して耐荷力は低下していく。しかし、どのような経過をたどって低下するのかを正確に把握することは困難だ。

耐荷力が低下すると顕著に表れるたわみなどを、常時計測するようなモニタリングシステムを構築しておく。急速に耐荷力が低下して通行の安全に問題が生じた場合は通行止めなどの対応を実施する。

コンクリート桁の補修(1)

大きくはつる場合は耐荷性能も確認

塩害が生じたコンクリート桁の補修方法のうち、耐荷性能が低下する劣化期に至る前の対策を取り上げる。基本は、はつりと断面修復工法だ。はつり取る断面積が大きいときには、耐荷性能が不足しないことを確認してから施工する。特にPC桁の下面では引張抵抗力が大きい補修材料を使うなどの配慮が必要だ。

鉄筋コンクリート(RC)桁やプレストレスト・コンクリート(PC)桁の劣化の中でも塩害は損傷事例が多い。ここでは塩害が生じた構造物の補修工法を解説する。

塩害による構造物の性能低下に対する外観上のグレードと標準的な工法を下に示した。

劣化期に至る前の補修工法は大別して4工法。コンクリート中への塩化物イオンの浸透を防ぐ「表面処理」、劣化や剥離したコンクリート部分を除去して元の断面形状に修復する「断面修復」、鉄筋などの鋼材腐食を電気化学的に抑制する「電気防食」、コンクリート中に浸透した塩化物イオンを排除する「電気化学的脱塩」だ。

塩害が生じたRC桁やPC桁の補修工事では劣化したコンクリートを除去することが多い。はつりと断面修復が基本となる。

■ 塩害による構造物の外観上のグレードと標準的な工法

構造物の外観上のグレード	標準的な工法
I-1(潜伏期)	表面処理(予防的に実施)
I-2(進展期)	表面処理、断面修復、電気防食、電気化学的脱塩
II-1(加速期前期)	表面処理、断面修復、電気防食、電気化学的脱塩
II-2(加速期後期)	断面修復
III(劣化期)	FRP接着、断面修復、外ケーブル、巻き立て、増し厚

(資料:土木学会編「2007年制定コンクリート標準示方書 維持管理編」)

既存の保護塗装は全て除去

はつりは、部分的ならば小型の破砕機械でよいが、広範囲となる場合はウオータージェットを使う。塩害が生じている構造物は何度も補修され、保護塗装などの表面処理を施しているものも多い。既存の保護塗装の諸性能が不明なので、通常、これらは除去する。

保護塗装は、除去工法の選定を誤ると想定以上の時間を要する。例えば、保護塗装をプライマー部まで除去する場合はコンクリートの表面を薄く削り取るが、保護塗装の主材や上塗りだけを除去する方法を選ぶとプライマー部の除去が難しい。

はつりで、コンクリートカッターなどの切断装置やコアドリルなどの削孔装置を使うときは、鉄筋やPC鋼材に傷を付けないように十分注意する。鋼材を破断したり損傷させたりすると、急激に耐荷性能が低下して供用が困難になることもある。

鉄筋やPC鋼材の配置状況は通常、目視確認できない。設計図書や非破壊検査などで、あらかじめそれらの位置を把握することが重要だ。

PC桁の下面は引張力に留意

桁の断面は、交通の状況や支間長、経済性などを考慮して過不足ない形状を決定している。損傷範囲が広く、はつり取る断面積が大きいと、必要な性能を確保するための桁断面積が不足する恐れがある。

そうしたケースでは、欠損した断面積を考慮した桁形状で、耐荷性能などを確認する。設計図書類が現存しない橋梁もあるので、場合によっては復元設計を実施して安全性を確かめる。

PC桁の断面修復では、断面修復材にプレストレスが導入されていないことにも留意する。補修部位によっては、補修材料の限界を超えた引張力が発生する。桁下面の断面修復を計画する際は、修復部の応力度照査

はつりと断面修復のポイント

〈既存のコンクリート保護塗装の除去〉

超高圧水を用いた除去例。塩害損傷の構造物は何度も補修を繰り返していることが多く、塩化物イオンを浸透させないように保護塗装を施している。除去は手間を要する

集じん機能が付いたディスクサンダーによるケレン。閉鎖された環境での作業で、粉じんが発生する工種も多い。集じん機能は不可欠

〈はつり〉

カッター工事

はつり工事

》はつりの後、はつり部の清掃やコンクリート浮きの除去、鉄筋さびの除去を実施。必要に応じて防錆処理を施す

〈断面修復〉

(1)左官工法

使用する断面修復材ごとの所定の方法で下地処理を施した後に修復する

(2)湿式吹き付け工法

左官工法では困難な箇所に適用する。丸印は犠牲陽極材。乾式吹き付け工法もある

〈施工時の断面欠損による照査断面〉

プレストレスT桁の断面修復。白色の断面修復部の断面積比率が高くなる可能性がある場合は、事前に桁の応力度を照査する

[照査する断面のイメージ図]

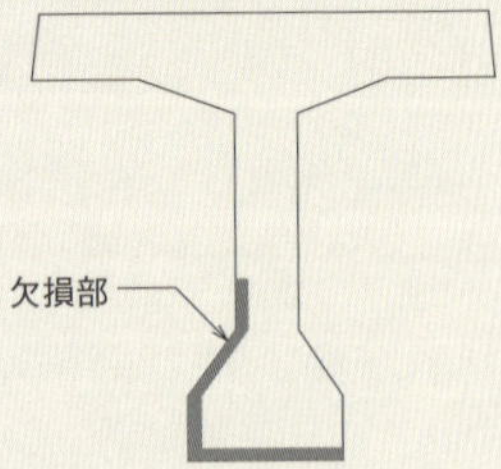

や大きな引張抵抗力を持つ材料の選定などが必要だ。

断面修復工法には、左官工法と注入（充填）工法、吹き付け工法の三つの施工方法がある。施工方向や補修面積によって、選ぶべき工法はおおまかに分類できる（31ページ参照）。

なお、断面修復の材料には、母材コンクリートとの付着性能を向上するために、ポリマーを混入したポリマーセメントの使用が多い。

電源装置は管理しやすい場所に

電気防食工法は、コンクリートの表面やかぶりの部分に陽極材を設置して、コンクリート中の鉄筋などの防錆《ぼうせい》したい鋼材との間に微弱な直流電流（防食電流）を流す工法だ。さび発生時の電位差を制御して、施工後のさびの発生や進行を抑える。

陽極材の形状や設置方法、電流の供給方法にそれぞれ種類があり、工法が細分化されている。通電する電流は1～30mA/m^2程度。広い面積の施工では、施工後の管理のしやすさを考慮して回路を分割する。

コンクリート中の鋼材と陽極材が接触すると、均一に電流が流れず、防錆効果を期待できない。古い橋梁ではかぶりが小さいものも多いので、陽極と鋼材が接触しないように十分注意する。

防食効果を期待する間は常に電流を流しておく。防食電流の通電状況の管理と装置の維持管理が重要だ。そのため、電源装置などは橋台や橋脚部などの維持管理が容易な箇所に設置する。

脱塩前にひび割れを補修する

脱塩工法はコンクリート表面に設置した仮設電極を陽極、コンクリート中の鋼材を陰極として直流電流を流し、塩化物イオンを電気泳動で陽極側に排出する工法だ。

コンクリート表面に設置した仮設電極を施工後に撤去するので、電気

電気防食のポイント

〈主に陽極の設置工程〉

1

マーキング。はつりを伴う位置は非破壊検査なども実施する

2

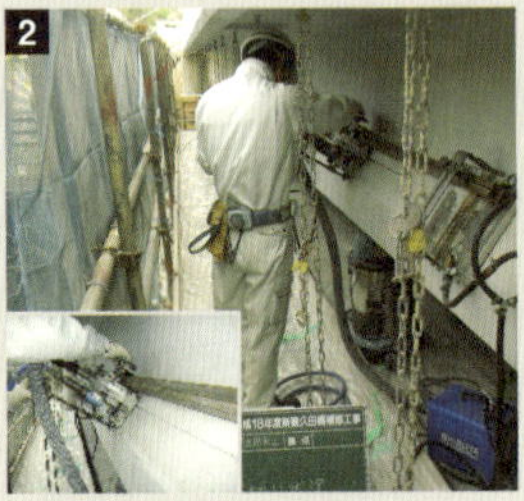

陽極などの設置用溝切り。多量の粉じんが発生する。写真は集じん機能付きカッター

3

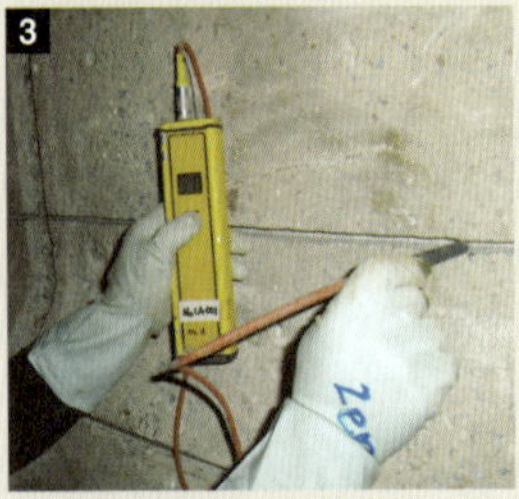

溝内の点検。鋼材と陽極の短絡防止のため点検する

4

陽極材の設置

5

電気防食用モルタルによる陽極材被覆。陽極周辺は電気防食の影響でモルタルが劣化しやすい。電気防食の各工法で指定されたモルタルを使用する

6

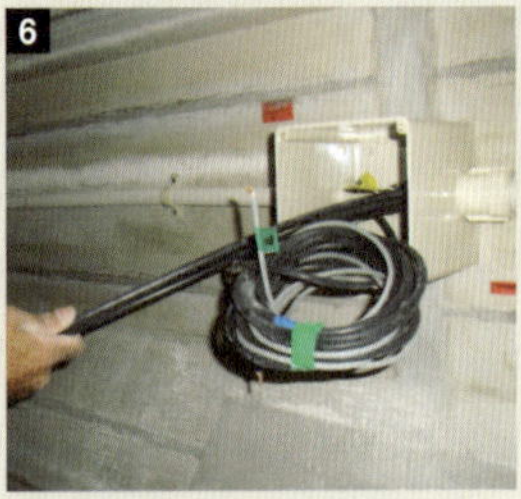

配線工事。適切な通電のために配線用ボックスの左右で通電回路を分断している

7

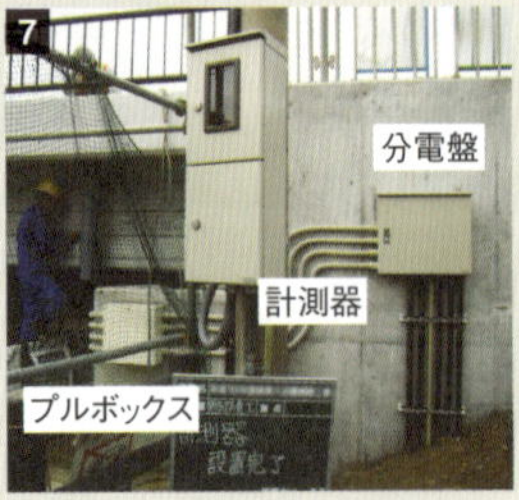

直流電源装置の設置。各工法により細部は異なるが、通電用の設備は直流電源装置や電気防食開始後のモニタリング用計測器などで構成する

8

通電調整後、通電開始。電気防食を実施する桁にモニタリング用の電極が埋め込まれている。直流電源装置内の端子台により、鉄筋の電位を測定する（分極量試験や復極量試験）

防食工法のように陽極をコンクリートに密着させない。電流を流すためには、コンクリート表面と陽極の間を電解質溶液で満たす必要がある。この電解質溶液を保持する方法によって、ファイバー法とパネル法に分類できる。

ファイバー法は電解質溶液を含んだセルロースファイバーを桁の表面に吹き付ける方法で、広い範囲を脱塩する場合に使う。パネル法は脱塩する桁の周囲に設けた電解質溶液槽の中に陽極を設置。狭い限定された範囲やファイバーの吹き付けが困難な箇所に採用する。

脱塩工法では、鋼材まで達しているひび割れがあると、そこに電解質溶液が満たされて陽極から鋼材に直接電流が流れてしまう。短絡を防ぐため、脱塩前にコンクリート表面の鋼材探査やひび割れ補修を施す。

塩分の抜けが悪くなったら終了

通電する期間はコンクリート中の塩化物イオンの濃度によって異なるが、一般的には8週間程度だ。浸透している塩化物イオンが多ければ、10週間以上通電することもある。

$1A/m^2$程度の大きな電流を流すので、陰極となるコンクリート中の鋼材付近に水素やナトリウムの陽イオンが集まりやすい。水素を拡散させるための断続的な通電や、アルカリシリカ反応への配慮が必要だ。

コンクリートの品質や浸透している塩分量などにより塩化物イオンの排出性状が異なる。コンクリート中から100％塩分を抜くことはできないので、脱塩中にはコンクリート中の塩化物イオン量の管理が必要だ。

脱塩によってコンクリートから排出された塩化物イオンの量は、電解質溶液中の塩化物イオン濃度や脱塩中に桁から採取したコンクリート試料から推定する。

脱塩を始めた当初は多量に抜けるが徐々に抜けが悪くなり、通電を継続しても脱塩の効果が期待できなくなる。塩分量調査は、この脱塩終了

電気化学的脱塩のポイント

〈脱塩工法(ファイバー法)のモデル〉

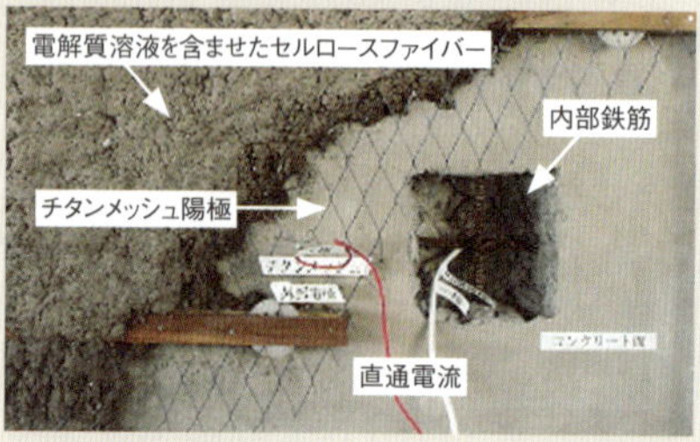

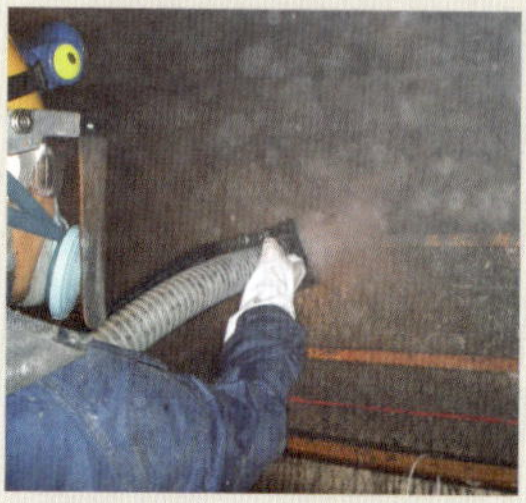

設置した陽極材の上に電解質溶液を保持させるセルロースファイバーを吹き付ける

〈脱塩中〉

脱塩中の電解質溶液の散布。適時、電解質溶液を散布して乾燥を防ぐ

電解質溶液回収部。余分に散布した電解質溶液を回収し、再利用する。溶液のpH値などもここで管理する

直流電源装置と配電盤。施工面積が広くなる場合は、詳細に管理するため、複数の回路に分割して通電する

施工途中の塩化物イオン量を調査するために、試料を採取する

〈脱塩後〉

桁の状況(乾燥後)

表面被膜完了後

のポイントを探すためのものだ。

脱塩終了後は塩化物イオンが再浸入しないように表面塗装を施す。脱塩部のコンクリートの表面は長期間、電解質溶液に浸すため、塗装時の乾燥状態に留意する。

塩害に対する根本的な対策工法の一つだが、施工実績は電気防食工法に比べて多くない。

コンクリート桁の補修（2）

外ケーブルやFRP接着を使いこなす

塩害が生じたコンクリート桁の補修方法のうち、外ケーブル補強工法やFRP接着工法といった耐荷性能を回復するための工法を中心に取り上げる。補強の原理が明快な外ケーブル補強工法は汎用性が高い手法だ。施工実績も豊富なので、設計や施工の留意点などがガイドラインとしてまとめられている。

外ケーブル補強工法は、既設構造物の外側に新しいPC（プレストレスト・コンクリート）鋼材を配置してプレストレスを導入することで、コンクリート部材の応力状態を改善し、耐荷性を回復・向上させる工法だ。局部的な部材の補強ではなく、構造物全体の応力やたわみの改善、単純桁から連続桁への構造変更を目的に計画することが多い。

T桁橋などの桁橋では、引張荷重1000kN程度以下の比較的小容量のPC鋼材を桁の両側に配置する。一方で箱桁橋では、外ケーブルの配置本数に制約があり、容量の大きなPC鋼材を配置することが多い。

外側に付ける部材は防錆処理

容量の大小に関係なく、PC鋼材を定着する定着体と偏向させる偏向装置を新たに設置する。PC鋼材や定着体は主桁外に配置するので、防錆《ぼうせい》処理が重要だ。特に塩害環境下などでは、複数の防錆方法を併用することもある。

定着体や偏向装置の据え付けは、狭い足場上や箱桁内部での作業となるので、作業の能率が低下する。定着体や偏向装置をコンクリート製ではなくて鋼製部材にすれば、作業性を向上できる。コンクリート打設などの現場作業を減らせるからだ。

ただし、鋼部材は塩害環境での使用には適さない。また、施工誤差を吸収する目的もあって最近はコンクリート製の定着体や偏向装置を使う

外ケーブル補強工法のポイント

〈塩害によるT桁の外ケーブル補強〉

外ケーブルの定着体は鋼製構造となっている。奥で架け替え工事を実施していることから、一時的な利用を前提として鋼製部材を選んだと推定できる。丸印で囲んだ箇所はモニタリング用照合電極のボックス

〈樹脂製偏向具〉

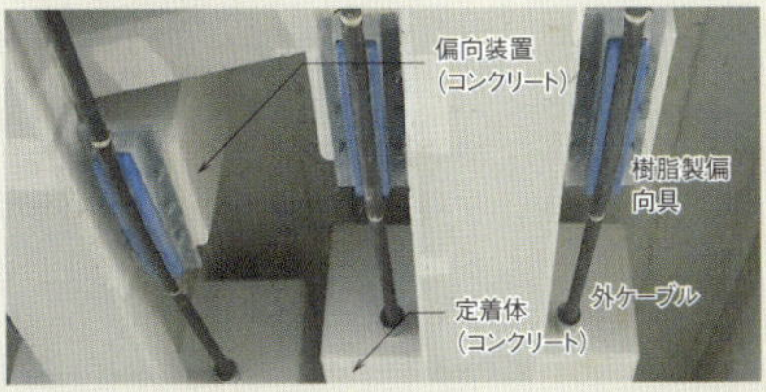

偏向部に加工しやすい樹脂製部材を使用した例。外ケーブルを偏向させる部分は、使用する鋼材ごとに決まった曲げ半径を確保する

〈鋼製偏向装置〉

施工性を考慮して鋼製構造の偏向装置を採用した例。PC鋼材の偏心量を大きくする場合などはコンクリート構造が採用できないので、鋼製構造を採用

〈プレテンション中空床版橋の外ケーブル補強〉

桁間の目地部を利用して、小容量のPC鋼材を配置。PC鋼材を桁端部で上縁側に巻き上げ、主桁を一部切り欠いて定着している

〈T桁橋の外ケーブル補強〉

通行車両の大型化に伴って設計活荷重を変更。それに対応するために外ケーブルで補強した

〈外ケーブルの緊張力計測〉

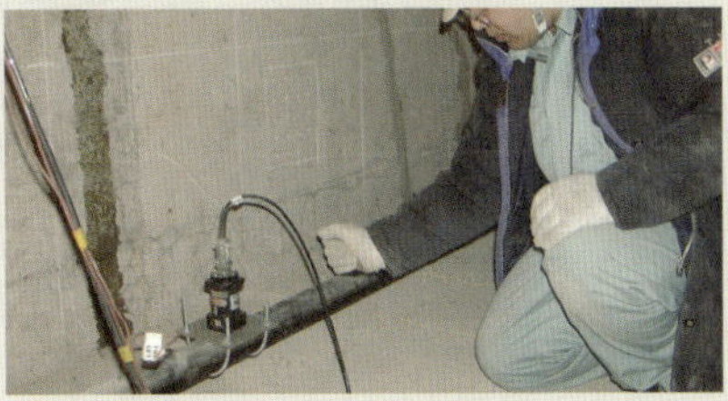

ケーブルに設置した加速度計の振動性状から張力を推定する。写真は、箱桁の外ケーブル補強工事を施工してから10年目に張力を測定した例。特に異状は認められなかった

ことが多いようだ。部材を選ぶ際には、施工後の維持管理方法や期待する効果の継続期間など、対象構造物の今後のシナリオを考慮する。

定着体は通常、横締めPC鋼棒などで既設構造物と緊結する。当初はナットなどの定着具の固定時に生じる張力減少や定着体のコンクリート

の収縮などよって、PC鋼棒の張力減少が指摘されていた。

こうした定着具のなじみによるプレストレスロスは、定着後に再度プレストレスを導入することで小さくできる。ロスが生じない特殊な中空PC鋼棒を使ってプレストレスを導入するNAPP工法もある。

外ケーブル補強工法は、補強の原理が明快なので、コンクリート桁だけでなくてヒンジ部の連結や中空床版などのコンクリート橋の各所に用いられ、施工事例も多い。プレストレスト・コンクリート建設業協会（PC建協）が「外ケーブル方式によるコンクリート橋の補強マニュアル（案）」として、設計や施工の要領、留意点をまとめている。

接着方法を間違えると剥がれる

連続繊維シートを使ったFRP（繊維強化プラスチック）接着工法は、桁にFRPを接着または巻き立てて耐荷性や耐久性を回復・向上させる。補強が必要な主桁下縁などの部位に所定の層数のFRPを接着する。

FRPは軽量なので敷設に重機が要らず、狭い足場上などでも手作業で施工できる。橋脚などの耐震補強に使用することが多いが、コンクリート橋の曲げ補強やせん断補強にも使う。土木学会が「連続繊維シートを用いたコンクリート構造物の補修補強指針」をまとめている。

FRPは、1本の太さが数マイクロメートルから十数マイクロメートルの長い糸（連続繊維）を束ねた連続繊維ストランドを、布状に加工したものだ。接着するには、連続繊維の間に含浸接着樹脂を浸透させて、それぞれの連続繊維とコンクリートとを一体化させる。施工時は1層ごとに貼り付けていく。

含浸接着樹脂は、使うFRPに適したものを選定することが重要だ。繊維間に樹脂が浸透しないと、剥がれなどの不具合が発生する原因となる。施工時の外気の温度や湿度、コンクリート表面の湿度なども規定されている。工程を優先させて、施工時の規定を無視すると、コンクリートと

連続繊維シートを使ったFRP接着工法のポイント

〈T桁の曲げ補強フロー〉

下地処理や不陸修正を施す

含浸接着材（下塗り）の塗布

連続繊維シートの貼り付け（1層目）

脱泡作業。連続繊維シートとコンクリートの間の空気を除去する

含浸接着材（上塗り）の塗布。（2）～（5）の作業を層数の回数だけ繰り返す

保護塗装。含浸接着材の劣化防止のために、保護塗装の所定の仕様で実施

〈T桁のせん断補強〉

連続繊維シートを定着させるために、桁ウエブの上側と下側に防錆処理を施したプレートを接着する

〈連続繊維材を緊張する補強工法〉

保護塗装前の板状の連続繊維材にプレストレスを導入した補強の例

〈連続繊維シートの異状調査〉

打診棒を繊維シートの表面ですべらせて、その反響音で異状（気泡や浮き、剥がれ）の有無を判定する

接着しないこともある。品質管理方法や試験方法も順守する。

FRP自体が高性能な材料なので、大抵はFRPの破断前にコンクリートと接着材の境界面が剥離する。

連続繊維の強度を活用するために、コンクリート面とFRPの間に特殊な層を設ける施工方法もある。例えば、特殊層に緩衝材となる柔軟性エポキシ樹脂を設置するHiPerCF工法などだ。また、板状のFRPを緊張してコンクリート桁に定着する補強工法もある。

桁端部は部材の配置が過密

補強方法によらず注意しなければならないのは、橋桁端部だ。コンクリート桁で最も劣化が生じやすい。

橋桁端部は、伸縮装置の止水機能の低下で雨水が漏水することなどがある。そのため、凍結防止剤を使用する山間部や寒冷地では、長期間にわたる漏水が原因の塩害も報告されている。塩害だけでなく、大規模な地震が発生すると、桁同士の衝突でコンクリートに剥離やひび割れなどの損傷が生じることもある。

一方で、PC橋の桁端部には定着プレートや定着部補強筋、横締めPC鋼材、支承アンカーバー、落橋防止装置などが過密に配置されている。さらに、桁や支承、落橋防止装置は別々に計画することが多く、部材の干渉を施工時に調整するので、図面どおりにPC鋼材や鉄筋が配置されているとは限らない。

桁端部には何があるか分からないということを念頭に置いて、細心の注意を払う。コンクリートの削孔などを計画しても、施工できないことがある。PC鋼材や定着部に損傷を与えると急激に耐荷性能が低下するので、判断に迷うケースではPC建協や専門の技術者に問い合わせる。

新設時の固定部材は使わない

コンクリート桁の補修工事では、ほとんどの場合、足場が必要だ。

大型機械の使用や多量のコンクリートがらの発生がある場合は、固定支保工などの耐荷性能の高い構造形式を選定する。作業員程度の荷重しか作用しないならば、吊り足場などの構造形式でよい。ただし、施工計画の段階で、必ず安全性を照査し、安全性を満たさなければ部材や構造の変更などを検討する。

新設時に埋め込まれたアンカーボルトや治具類などは再利用が不可能

足場設置のポイント

〈吊り足場〉

足場防護の例。施工時に桁下へ漏水するのを防止するために、シートで防護した

〈吊り治具〉

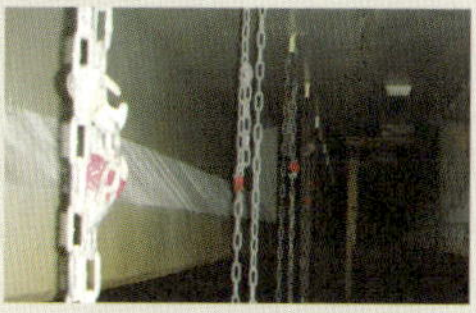

吊り治具の例。治具を設置するコンクリートが劣化している可能性がある場合は、事前に治具耐荷力の確認が必要

〈固定支保工足場〉

吊り治具の設置が困難だったり制限があったりする場合に採用する。作業時の機材や作用する荷重を考慮して計画する

〈異常気象の想定〉

低気圧の通過に伴って高波が発生した例。海岸線付近の工事では異常気象の発生も想定しておく

PC桁端部の鋼材配置の例。桁端部には鉄筋やPC鋼材、定着具などが密に配置されている

場所打ちの中空床版橋桁端部で鉄筋を組み立てている状況。鉄筋やPC鋼材のほかに落橋防止装置も取り付く。補修時に、鋼材を切断せずに削孔するのが困難

ではないが、建設から長期間経過しており耐荷性能が不明なものが多い。施工時の安全性が最優先されるので、性能や耐荷荷重を確認できたもの以外は再利用を避ける。

河川上や高橋脚の橋梁などのように、現場の状況によっては吊り足場しか設置できないものがある。足場の荷重制限から、設計段階で決めた施工方法を変更する可能性もある。

新設橋に比べて騒音や粉じん、コンクリートがら、排水の発生も多い。施工時の第三者災害防止の目的などから、桁下への飛散や漏水、落下物を防止するために足場板やシートで完全に防護することもある。

桁下の空間を利用している橋梁では足場の設置場所が制限される。資材運搬用の進入路が無かったり制限されたりするケースも多い。海岸線付近ならば異常気象の発生も想定する。施工計画を作成する段階から、施工条件を整理して、現場の状況を確認することが重要だ。

Part 3

コンクリート橋梁下部

点検・調査の勘所（橋梁下部）

水分が集まる場所は念入りに確認

水分が集まる場所は、アルカリシリカ反応や凍害などでコンクリートが劣化しやすい。河川内にある橋脚も重要な点検ポイントだ。基礎の洗掘に注意するだけでなく、周囲の環境条件によっては化学的腐食の可能性も頭に入れておく。取り付け擁壁や護岸などの異状は、橋台の傾斜や移動、沈下などの兆候となるので、見逃さないようにする。

水が影響する点検ポイント

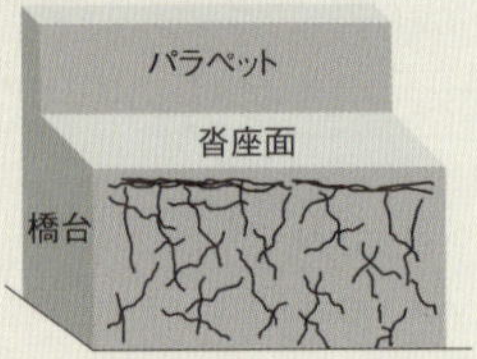

▶ 橋台前面や橋脚に発生した亀甲状のひび割れ

≫ アルカリシリカ反応によるひび割れの可能性がある

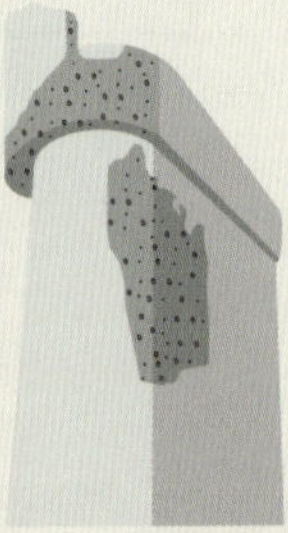

▶ コンクリートの表面劣化

≫ 凍結融解作用によるものと考えられる

アルカリシリカ反応や凍害は、水分があることでコンクリートを劣化させる現象だ。

上部構造の端部に設置した伸縮装置の止水機能が低下していると、橋台や橋脚の沓座《しゅうざ》面には雨水が滞留し、水が橋台前面や橋脚側面にも伝わってコンクリートに浸み込む。そうした状態で、もしコンクリートにアルカリシリカ反応を引き起こす反応性骨材が使われていれば、水分があるためにアルカリシリカ反応が発生、進行して、ひび割れが生じる。

寒冷地で、同じように沓座面に滞留した水が橋台前面や橋脚側面に伝わり、コンクリート中に浸み込むと、この水分による凍害が進行。表面が薄片状に剥離、剥落するスケーリング現象が生じる。

つまり、常に水分が滞留するような部位はコンクリートが劣化する確率が高い。点検時には念入りにチェックする。

洗掘の点検は渇水期に実施

橋脚に発生するひび割れの原因は、塩害や中性化、アルカリシリカ反応などの材料劣化に関連するものだけではない。例えば、T形橋脚の天端から下に伸びているひび割れは、鉄筋量や断面寸法の不足が原因だ。上部構造を支持する耐力が足りないためにひび割れが発生したと判断でき、補強対策を必要とする。

このような構造的な欠陥によるひび割れは、曲げモーメントやせん断力が大きい部位に発生する。点検時には大きな断面力が発生する箇所を確認し、その位置でひび割れなどが発生していないかを確かめる。

河川内の橋脚では、局部的な剥離が見られることがある。こうしたケースでは、化学的腐食を疑う。誤って河川に流出した強硫酸などでコンクリートが脆弱化すると、かぶりコンクリートが剥離するからだ。

特に、温泉地帯にある場合や流域に化学工場がある場合は気を付ける。まれに見られる劣化現象だが、化学的腐食は短時間に進行するので、兆候を見逃さないようにする。

橋脚の周囲が流水で掘られ、基礎が露出する洗掘現象も生じやすい。河川の流水量が少ない渇水期に点検すれば見つけやすいが、流水量が多い出水期や濁水状態では分かりにくい。そのため、洗掘の点検は、できるだけ渇水期に実施する。

洗掘が発生しやすいのは、流れが速かったり蛇行していたりする河川

橋脚の点検ポイント

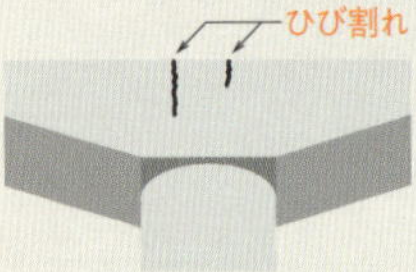

▶横梁に発生した鉛直方向のひび割れ

▶局部的な鉄筋露出

≫ 鉄筋量の不足によるひび割れと考えられる

≫ 流水中に含まれる物質の化学的作用によるものと考えられる

▶ フーチングや基礎が洗掘により露出

≫ 安定性が低下していると考えられる

内の橋脚だ。目視点検だけではなく、音波などを用いた詳細な点検を実施する。基礎が洗掘された状態で放置すると、集中豪雨のときに流圧や流木により落橋しやすい。地震で落橋する確率も高くなる。

支承ボルトの緩みは伸縮装置を疑う

橋台に傾斜や移動、沈下があると、パラペットや取り付け擁壁、護岸

橋台の点検ポイント

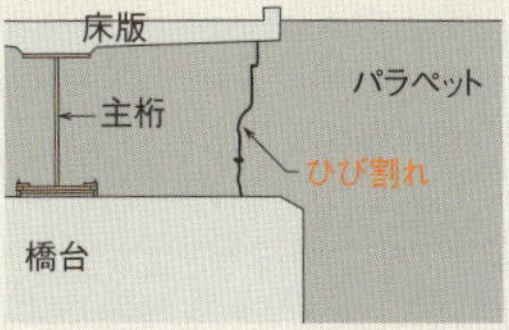

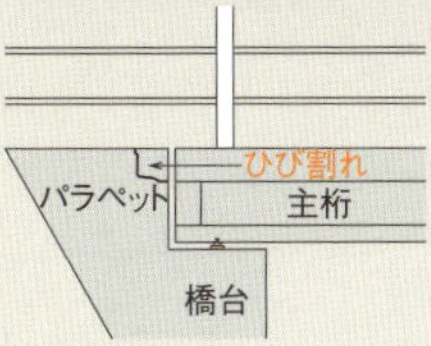

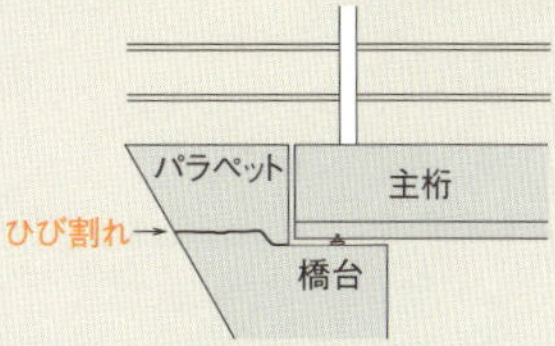

▶パラペットおよび取り付け護岸のひび割れ　»橋台の移動や沈下が原因と考えられる

桁端の点検ポイント

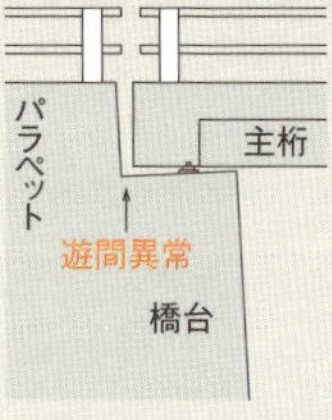

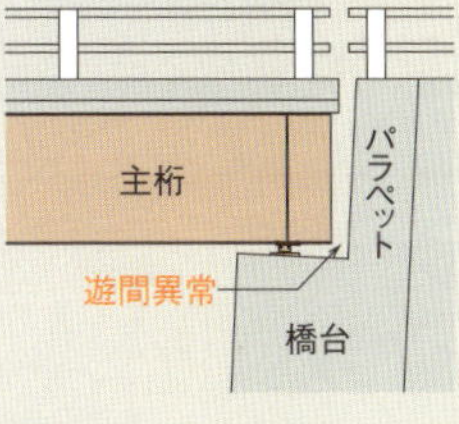

▶桁とパラペットとの遊間の広さが上下で異なる　»橋台が傾斜している可能性がある

支承の点検ポイント

支承の腐食および土砂詰まり

支承の移動機能が低下している

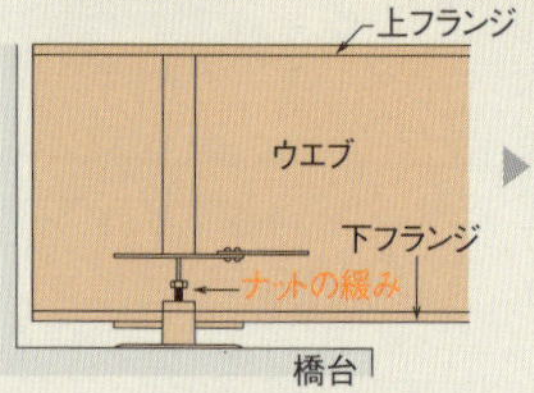

支承のボルトが抜け出している

伸縮装置に段差があれば、支承の沈下または下部構造の沈下などの原因が考えられる

にひび割れが発生したり、桁端とパラペットとの遊間幅が上下で異なったりする状況が見られる。支承の移動や回転機能が低下している場合もある。その原因として挙げられるのが、地盤の側方流動だ。

側方流動は、軟弱地盤の上に構築された橋台において、背面盛り土の重量によって軟弱層が塑性流動し、橋台基礎が変位する現象だ。変位は長い時間を掛けて進行する。桁端の遊間が無くなると、桁の温度伸縮や活荷重による回転が拘束されるため、桁が変形する場合もある。

橋台では、取り付け護岸や擁壁、遊間の異状を見落とさないことが大事だ。前回点検との差異を比較し、大きく進行していなければこれ以上の変位は生じないと判断できる。

桁端の遊間の状況は季節により変わるので、同一時期の状況で比較する。その位置の伸縮装置に段差や遊間異常が生じている場合もあるので、併せて点検する。

支承を点検するときには、土砂をきちんと撤去してから確認する。土砂詰まりのある支承は移動や回転機能が低下している場合がほとんどだ。鋼桁では支承の機能低下が原因で疲労亀裂が発生することもある。

支承のボルトが抜け出している場合は、直上の伸縮装置に段差がないか確かめる。段差があれば、支承の沈下や下部構造自体が沈下している可能性がある。単にボルトの締め忘れだけだと片付けてはならない。

下部工の調査・設計

橋台や橋脚は水が原因の変状が多い

橋梁の下部構造に生じる変状には、アルカリシリカ反応や凍害といった水分が原因となる劣化が多い。亀甲状のひび割れなどを見つけたら、原因を特定する調査を実施したうえで、表面保護などを施して水分を遮断する。凍害は原因を特定する直接的な方法が無いので、目視観察や耐凍害性の調査で、間接的に凍害の有無を判断する。

コンクリート構造物に生じる代表的な劣化の要因には、中性化や塩害、凍害、アルカリシリカ反応などがあるが、橋台や橋脚といった下部構造では、特に水に関わる変状が多く発生する。アルカリシリカ反応や凍害などだ。

当然、中性化や塩害が発症している下部構造も数多くあるが、そうした劣化に対する調査や設計の方法は、基本的に上部構造と変わらない。

アルカリシリカ反応のひび割れ

〈橋台前壁の亀甲状のひび割れ〉

亀甲状のひび割れは、アルカリシリカ反応の典型的なひび割れパターン。漏水痕が見られることが多い

漏水痕があるひび割れは、伸縮継ぎ手からの漏水などで水分が供給され、アルカリシリカ反応が促進されていることが多い

〈橋脚主筋方向のひび割れ〉

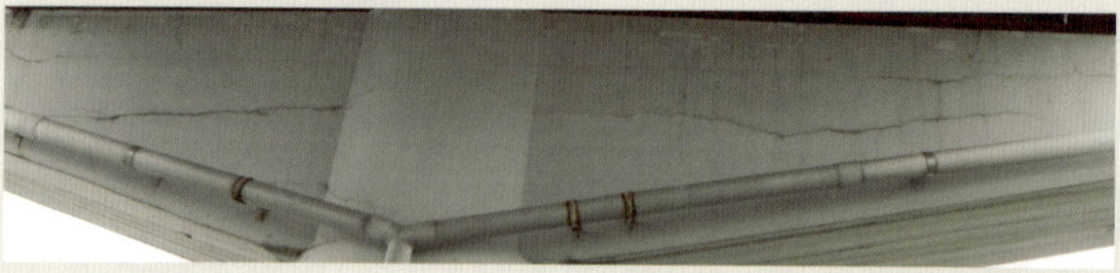

PC梁や橋脚の柱などでアルカリシリカ反応が生じると、プレストレスの導入方向や主筋方向にひび割れが発生することが多い

下部構造に特徴的な調査・設計方法として、アルカリシリカ反応と凍害に着目して説明する。

補修に加えて水の供給を絶つ

まずはアルカリシリカ反応について、劣化を生じやすい箇所とその見極め方を順に見ていく。

下の囲みの写真の「橋台前壁の亀甲状のひび割れ」は、アルカリシリカ反応の典型的なひび割れのパターンだ。写真のように漏水痕が見られることが多い。これは伸縮継ぎ手からの漏水などで水分が供給され、アルカリシリカ反応が促進されていることを示すものだ。

橋台などは、主筋および配力筋が少なくかぶりが厚い。ひび割れは拘束されている方向に生じにくいので、拘束が少ない箇所でアルカリシリカ反応が進行すると、亀甲状のひび割れが発生する。

「橋脚主筋方向のひび割れ」の写真は、PC（プレストレスト・コンクリート）梁でプレストレスが導入されている方向に水平のひび割れが発生している事例だ。

PCや橋脚の柱などは、主筋方向に多くの鉄筋が配置されている。そうした部材では、亀甲状ひび割れではなく、プレストレスの導入方向や主筋方向のひび割れが発生することが多い。

橋脚の梁や橋台のウイ

〈橋脚梁部の遊離石灰を伴った亀甲状ひび割れ〉

橋脚の梁や橋台のウイングは直接雨水が掛かることで、アルカリシリカ反応が生じやすい。給水量が多いので、劣化すると遊離石灰を伴うこともある

雨水に加えて、掛け違い部の伸縮継ぎ手からの漏水と配水管先端からの排水で水が掛かっている。劣化部の補修に加えて、水分供給を絶つ対策が必要だ

ングなどは、雨水がじかに構造物に掛かることで水分が供給されて、アルカリシリカ反応が生じやすい。91ページの「橋脚梁部の遊離石灰を伴った亀甲状ひび割れ」の写真は、橋脚梁部でアルカリシリカ反応が発生した事例だ。じかに雨水が掛かる箇所では、給水量が多いので、劣化すると遊離石灰を伴うこともある。

下側の写真の梁は、直接当たる雨水に加えて、掛け違い部に設置されている伸縮継ぎ手からの漏水と排水管先端からの排水が構造物に供給されている。このような場合、劣化部の補修に加えて、水が供給されないようにする対策が重要だ。伸縮継ぎ手の非排水化や排水管の改良などを施す。

新設時の調査方法は使えない

点検などによって、亀甲状のひび割れなどの変状が発見された場合、その変状の要因がアルカリシリカ反応であることを特定するための調査を実施する。

既設コンクリート構造物のアルカリシリカ反応の調査はコアを採取して実施する。当然のことながら、新設構造物に適用するフレッシュコンクリートでの試験は適用できない。

既設コンクリートに対する試験としては、(1) 目視調査、(2) 偏光顕微鏡観察、(3) 粉末X線解析、(4) 膨張量試験——などが実施される。以下で、各試験方法を説明する。

目視観察は、コンクリートの変状とコンクリート中の粗骨材の構成岩石を、肉眼やルーペ、実体顕微鏡を用いて調べる。

偏光顕微鏡観察は、特殊な偏光プリズム（ニコル・プリズム）を装備した顕微鏡で、岩石の構成鉱物や組織を観察する。太陽光や普通の灯火の光は、いろいろな振動方向の光波からなっているが、ニコル・プリズムを通過した光の振動方向は1方向の平面上に限られる。この平面上を振

アルカリシリカ反応の調査方法

〈偏光顕微鏡観察〉

(1)単ニコル・プリズム偏光顕微鏡の写真

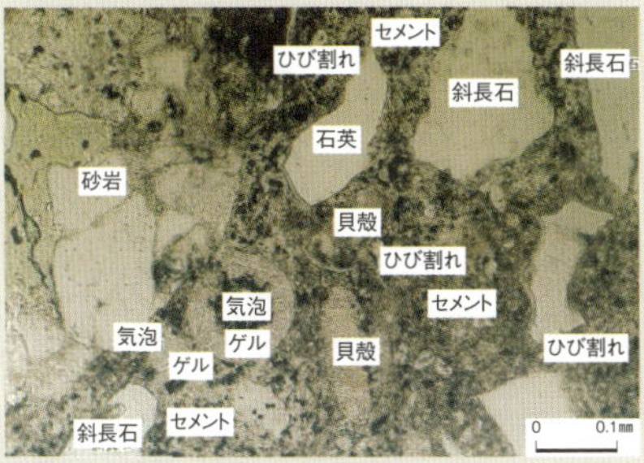

(2)直交ニコル・プリズム偏光顕微鏡の写真

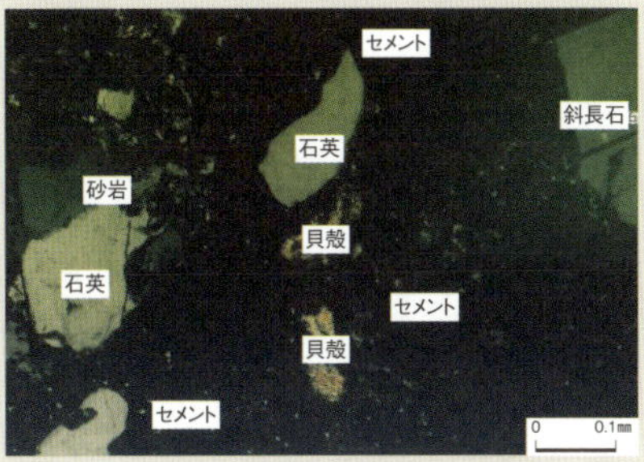

〈粉末X線回折試験〉

■ X線回折像として記録した試験結果

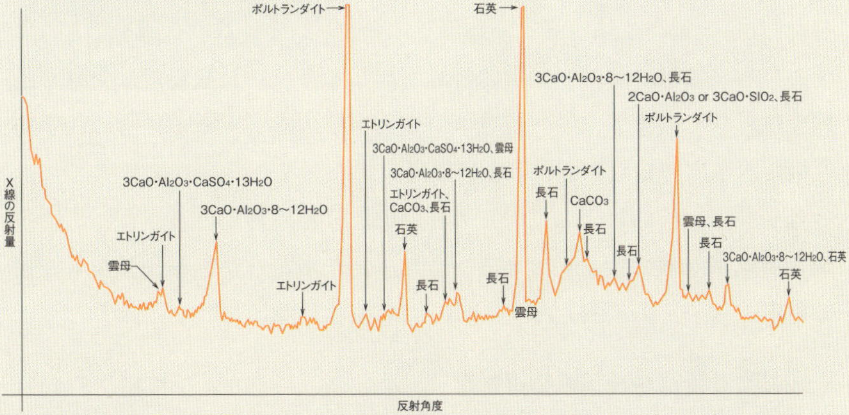

〈膨張量試験(アルカリシリカ反応の促進試験)〉

試験方法	促進養生条件	判定基準	
JCI-DD2法 (日本コンクリート工学会)	温度40℃、湿度95%以上の条件下で養生	阪神高速道路会社	全膨張量が0.1%を超える場合、有害と判定する
		国土交通省	旧建設省の総プロ「コンクリートの耐久性向上技術の開発」では、40℃、95%RH以上の条件下で13週間養生し、0.05%以上の膨張量を示すものを有害または潜在的有害と判定する
デンマーク法	温度50℃の飽和NaCl溶液中に浸漬	試験材齢3カ月での膨張量で以下のように判定する 0.4%以上 :膨張性あり 0.1～0.4% :不明確 0.1%未満 :膨張性なし	
修正ASTM法 (カナダ法、NBRI法)	温度80℃の1規定(1N)のNaOH溶液中に浸漬	ASTM C 1260-94の判定基準:試験開始後14日間の膨張量で、以下のように判定する 0.1%以下の場合:無害 0.1～0.2%の場合:有害と無害な骨材が含まれる(この場合は14日以降も試験を継続する) 0.2%以上の場合:潜在的に有害な膨張率	

動する光を偏光と呼ぶ。

ニコルが1枚の単ニコル・プリズムの状態で鉱物を観察すると、一般には単に拡大しただけの像だ。一方、ある1方向の光を通すニコルとそれに直行する方向の光を通すニコルを設置し、その間に被観察プレパラートを置いて観察する状態を直交ニコル・プリズム下での観察と呼ぶ。

直交ニコル・プリズム下では通常、光が透過しないので、何も無い状態で観察すると顕微鏡が真っ暗に見える。また、物質内部のどの方向にも光学的な性質が等しいガラス（非晶質物質）や、3本の結晶軸が互いに直交する等軸晶系に属する鉱物も光が通過しない。

ところが、等軸晶系以外の晶系に属する鉱物は、最初のニコルを通過した1方向の光が結晶内部で分散して、もう一つのニコルを通過できるようになる。鉱物によって光学的性質が異なるので、顕微鏡では明暗や色の変化として観察される。直交ニコル・プリズム下でその鉱物の光学的特徴を示す原理を用いて、鉱物の鑑定をする。

偏光顕微鏡観察によってアルカリ反応性鉱物の種類の特定や、鉱物種類の構成率などの定量ができる。さらに、微細なひび割れやゲルも観察できる。

既知の物質特性から構成物質判定

粉末X線回折試験では、岩石を構成する主鉱物の種類や構成する化合物を調べることができる。波長の明らかなX線を未知の鉱物（結晶）に照射し、回折現象の起こるX線の入射角を測定すれば、結晶の形状を決める固有の格子定数が分かる。既知の結晶の格子定数と対比することで、未知の結晶を特定できる。

実際の試験での作業は、横軸に反射角、縦軸にその反射角でのX線の反射量を取った記録紙上に、試験結果をX線回折像として記録。既知物質の回折像と対比して構成物質を特定する。

膨張量試験は、採取したコアを高温多湿の環境下に置いてアルカリシリカ反応を促進（膨張）させ、コアの長さ変化からアルカリシリカ反応の膨張性を判定するものだ。

アルカリシリカ反応の促進試験方法には、JCI-DD2法やデンマーク法、修正ASTM法などがある。それぞれの試験方法でアルカリシリカ反応の判定基準を定めており、促進養生の条件も異なる。

表面被覆は再劣化に注意

アルカリシリカ反応では、コンクリート中のアルカリ分と反応性骨材中のシリカ分が反応し、アルカリシリカゲルが生成される。アルカリシリカゲルは水分を供給すると膨張するので、セメント硬化体や骨材にひび割れが発生する。

アルカリシリカ反応が発生した構造物に対する補修の考え方としては、そうしたメカニズムを踏まえ、「コンクリート内に水分を供給させないこ

アルカリシリカ反応の補修方法(1)

〈表面保護工法〉

表面被覆材	表面含浸材	
有機系被覆工法	シラン系表面含浸材塗布工法	ケイ酸塩系含浸材塗布工法
	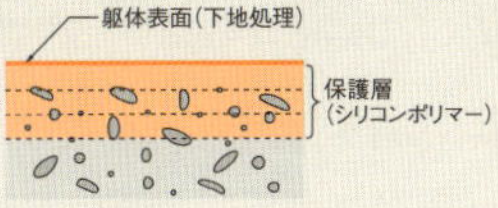	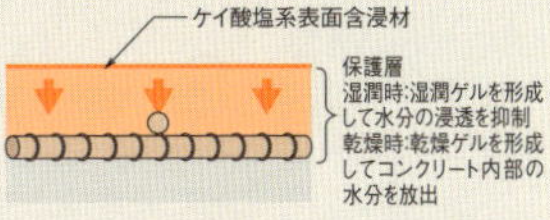
・コンクリート表面に塗膜を形成することで、コンクリート中に二酸化炭素や水分の外的因子が入り込むことを遮断 ・コンクリート内部の水分により、塗装材の膨れなどの再損傷が生じる懸念がある	・コンクリートに浸透してコンクリート内部で防水層を形成し、水分を遮断 ・内部の水分は水蒸気として放出される	・毛細管現象でコンクリート内部に浸透し、C-S-H系の結晶をコンクリート細孔内部に形成することで含浸部分の水密性を向上させる。水や炭酸ガスの浸入に対する抑制効果を発揮する ・内部の水分は水蒸気として放出される
樹脂系(エポキシ・ウレタン樹脂など)	アルキルアルコキシシラン系含浸材	ケイ酸塩系含浸材

表面被覆された橋脚の梁部が再劣化し、ひび割れが発生している状況

と」、「シリカゲルを膨張させないこと」の2種類がある。

前者の補修方法は、表面被覆材や表面含浸材などの表面保護をコンクリート表面に施すことで、水分の供給を制御することが一般的だ。ただし、橋台では前面や側面、橋座面への施工は可能だが、背面への施工が難しい。地盤改良などの代替策を検討することもあるが現実性に欠ける。通常は進行の遅延策程度だ。

表面保護工法には、95ページに示すような種類がある。表面被覆材はコンクリート表面に塗布することで外的因子を遮断するので、即効性が高い。一方、表面含浸材はコンクリートに浸透して改質する。構造物の置かれた場所や、補修の目的を考慮して工法を選ぶ。

また、表面被覆材は外部からの水を遮断する効果が優れているものの、コンクリート内部の水分や被覆材以外から浸透した水分が放出されない。表面被覆材とコンクリートの境界付近で滞水してアルカリシリカ反応を進行させ、再劣化に至ることもあるので注意が必要だ。

表面保護工法は、外部からの水分供給を制御する方法なので、既存コンクリートに欠損があれば、断面修復を併用する。

断面修復工法は、アルカリシリカ反応や凍害で劣化した箇所の脆弱化したコンクリートを、ブレーカーやウオータージェットなどで除去した後、断面修復材で補修するものだ。右ページに示すように、断面修復の深さや範囲などによって、(1) 左官充填工法、(2) 型枠注入工法、(3) 吹き付け工法、(4) 型枠コンクリート打設工法などを選ぶ。

アルカリシリカ反応の補修方法(2)

〈断面修復工法〉

(1)左官充填工法

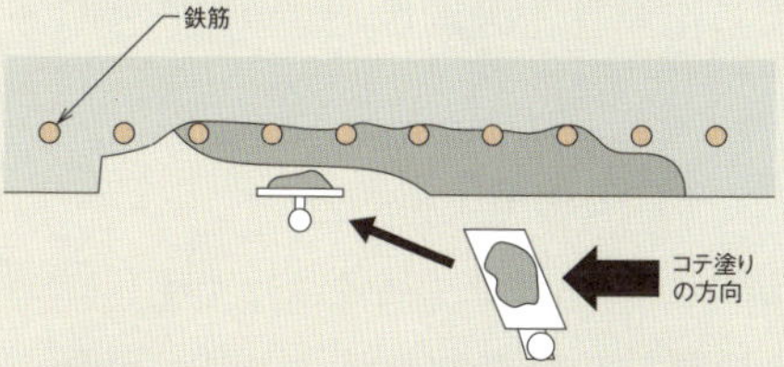

・断面修復材を左官作業で欠損部に充填する
・小断面欠損

(2)型枠注入工法

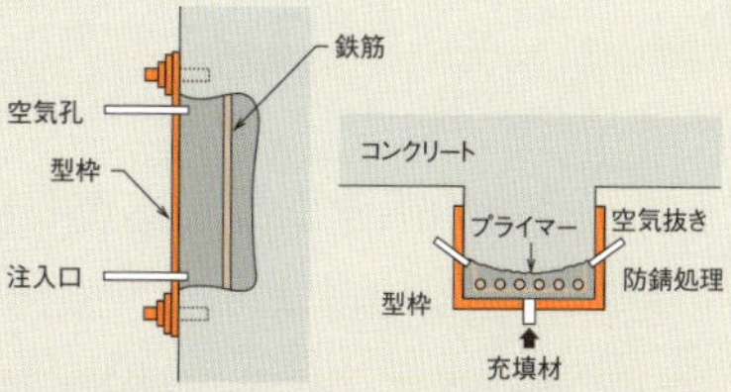

・断面修復箇所に型枠を設置して、型枠内に断面修復材を充填する
・大断面欠損

(3)吹き付け工法

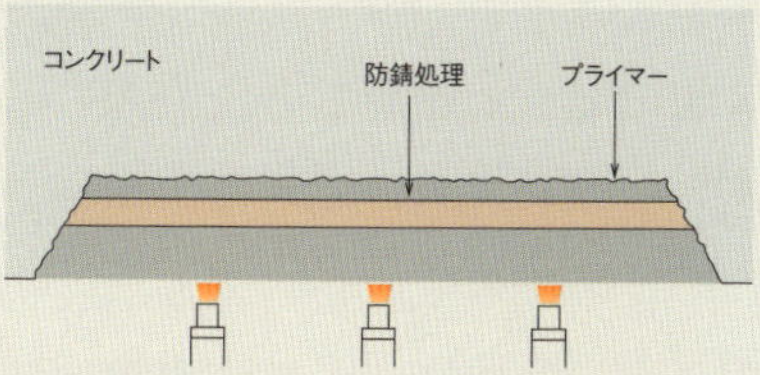

・断面修復材を高圧空気を用いて吹き付け、欠損部に充填する
・広範囲、大断面欠損

(4)型枠コンクリート打設工法

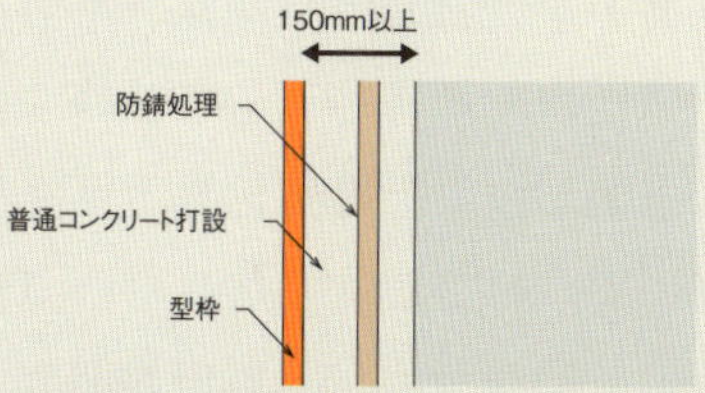

・断面修復箇所に型枠を設置して、型枠内にコンクリートを打設する
・広範囲、大断面欠損(修復厚さが150mm以上)

〈亜硝酸リチウム内部圧入工法〉

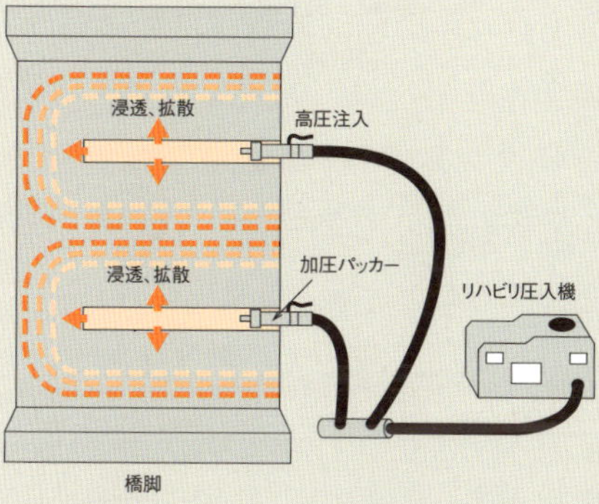

・小径の孔を開けて、亜硝酸リチウムをコンクリート中に浸透させる

一方、シリカゲルを膨張させない方法としては、亜硝酸リチウムを用いた補修工法がある。アルカリシリカゲル（Na_2O・$nSiO_2$）にリチウムイオン（Li^+）を供給すると、水に対する溶解性や吸湿性が無いリチウムモノシリケート（Li_2・SiO_2）やリチウムジシリケート（Li_2・$2SiO_2$）に置換され、骨材の吸水膨張反応が収束する性質を利用する。

小径の孔を開けて、そこから亜硝酸リチウムをコンクリート中に浸透させる内部圧入工法のほかに、表面被覆材やひび割れ注入材に亜硝酸リチウムを混入する工法がある。

凍害は劣化深さを調べる

凍害を受けたコンクリート構造物は、アルカリシリカ反応による劣化と同様に断面修復工法で補修する。凍害の原因となる水の浸入源の対策を実施しないと再劣化する可能性が高い。水の浸入源である伸縮継ぎ手部の遮水対策が重要だ。

凍害の調査では、原因が凍害であることを直接調べる方法が無い。間接的な手法として、目視による劣化状況の確認や耐凍害性を調べる気泡間隔係数などを測定する。

目視調査では、凍害の特徴的な現象であるスケーリングやポップアウトなどの損傷を観察する。気泡間隔係数はコア採取して調査する。

また、寒冷地のコンクリートは、凍害で発生する微細ひび割れなどによって表面から徐々にコンクリート組織が劣化する。補修で除去するコンクリートの深さなどを決めるためには、その組織が劣化した部分、すなわち凍害深さを把握することが重要となる。

凍害深さを特定するために、超音波伝播速度測定方法などを実施する。凍害によるコンクリート組織の変化で音波の伝播速度が低下することを利用し、凍害深さを判定する。

超音波伝播速度測定方法は、採取コアやコア穴の両端（両側）に探触

凍害深さの測定方法

〈超音波伝播速度測定方法〉

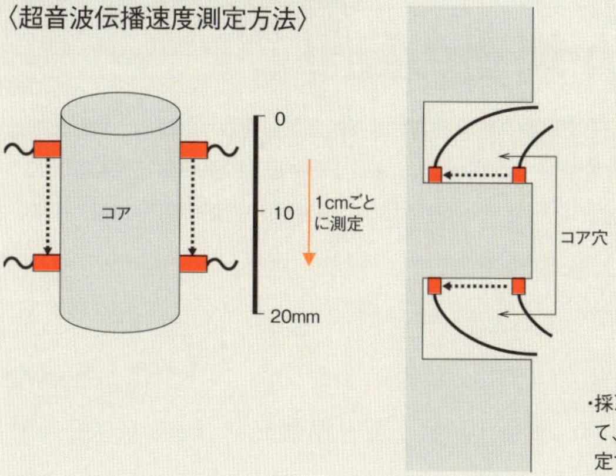

・採取コアやコア穴の両端(両側)に探触子を当て、それぞれの深さ位置における伝播速度を測定する

子を当て、深さ方向に探触子を移動させながら、それぞれの深さ位置における伝播速度を測定する。

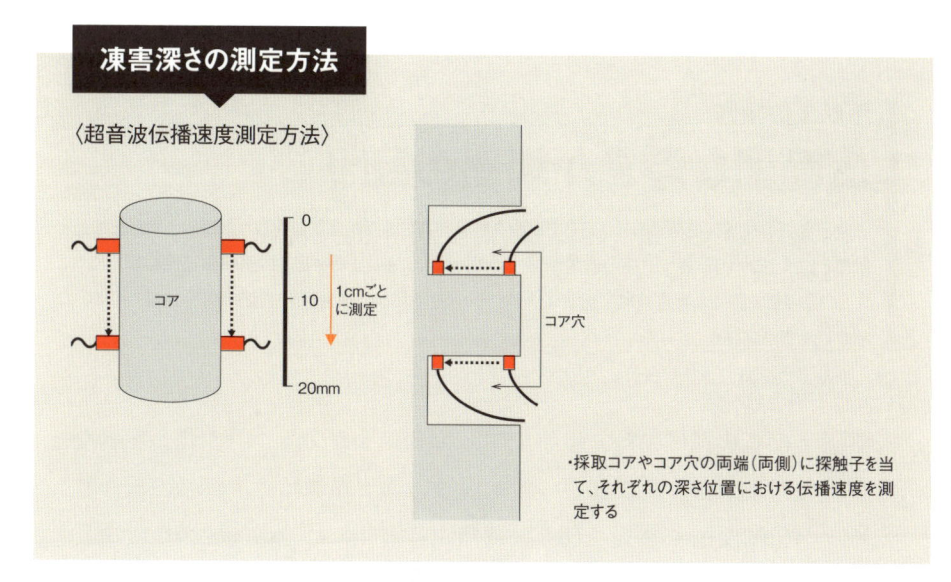

下部工の補修

広範囲な浮きが塩害の目印

橋梁下部工の補修・補強のうち、ここでは耐久性を回復させる補修工事を取り上げる。下部工は上部工と比べてかぶりが厚く鉄筋の密度が高いので、特に塩害による劣化では損傷が表面に現れにくいという特徴を持つ。目視点検で分かるようになったときには、広範囲に鉄筋の腐食が進行しているので注意が必要だ。

橋梁下部工の補修には、塩害やアルカリシリカ反応、中性化、凍害などの劣化対策がある。これらの劣化因子による損傷は、下部工の置かれた様々な環境要因で助長される。補修する場合には、環境要因を考慮して対応する必要がある。

特に塩害は劣化要因のなかで上部工と損傷状況が最も異なる。ここでは塩害で劣化した下部工を補修する際の留意点を中心に解説する。

塩害補修のポイント

〈かぶりが厚いので損傷が表面化しにくい〉

上部工の排水管が破損し、破損箇所から凍結防止剤が橋梁下部工に漏れて塩害が生じた事例。内部に広範囲の浮きが生じているものの、外観には顕著なひび割れがない

■ 損傷範囲と塩化物イオン濃度の調査範囲

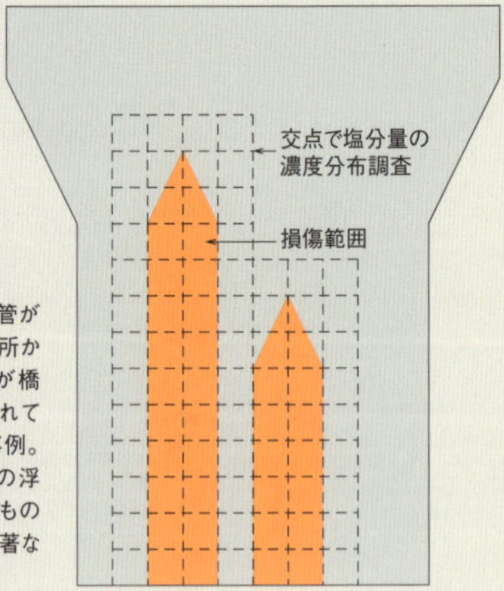

かぶりが厚く劣化が現れにくい

塩害による橋梁下部工の損傷は、上部工と比較して損傷箇所の数が少なく面積が小さい。そのため上部の補修を先行させたり、一部分だけの補修で済ませたりしがちだ。

下部工のコンクリート最小かぶりは7cm程度なので、4cm程度の上部工の最小かぶりに比べて厚い。劣化因子が鉄筋に到達して腐食し、コンクリート表面に損傷が現れるまでに時間が掛かる。劣化が顕在化するまでは継続観察とすることも多い。

しかし、外部からの塩化物イオンなどの劣化因子は、確実にコンクリート内部に浸透し続ける。特に下部工ではひび割れやさび汁といった損傷現象が顕在化しない場合があることに注意する。

下の図は、コンクリートのかぶりの違いによって、塩害を劣化要因と

〈気が付いたときには広範囲に損傷〉

飛来塩分による塩害で、橋脚に広範囲の浮きが生じた事例。浮きをウオータージェットで除去し、亜硝酸塩混入ポリマーセメントモルタルを吹き付けて断面修復した

〈発錆限界濃度以上の部分をはつる〉

橋脚の損傷箇所のうち、発錆限界濃度以上の塩化物イオンを含む箇所は鉄筋裏まではつり取って、発錆限界濃度以下の箇所は浮き部だけを除去した。写真は断面修復中

■ かぶり厚の違いによるひび割れの発生状況

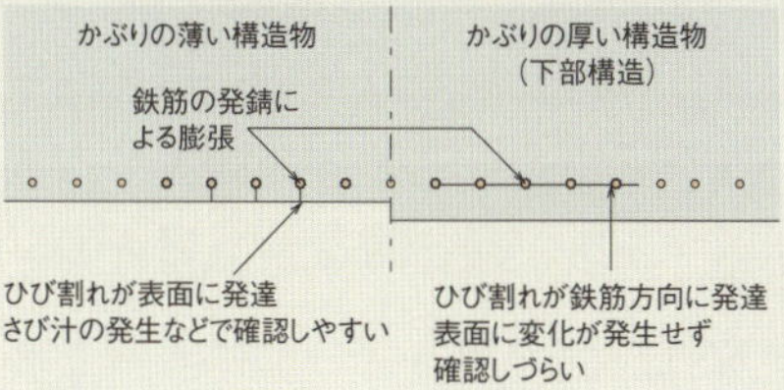

■ コンクリート中の塩化物イオン量とはつり範囲の関係

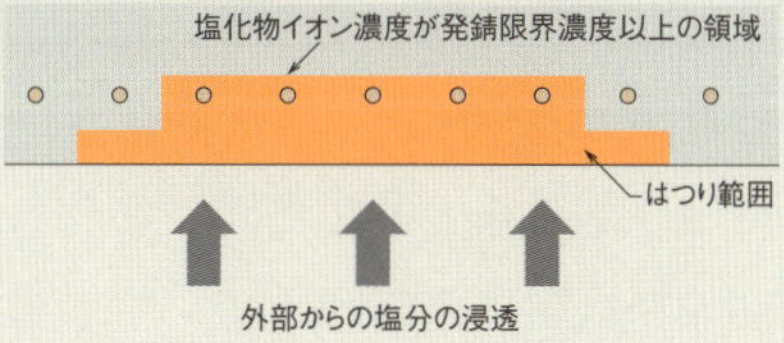

するひび割れの発生パターンが異なることを示したものだ。

上部工のように最小かぶりが4cm程度ならば、鉄筋が腐食して生じるひび割れは、鉄筋からコンクリート表面に向かって進行する。そのためコンクリート表面にひび割れが発生し、損傷が顕在化する。

一方、下部工のように最小かぶりが7cm以上あって太径鉄筋が狭い間隔で配置されていると、ひび割れが鉄筋から隣接する鉄筋に向かって進行することがある。ひび割れがコンクリート表面に現れず、打音検査などで広範囲にわたって浮きが生じていることを確認するしかない。

外観の目視点検で損傷を認識できるようになったときには、既に損傷が広がっており、鉄筋の腐食がかなり進行している。断面修復などを施す際は、広範囲に浮きが生じていることを想定し、打音検査や非破壊検査を下部工全体にわたって実施して、内部の浮きや損傷の範囲を把握することが重要だ。

外部から塩化物イオンが供給されてコンクリート内部へ拡散していく場合、コンクリートの位置と深さで塩化物イオン濃度が異なることに注意する。海の近くの橋梁では、海側よりも潮風が巻き込む山側の塩化物イオンが多くなることもある。

高塩分箇所を残さない

100ページの写真は、上部工の排水管が破損し、破損箇所から凍結防止剤が橋梁下部工に漏れて塩害が生じた事例だ。橋脚表面には顕著なひび割れなどが生じていないものの、内部の鉄筋が腐食し、広範囲にわたって浮きが確認された。

塩害補修を施す場合は、先に示したように打音検査などで損傷範囲を把握すると同時に、塩化物イオンの濃度分布を調べる。その時点で浮きやひび割れなどの損傷が顕在化していなくても、塩化物イオン濃度が鉄筋の発錆《はっせい》限界濃度以上で、将来劣化する可能性のある部分には対策を施す必要がある。

対策として、塩化物イオン濃度が鉄筋の発錆限界濃度以上の部分を除去し、塩分吸着剤や亜硝酸塩などを含む断面修復材で復旧する方法や、電気化学的手法などを採用する。

塩化物イオン濃度の分布状況は、コンクリート供試体を躯体からコア抜きし、各供試体の塩化物イオン量の深度分布を調査することで把握する。塩化物イオンの供給源と損傷範囲を中心に橋脚表面を格子状に分け、その交点の試験体を採取する。

発錆限界濃度を超えている範囲を把握したうえで、損傷している範囲も加味して、コンクリートの除去範囲を決定する。塩害で劣化しているコンクリートを適切に選定して対処することが重要だ。

発錆限界濃度以下の塩化物イオン量でもひび割れは生じる。ひび割れが生じている範囲を全面はつり取ると、場合によっては健全なコンクリートまで取り除いてしまう。逆に損傷範囲だけを除去して、高塩分箇所を見逃すことも避けたい。

天端もしっかりチェックする

橋台や橋脚の補修・補強を実施する場合、側面にあるひび割れや浮きなどの損傷は詳細に調査して補修していても、天端の損傷は見逃しがちだ。天端のひび割れが躯体内部に続いていることもある。

下部工の側面の補修は、ひび割れ注入や断面修復などを施した後に、コンクリート表面保護や連続繊維シート、巻き立て補強などの他工法を併用することが多い。下部工の天端にひび割れなどがあり、そこから雨水などがコンクリート内部に浸透すると、躯体下部から漏水して併用した工法に再損傷などが生じる。

橋台や橋脚の天端は上部工の伸縮ジョイントが設置されているので、雨水が供給されやすい。下部工の側面を補修する際には、天端のひび割

橋脚天端の損傷補修のポイント

〈見逃しやすいひび割れ〉

橋脚天端に現れたひび割れが躯体内部にまで続いている。ひび割れから雨水などが浸透し、橋脚下方の側面から漏水していた

橋脚天端と支承台の隅角部に発生したひび割れに、それぞれ浸水痕がある事例

〈隅角部のひび割れ補修痕〉

支承台の隅角部に発生したひび割れを低圧注入して補修した痕。上側もひび割れ注入する必要がある

れや浮き、豆板などの損傷を把握し、伸縮ジョイントや排水設備の健全性も確認することが重要だ。

もし、下部工天端や伸縮ジョイント、排水設備に損傷や不具合を確認したら、修繕して天端への雨水の供給を絶ち、躯体内部への雨水の浸透を防ぐ必要がある。

天端と同様に、劣化すると躯体内部に雨水などが浸透する恐れがあるのは、歩道や車線の増設で後から拡幅した新旧コンクリートの打ち継ぎ部や支承台などの隅角部だ。新旧コンクリートの接合不良やひび割れが生じることが多い。

取り付け部の空隙は小さいうちに

下部工に関連する劣化は、橋台や橋脚だけではない。取り付け部も重要な補修ポイントだ。

橋梁上を車両で通過する際に、橋台の直前で路面が沈下していて段差を感じることがある。このような橋台背面の路面沈下を未対応のままに

橋梁踏み掛け版の補修のポイント

■ 橋梁踏み掛け版の下面空隙

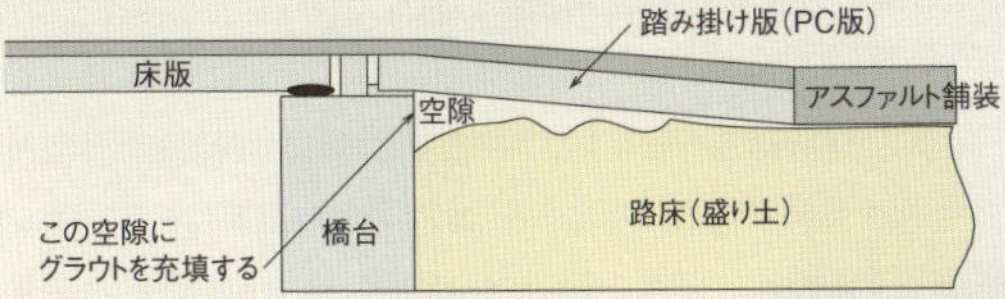

〈連続練りミキサーによる施工状況〉

踏み掛け版下に生じた空隙へ、路面上からコア削孔して注入孔を開け、無収縮グラウトで充填している状況

すると、路面沈下の進行や橋台の滑動、傾きなどが生じ、伸縮ジョイントの閉合や支承の不具合などにつながる。

一般的に、橋台背面の道路との取り付け部には、路面沈下による段差発生を防ぐための踏み掛け版が設置されている。しかし、踏み掛け版の基礎となる路盤や路床は、経年の交通振動による締め固めで圧密沈下すると空隙が生じる。

空隙は雨水などが流入すると時間とともに拡大し、路面の沈下が進行する。空隙が小さいうちに対策を講じれば問題は生じないが、空隙が拡大したときに交通量が増大して荷重を受け持つことができなくなると、踏み掛け版が壊れることもある。

橋台背面の路面沈下を確認したら、舗装打ち換え時や橋梁の補修・補強時に併せて調査し、空隙に対策を施す。路面上から踏み掛け版下までをコア削孔して注入孔を開け、無収縮グラウトやエアモルタルで充填する。このとき、空隙に雨水が浸水していたら、浸水経路を特定して排水設備を改善することも重要だ。

下部工の補強

橋脚の耐震補強は基部定着が要

橋梁下部工の補修・補強工事のうち、橋脚の耐震補強を取り上げる。曲げ耐荷力を向上させるポイントは補強材の基礎への定着だ。補強効果を高めるには、定着部の施工管理が重要になる。せん断耐荷力を高めるために中間貫通筋を設置する際は、既存の鉄筋を損傷しないように細心の注意を払う。

橋梁下部工の補強で主に実施されるのは橋脚の耐震補強だ。鋼板接着工法やRC（鉄筋コンクリート）巻き立て工法、連続繊維シート接着工法の採用が多い。

定着部の滞水に注意

橋脚に耐震補強を施す目的の一つは曲げ耐荷力の向上だ。そのために

橋脚の耐震補強のポイント

〈RC巻き立て工法〉

道路橋の矩形橋脚にRC巻き立て工法で耐震補強している様子。フーチングに軸方向鉄筋を定着して帯鉄筋を設置している

〈炭素繊維シート接着工法〉

道路橋の矩形橋脚に連続繊維（炭素繊維）シートを軸方向、帯筋方向の順に接着し、既設橋脚の段落とし部の補強とせん断耐荷力を向上させる

〈アンカー削孔〉

曲げ耐荷力向上を目的に、軸方向鉄筋をフーチングにアンカー定着させる。フーチングに鉄筋径の20倍の長さの孔を、鉄筋径より10mm大きい径で削孔する

〈バキュームブラスト工法〉

既設コンクリートと補強材料の接着力向上を目的に、コンクリート表面のセメントペーストや脆弱層、油分をバキュームブラスト工法で除去している状況

■ 直接引張試験による付着強度結果の例

表面処理の種別	試験体記号	表面処理条件		水圧（MPa）	流量（ℓ／分）	処理回数・パス回数	投射密度（kg／m²）／エネルギー密度（kWh／m²）
人力施工	A	ディスクサンダー（電動式）（サンドペーパー#70）					
	B	ピックハンマー（電動式）					
	C	ハンドブレーカー（圧搾空気）					
ブラスト工法	D1	スチールショットブラスト（鋼球:径1.4mm）					50
	D2						150
	D3						250
	E1	サンドブラスト（砂:3号ケイ砂）					10
	E2						20
	E3						30
	F	ドライブラスト（ドライアイス）					4
ウオータージェット工法	G1	円形揺動ノズル		50	3.0	3	3.13
	G2			100	4.2	2	3.07
	G3			150	5.2	1	3.01
	H1	扇形ノズル		100	6.7	1	2.66
	H2			150	8.3	1	2.68
	I1	旋回ノズル	1本ノズル	50	6.8	6	1.53
	I2			100	9.6	1	0.76
	I3			100	9.6	2	1.52
	I4			100	9.6	4	3.05
	I5			150	11.8	1	1.49
	I6			200	13.6	1	1.51
	J1		4本ノズル	70	77.0	—	—
	J2		2本ノズル	66	22.0	1	2.20
無処理	K	表面処理を施さずに新コンクリートを打設					

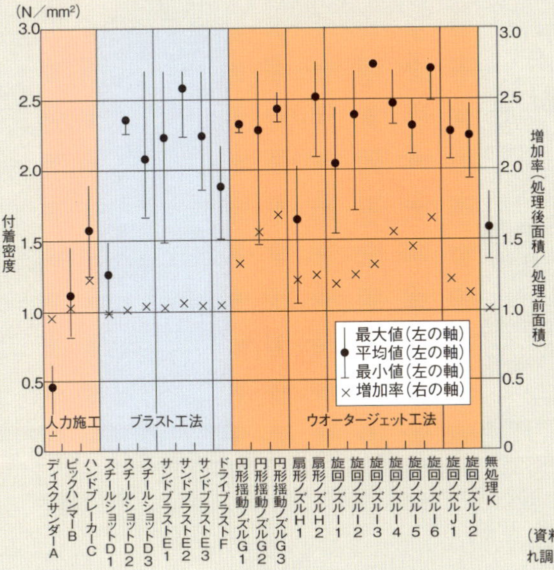

（資料:日本コンクリート工学会「コンクリートひび割れ調査、補修・補強指針2009」）

RC巻き立て工法では、軸方向鉄筋をフーチングにアンカー定着させる。鋼板接着工法や連続繊維シート接着工法でも、曲げ耐荷力向上が必要な場合は橋脚基部にアンカー定着のRC巻き立てを併用する。

アンカー定着は、フーチングに鉄筋径の20倍の長さの孔を削孔し、挿入した鉄筋をエポキシ樹脂で定着させるものだ。必要な長さを削孔し、アンカー鉄筋の挿入長を確保することが重要で、施工管理もこの点を重点的に実施する。

接着剤であるエポキシ樹脂の孔内への充填と硬化も重要だ。エポキシ樹脂は4℃以下の低温環境では硬化速度が著しく低下する。寒中の施工では孔内や定着させるフーチングの温度にも注意する。

エポキシ樹脂は水があると硬化しない点にも留意する。橋脚のフーチング部は、地下水位以下だったり河川内に設置されていたりする場合が多く、アンカー定着する孔内が滞水した状態や湿潤環境になりやすい。

山留めの締め切り方法や水替え方法を十分検討し、アンカー定着部が湿潤状態にならないようにする。橋脚の設置条件からやむを得ず定着位置が滞水環境下となる場合は、水中硬化型エポキシ樹脂を使う。

表面処理で補強効果が変わる

耐震補強では補強部分と既設コンクリートとの接着が重要だ。コンクリートの表面処理を確実に施す必要がある。前ページに、ピックハンマーやブラスト工法などの仕様と、コンクリートとの付着強度の関係を示した。ピックハンマーなどに比べて、ブラスト工法やウオータージェット工法の方が付着力は高い。

ピックハンマーなどの付着力が低いのは、はつりの際にコンクリートにマイクロクラックができるためだ。補強効果を高めるならば、バキュームタイプのブラストやウオータージェットなどの工法で表面処理を施すとよい。

連続繊維シートなどの下地処理にはディスクサンダーを採用する。接着剤として使うエポキシ樹脂に高い接着力が期待できるためだ。ただし、前に述べたように、エポキシ樹脂は低温環境と水や結露で強度が低下する。施工管理には注意が必要だ。

河川内では河積阻害率を考慮

通常のRC巻き立て工法では25cmの補強厚さが必要だ。河川内の橋脚を耐震補強する場合、補強厚さが大きいと橋脚の河積阻害率が高くなり、採用できないことがある。

このような条件ではポリマーセメントモルタル吹き付け耐震補強工法を採用する。この工法は補強鉄筋を橋脚表面に接触配置し、ポリマーセメントモルタルを吹き付けて増し厚する。5～10cm程度なので、河積阻害率を低くできる。

ただし、補強厚さが薄いので、環境温度や風、乾燥の影響を受けやすい。施工時には足場外周をビニールシートや防音シートで覆い、外部から風が吹き込むのを防止する。モルタルを吹き付けた後も、モルタルの乾燥を防ぐ目的で表面に養生剤を散布したり、ビニールシートを巻き付けたりして保湿養生を施す。

冬季には、既設コンクリートの躯体温度が5℃以下とならないようにも注意する。ポリマーセメントモルタルは硬化温度が5℃を下回ると硬化速度が低下し、所定の付着強度を得られなくなるからだ。

既設鉄筋に細心の注意を払う

橋脚のせん断耐荷力の向上を目的に中間貫通筋を設置することがある。曲げ耐荷力を向上させる軸方向鉄筋やせん断耐荷力を高める帯鉄筋の量も減らせる。

設置するには、橋脚躯体に中間貫通筋の直径より10mm大きい径で削

河川内の補強のポイント

〈ポリマーセメントモルタル吹き付け〉

補強鉄筋のうち軸方向鉄筋を橋脚表面に接触配置し、帯鉄筋を組み立てた後、ポリマーセメントモルタルを吹き付けて増し厚している状況。5～10cm程度の厚さで耐震補強できる

〈ビニールシートによる保湿〉

モルタルの乾燥を防ぐため、表面に養生剤を散布したりビニールシートで覆ったりして保湿養生

〈養生の状況〉

足場外周をビニールシートや防音シートで覆い、外部から風が吹き込むのを防止する

せん断耐荷力向上のための補強工法のポイント

■ 中間貫通筋の削孔

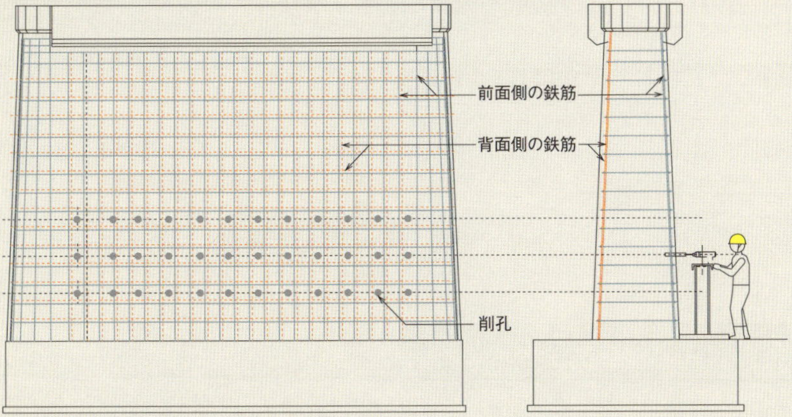

(1)前面側と背面側の鉄筋を探査により位置出し
(2)CADなどにより前面側と背面側の鉄筋を重ね合わせ、中間貫通筋の位置を決定
(3)削孔機械を台座などに水平固定して削孔

孔。そこに中間貫通筋を挿入してエポキシ樹脂や無収縮モルタルを充填し、端部を鋼材などで固定する。

中間貫通筋の孔が、既設鉄筋と干渉すると、削孔時に鉄筋を切断してしまう恐れがある。あらかじめ橋脚の前面側と背面側の鉄筋位置を鉄筋探査機で確認し、削孔する面から見た既設鉄筋の位置をCADなどで重ね合わせて削孔位置を決めておく。

削孔時は、水平器で削孔機の水平を保ちながら、必要に応じて台座などで固定し、削孔精度を向上させる。躯体の表面に凹凸があり鉄筋探査機では既設鉄筋の位置が不明確な箇所では、細径のドリルで先行削孔して鉄筋が無いことを確認したうえでコア削孔するとよい。

中間貫通筋にはPC鋼棒や鉄筋、アラミド繊維などを使う。躯体と山留め材の間隔が狭い場合や足場が密集している箇所では、PC鋼棒や鉄筋は貫通孔に挿入しづらい。狭あいな施工条件では、曲げて入れられるアラミド繊維などのFRP（繊維補強プラスチック）材が有効だ。

基礎の補強もおろそかにしない

橋脚の耐震補強では柱部の補強が主で、フーチングや杭の補強は後回しになることが多い。

しかし、フーチングの曲げ耐荷力やせん断耐荷力、杭の本数が不足し

橋脚基礎の補強工法のポイント

〈想定より小さいフーチング〉

■ 増しフーチングの断面図

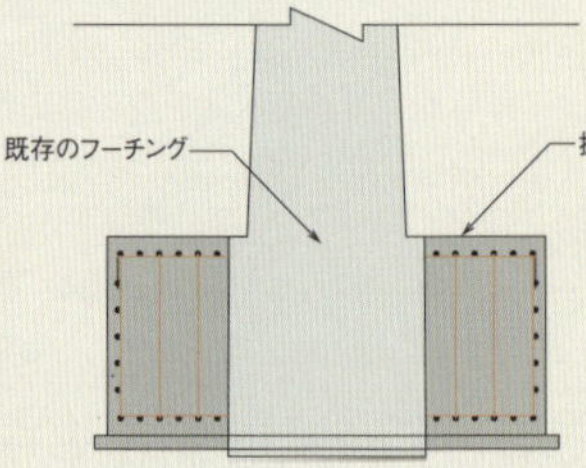

竣工図書がなかったので、橋脚フーチングを掘削して調査したところ、フーチングが小さくて現在の設計に満たなかった。図のように増しフーチングを施した

〈フーチングの拡幅と増し杭〉

■ プレストレスによる補強をした増し杭の断面図

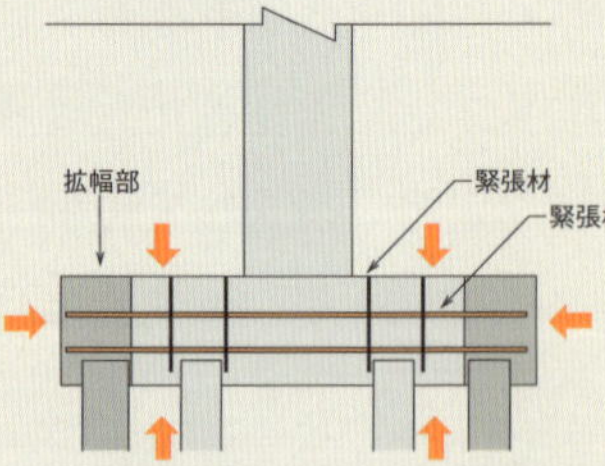

フーチングの補強では増しフーチングや増し杭を施す。既設フーチング近傍に場所打ち杭を増設して、増しフーチングの鉄筋を設置している様子

ていたら、増しフーチングや増し杭を施す必要がある。曲げ補強では補強筋をアンカー定着して、隣接する位置にフーチングを新設する。この際に杭も増設する。

　フーチングを拡幅するスペースがないときなどは、緊張材を使った補強で曲げ耐荷力やせん断耐荷力を向上させる。増しフーチングと増し杭を施工したうえで緊張材で補強すれば、さらに補強効果が高まる。

　曲げ耐荷力が不足する場合には、フーチングの側面から緊張材を挿入し、フーチングに軸力を作用させて補強を施す。せん断耐荷力が不足していたら、アラミド緊張材のプレストレスで補強する。

Part 4

鋼橋

補修の施工計画

工場製作と施工計画の連携がカギ

鋼橋の補修や補強の工事では、現場実測から細部設計を経て工場製作へとつながる工程と現場施工とを同時に進めなければならない。詳細な実測調査が不可欠だ。狭い場所での作業や重機が使えないケースも多い。工場製作する補修部材は、その寸法や重さ、運搬計画について、設計段階から検討することが大切だ。

最近の長寿命化対策などで、構造物の調査や点検に関しては、要領や基準類、必要な資格などの整備が進んでいる。一方、補修や補強の設計から施工の各工程に関しては、明確な技術基準類が整備されていない。設計者や施工者の技量や技術に依存しているのが現状だ。

工場製作と現場施工が同時進行

鋼橋の新設工事は、工場製作が完了した後に現場施工が始まる。施工フローの区切りが明確だ。一方で、補修や補強は、現場実測から細部設計を経て工場製作へとつながる工程と現場施工とが同時に進行する。この工事の進め方が大きく違う。

既設構造物に部材を取り付けるためには、既設構造物の詳細な実測調査が不可欠だ。補修や補強の品質確保には、現場実測の精度とそれに基づいた図面の修正、工場製作への実測データの反映が重要になる。

コンクリート構造物のように現場近隣から材料を調達して、現場だけで解決するケースも少ない。設計や工場製作、施工計画や現場施工を常に連携させながら進めることで、出来形の精度や品質を確保できる。

例えば、橋台や橋脚に定着したアンカーボルトの位置を型紙などで正確に実測し、工場製作に反映することはその典型だ。既設の鉄筋位置を避けるためには欠かせない。

新設の工事が既成服ならば、補修や補強の工事はオーダーメード服の

鋼橋の補修・補強工事の基本的な流れ

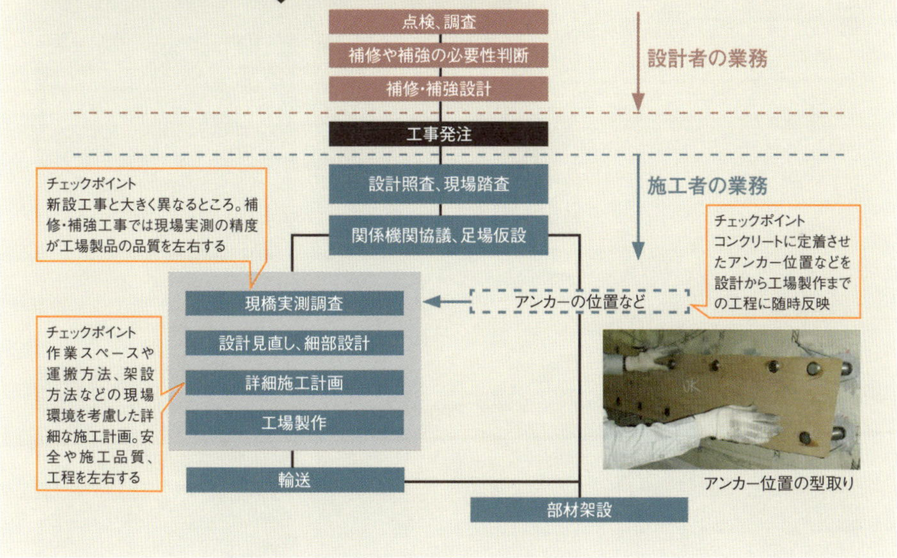
点検、調査
補修や補強の必要性判断
補修・補強設計
設計者の業務
工事発注
設計照査、現場踏査
施工者の業務
関係機関協議、足場仮設
チェックポイント
新設工事と大きく異なるところ。補修・補強工事では現場実測の精度が工場製品の品質を左右する
現橋実測調査
設計見直し、細部設計
詳細施工計画
工場製作
輸送
部材架設
アンカーの位置など
チェックポイント
コンクリートに定着させたアンカー位置などを設計から工場製作までの工程に随時反映
チェックポイント
作業スペースや運搬方法、架設方法などの現場環境を考慮した詳細な施工計画。安全や施工品質、工程を左右する
アンカー位置の型取り

ようなものだ。既設構造物の形状という体形に合わせた寸法取りが、品質である出来栄えを左右する。

竣工図だけで判断しない

補修や補強の設計に際しては、よく言われることだが、事前に現場の調査を実施することが必須だ。竣工図には対象構造物そのものの図面しかない。しかし、実際には道路とは管理者が異なる添架物も多く存在する。竣工図だけでは判断しない。

例えば、箱桁内部の配管類や部材取り付けの位置に問題がなくても、作業足場などの仮設備が干渉する。工事の前にハトのふんを清掃しなければならないこともある。そうした状況に、着工して初めて気付いたのでは、受発注者間の協議や清掃時間などで工程遅延の原因となる。

工程遅延の予防や、干渉物移設不可による大きな工法の変更を生じさせないためにも、点検や調査、設計の段階でそうした状況を把握する。

設計時のポイント

■ 竣工図では現場の様子が分からない

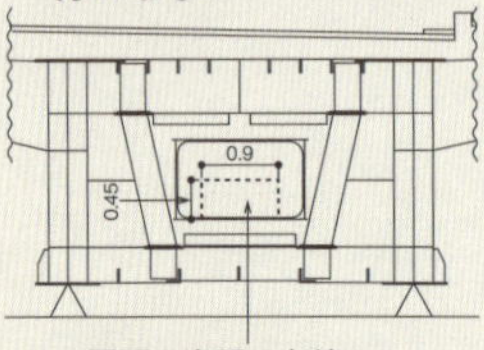

図面の表記は点線のみ

実際は

作業足場と干渉する配管類。部材設置箇所では干渉しないが、作業足場で干渉することが分かれば、受発注者間で事前協議する

箱桁内に堆積したハトのふん。箱桁内は、ハトのすみかになっていることもある。狭い環境でのハトのふんの清掃などがあることも事前に把握しておく

箱桁の内部は、管理者の異なる配管も数多く設置されている。取り付け箇所での干渉状況、箱内への運搬や設置が可能かをチェックする

鋼床版上面の架設用吊り金具の残痕。鋼床版上面には、舗装に干渉しない程度で残っていることが多い

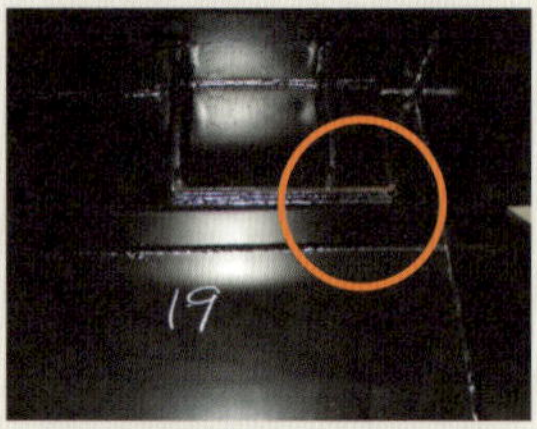

箱桁内部の補強材。架設時に使用した吊り金具の下面補強材。竣工図に載っていない。採用した架設工法が判明すれば、ある程度の位置が分かる

そのうえで、受発注者間で事前協議することが必要だ。

補修や補強の設計時には、新設時のような「設計から施工」という考え方だけでなく、「施工を想定したうえでの設計」というアプローチも必要だ。品質確保可能な施工ができる設計が、補修や補強では良い設計だと言える。現地条件を考慮に入れて、要求性能と確保すべき品質とのバランスが取れた設計が望ましい。

作業スペースを確保する

設計だけでなく、工事でも現場状況の把握がカギだ。補修や補強は既設構造物や付帯設備が近傍にある状況での作業となる。十分な作業空間

施工計画のポイント

■ 既設マンホールと部材形状の確認

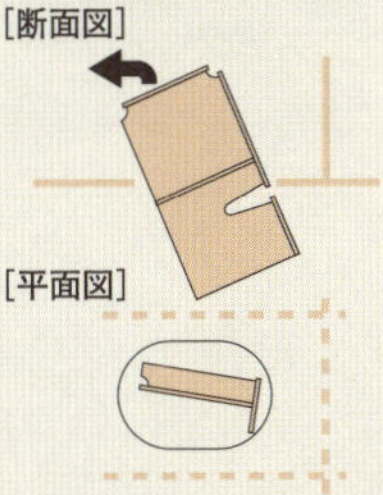

既設マンホールから部材が入る形状かどうかを計画段階で確認する

■ 機械工具のスペース確認

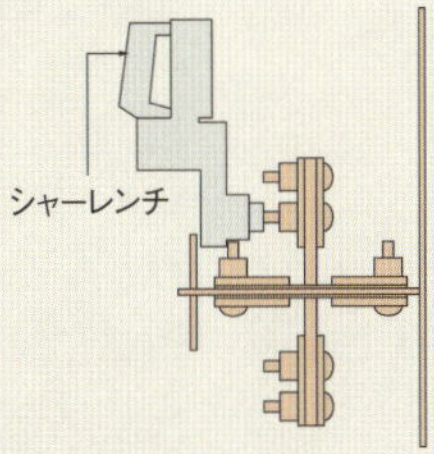

トルシア形高力ボルトはチップがある状態も考慮しておく

桁やリブなどの間でボルトの本締め作業ができるかどうかを、ボルトの実寸法や締め付け工具寸法を加味した図面でチェックする

■ 作業スペースの確保

歩廊板を取り外しての作業スペース確保

支承の取り替え時に、仮受け位置を考慮して作業スペースを確保

がなく、非効率な作業となる状況が多い。作業スペースを考慮した補強構造や施工計画が非常に重要だ。

例えば、部材搬入時のマンホールと部材の大きさの関係、施工機械の大きさと作業スペースの関係を事前に確認する。良い設計をしても、現場で取り付けられなければ意味がない。場合によっては、部材搬入用のマンホールの新設も検討する。

狭い場所での施工がほとんどなので、施工計画では品質確保の観点から、作業スペースや作業員の施工姿勢（上向き、横向き）などの現場環境を考慮して施工計画を立案する。取り付けや引き込みで困難が予想されれば、補修や補強の部材の構造や形状を変更することも検討する。

部材運搬のポイント

■ 搬入用のマンホール設置を検討

補強部材取り付け箇所の近傍に、新たにマンホールを設置して人力で部材を搬入する

70kgぐらいまでの重量ならば、マンホールから部材を搬入して、設置場所まで人力による運搬作業が可能

■ 設計や構造に支障が無い範囲で可能な限り部材を分割

[当初]

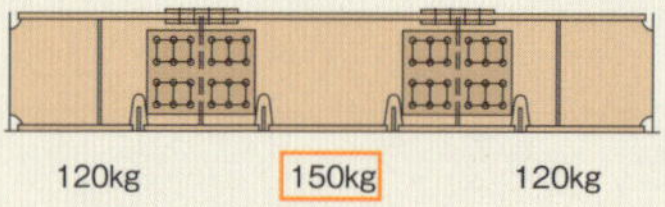

[変更後]

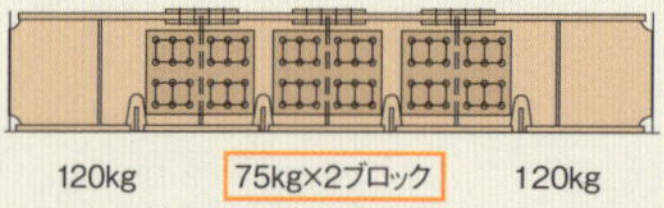

100kgを超えると、台車や軌条設備が必要だ。運搬性を考慮して補強材を小割りにする　(写真:日本橋梁建設協会)

箱桁内に設置した運搬台車用の軌条設備

足場上に設置した運搬台車の例

■ 部材引き込み設備なども検討

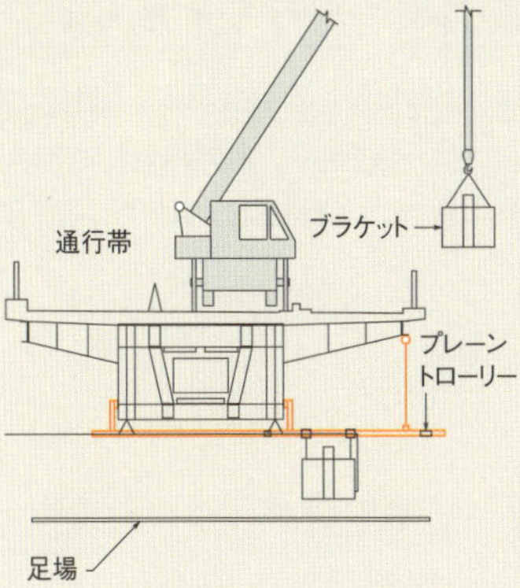

部材の重量が1tを超えるとトローリーなどの引き込み設備が必須になる。設備を考慮して足場の床高さなどにも配慮する

部材の重量を70kg程度に抑える

取り付け位置までの部材運搬にも留意する。新設工事とは違って、ほとんどの補修や補強の工事は供用中での施工だ。必ずしも重機が使用できるとは限らない。運搬ルートにも制限がある。

新橋の架設工事であれば、100kg程度の部材重量は大したことがないと感じるかもしれないが、補修や補強の工事では人力での運搬が主体だ。2人で運搬できるのは70kg程度が限界で、100kgを超える部材の場合は運搬設備が必要になる。

取り付け位置が河川の流水上にある場合は、橋面から荷降ろしを実施して桁下に引き込む設備も必要だ。取り付け位置まで部材をいかに安全に運搬するかが、補修や補強の施工計画で最も大切な要素になる。

現在、現場内でのこうした運搬費用は積算上、発注段階で単価項目を見込んでいないとなかなか認められず、設計変更での計上が困難な場合が多い。部材の運搬方法やマンホール新設への設計的な配慮などは、施工者に任せるのではなく、設計段階から配慮することが必要だ。

鋼橋の補修

著しい劣化損傷は部分的に取り替える

鋼橋の主な補修工事は、添接部の緩みや脱落、腐食、疲労、変形損傷などへの対策だ。遅れ破壊の危険性があるF11T級の高力ボルトを見つけたら、まずは落下防止策を施す。腐食や疲労、変形は、劣化による損傷がひどければ、損傷部分を取り替える。鋼橋の利点は、損傷部分だけの取り替えが可能なことだ。

鋼橋の現場継ぎ手に用いられる摩擦接合用の高力ボルトは、1964年にJIS規格化されると、リベット接合に代わって急速に普及した。しかし、64～66年にF13T級のボルトで遅れ破壊の事故が多発して使われなくなった。さらに、70年代からはF11T級のボルトでも遅れ破壊の発生が顕在化した。

F11Tを見つけたらまず脱落対策

現在、鋼橋でF11T級の高力ボルトの使用は認められていないが、過去に使用されたボルトはまだ数多く残る。F11T高力ボルトを見つけたら、まず第三者に被害を与えないようにする。部分的な脱落であれば耐荷力がすぐに低下することはないが、脱落のリスクがある。落下防止対策や取り替えを検討する。

落下防止の対策は、(1) 落下防止柵、(2) 落下防止ネット、(3) 落下防止キャップの3例が現在主流だ。施工時には、(1) と (2) で桁下の建築限界に配慮が必要となる。(3) は、ボルト頭用とナット用で形状が違うので、間違えないようにキャップのサイズや数量などを確認する。

落下防止対策は、あくまでも暫定的な処置。高力ボルトを取り替えることが、最終的には必要だ。ただし、F11TからF10Tに取り替える場合、継ぎ手強度の不足に注意する。設計軸力が約5%低下することを考慮して、応力照査を実施する。

添接部の補修ポイント(F11T高力ボルト)

■ 落下防止対策

〈落下防止柵〉

高価だが、防止対策として確実性が高く、耐久性がある。鈑桁や箱桁などの添接部全体を覆いたい場合に有効

〈落下防止ネット〉

施工が簡単で安価だが、材料の劣化もある。恒久的な対策には向かない。建築限界に配慮して、緩まないように設置する

〈落下防止キャップ〉

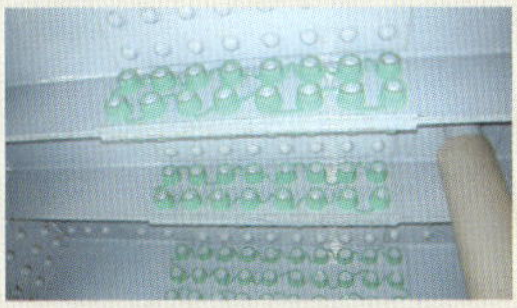

施工が簡単で安価。早急な対応が必要な場合や、部分的なボルトの落下対策に向いている。ナットとボルト頭の両側に設置する

■ ボルトの取り替え手順

〈主に軸方向力を受ける継ぎ手〉

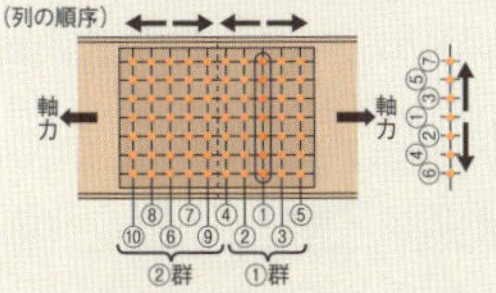

トラス部材、桁・梁・脚のフランジなど。(1)添接板の片側の群で、中央のボルト列から取り替える。(2)中央の列から両側の列へ交互に取り替える

〈主に曲げを受ける継ぎ手〉

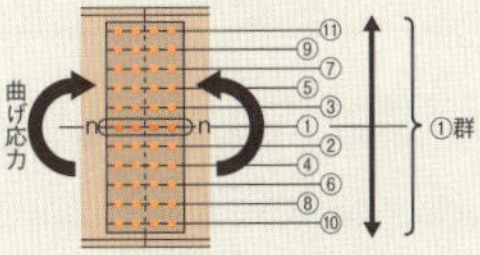

桁・梁・脚の腹板など。(1)腹板の中央列のボルトを取り替える。(2)中央の列から上下の列へ交互に取り替える

〈1群のボルト本数が少ない場合〉

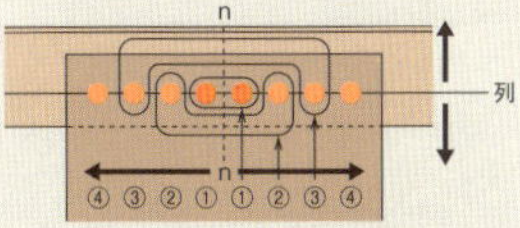

ボルト本数の少ない横構ガセットなど。(1)1本ずつ中央部分から取り替える。(2)中央の列から両側へ向けて交互に進める

■ 上フランジ部分のボルト取り替え

〈鋼床版継ぎ手部分の取り替え〉

舗装を部分撤去して、設計時の計算から取り替えられる本数を検討し、ボルトを取り替える。施工期間中は、昼夜の交通規制が必要

〈RC床版の上フランジの取り替え〉

床版の鉄筋を損傷しないように、ウオータージェットによりピンポイントでフランジ上面の床版をはつり、ボルトを交換。ボルト取り替え費用よりも、はつりと復旧費用のほうが高い

同時に抜き取れるボルト本数を設計や計画の段階で算出しておくことも、現場での施工効率に影響する。供用下での作業なので、闇雲に取り替えると継ぎ手部の応力状態が変化する。抜き取り可能本数を設計で検討したうえで、上の囲みの中段に示す手順でボルトを取り替える。

また、上フランジ部はコンクリート床版やアスファルト舗装などに埋まっている。前ページ囲みの下段の2事例のように、ボルト取り替えの際は、施工の確実性や品質確保の点から交通規制を実施し、床版や舗装を部分的に撤去して施工する。

摩擦係数0.4を確保する

リベット接合は、最も一般的に使用されていた継ぎ手の一種だが、現在ではほとんど使われない。F11T高力ボルトと違って問題はないが、作業できる職人がほとんどいないので、リベットを撤去した場合は高力ボルトに変更して接合する。

添接部の補修ポイント（リベットから高力ボルトへの取り替え）

■ 摩擦係数0.4を確保する

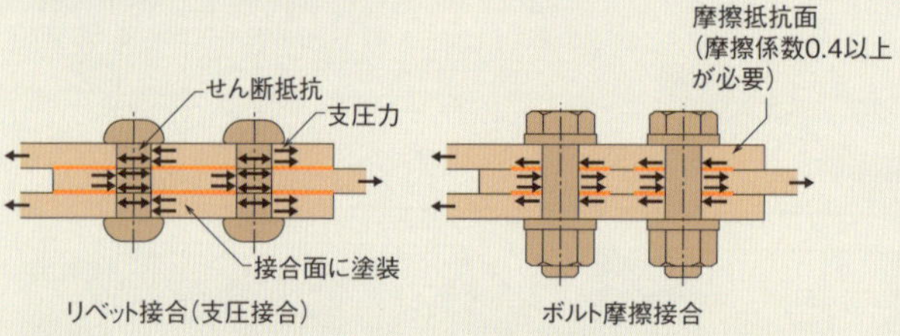

接合面にさび止め塗料を塗布していることが多い。この状態で高力ボルトに取り替えると摩擦係数0.4の確保が困難

支圧接合用打ち込み式高力ボルト。支圧接合は、摩擦接合に比べて許容応力度が50％程度高くなる有効な接合方法だが、ボルト孔に高い施工精度を必要とするので、普通高力ボルトに比べて施工性が劣る。そのため普及率は高くない

■ リベット頭が腐食で欠損している場合

漏水により腐食したリベット頭の欠損状況。軸が緩んでいなければ、無理に取り替えないほうがよい

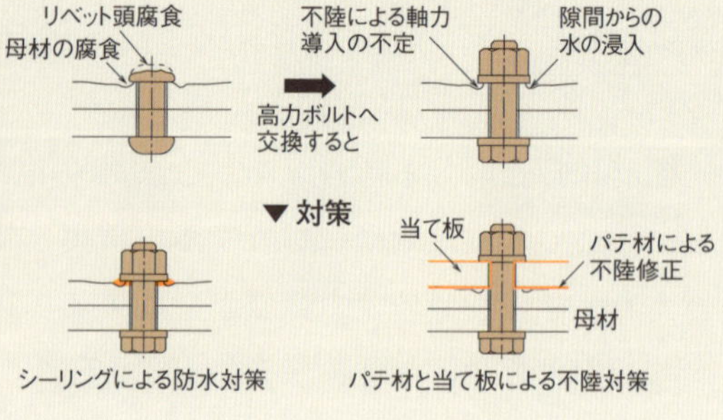

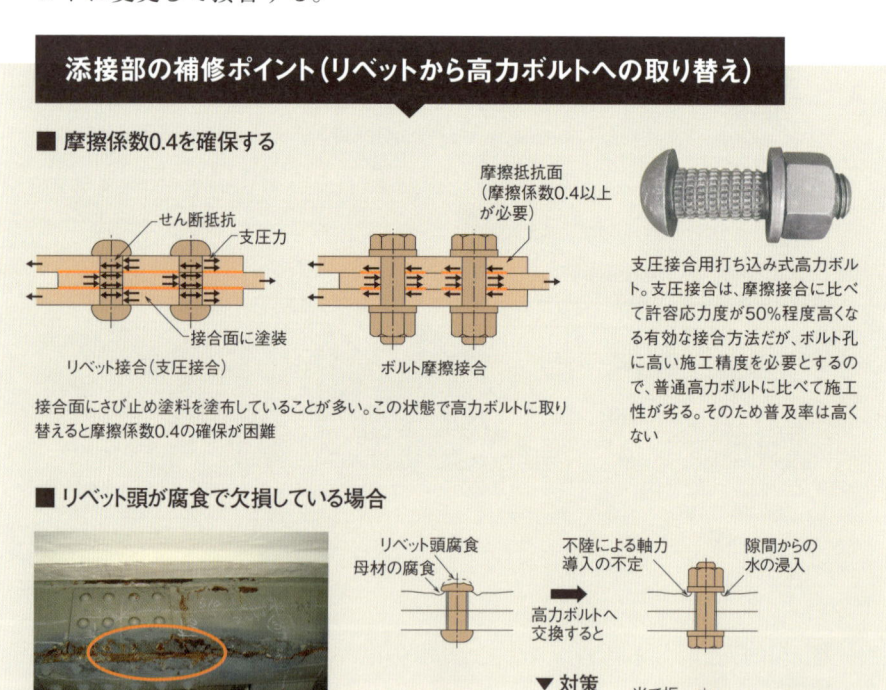

リベット接合は摩擦接合ではなく、摩擦に加えてボルト軸部のせん断力とボルト孔壁との支圧力により抵抗する継ぎ手だ。リベットから高力ボルトへの取り替え時には、摩擦係数0.4の確保に留意する。

リベットの接合面には防錆《ぼうせい》塗料として鉛丹さび止め塗料を使っていることが多く、摩擦係数は大きくても0.3程度。接合面のリベットをすべて高力ボルトに取り替える場合などは、接合面の処理やボルトのサイズアップ、打ち込み式高力ボルトの使用などを検討する。

左ページ囲みの写真のようにリベット頭が腐食して欠損している場合は、その周辺の母材も腐食してあばた状になっているケースが多い。このような状況で高力ボルトに取り替えると次のような問題が起こりうる。(1) 母材の凹凸からボルト孔に水が浸入して、逆に腐食が進行する。(2) 母材とボルトに不陸が発生して、正しい軸力が導入されない。

リベット頭が無くなっていてもリベットが緩んでいなければ、継ぎ手としての強度はほとんど低下していない。ボルトに取り替えるよりも、それ以上腐食を進行させない防食などの対策を実施するほうがよい。

止むを得ずボルトに取り替える場合は、ボルト周りをシールするなどの防水対策や、不陸修正のパテ材使用、当て板の追加などが必要だ。設計段階で調査や検討をしておく。

主桁との連結部分が腐食しやすい

横桁や対傾構など主桁に連結された部分は、排水管からの漏水などで浸入した水が滞水しやすい。特に桁の内側は乾燥しにくいので局所的な腐食損傷が生じやすい。

そうした部材は、一般的に防食塗装で腐食対策を施している。仮に腐食していても、その程度が小さければ、ブラストと塗り替え塗装などによる防錆対策が有効だ。

しかし、腐食による減厚があり構造上主要な部位ならば、当て板補強

腐食部分の補修ポイント

〈局所的な腐食や孔食〉

桁の内側で水がたまりやすい箇所は、局所的な腐食や孔食が生じやすい

〈罫《け》書《が》き〉

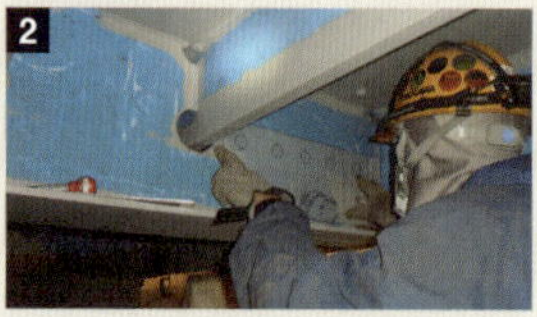

フィルム型を使用して、孔開け位置や切断位置を罫書く。健全部との取り合いを考慮して切除範囲を決める

〈孔開け〉

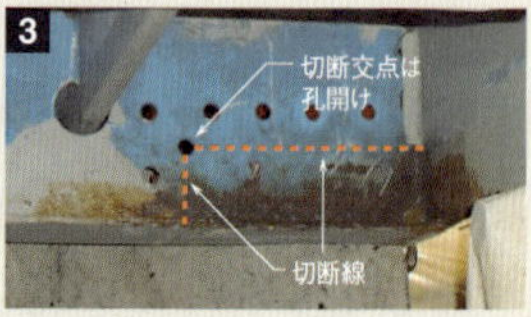

添接用の孔開け。切断の交点は電動ドリルで孔開けしてR処理する

疲労亀裂の補修ポイント

〈亀裂先端部の確認〉

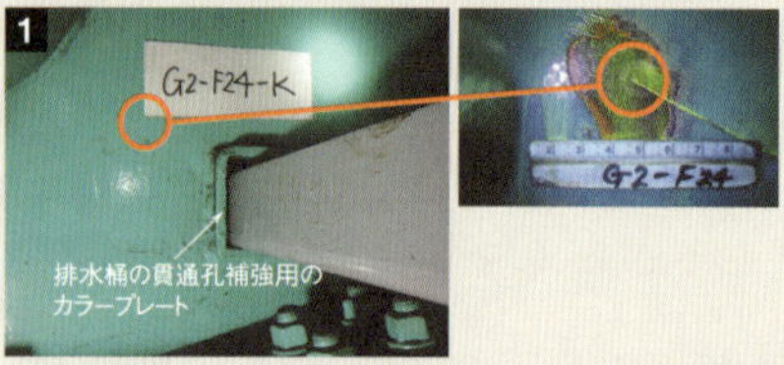

点検や調査により亀裂の発生を検知したら、同様の構造はすべてチェックする。磁粉探傷試験で亀裂先端を確実に把握する

〈ストップホール工事〉

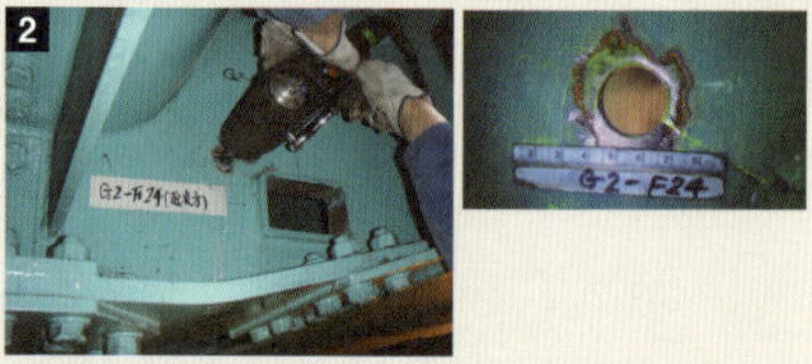

直径24.5mmのストップホールを電気ドリルで施工。棒グラインダーで孔の外周を滑らかに仕上げる。再度、磁粉探傷試験を実施して亀裂先端の処理や孔開け面の傷の有無を確認する

を施す。局所的に大きく減厚したり孔食などが生じたりしている場合は、部分的に切り取って補修する。

上の囲みに示したのは、局所的な腐食で減厚や孔食が生じた部分を切除して部材を取り替えた事例。供用下での溶接による添接は、作業者の技量依存や振動の影響など施工上のリスクが高いので避けるべきだ。

疲労亀裂は先端部を見つける

疲労は、繰り返し荷重を受ける鋼構造物に生じる典型的な損傷で、耐久性に大きな影響を与える。鋼橋の疲労亀裂は部材の溶接継ぎ手部や部材同士の接合部など、極めて局所的な部分に発生する。

〈切断〉

ガス切断

〈切断箇所の仕上げ〉

切断が完了した後、グラインダー仕上げを施す

〈部材取り付け〉

高力ボルトで部材を取り付ける

〈亀裂原因の除去〉

亀裂発生の原因と判断した排水樋用孔の補強用カラープレートを除去。撤去面は、グラインダーで滑らかに仕上げる

〈当て板補強〉

当て板（補強プレート）を高力ボルトで設置。ストップホール孔も高力ボルトで締め付ける。樋用開口部は、シールで止水処理を施す

とりわけ隅肉溶接の止端部やルート部から生じる事例が多い。応力や変形の繰り返しに伴って徐々に進行するので、早期に発見して適切に補修することが重要だ。

亀裂補修は、前述したほかの補修と異なり、非破壊試験などを実施しながら作業する。従って、常に対処の良否を判定できる技術者の管理下で施工する。疲労亀裂の補修や対策は原因把握が必須で、場合によっては亀裂補修だけでなく、原因となった状況の改善や除去も必要だ。

下の囲みに示したのは、横桁に設けた排水樋用の貫通孔で、補強用カラープレートの溶接部から横桁に発生した疲労亀裂の補修事例だ。疲労亀裂を発見したら、その橋梁の同様の部位をすべて調査する。

まず目視で亀裂を発見したら、塗膜を除去して磁粉探傷試験を実施し、亀裂の先端部を確認する。その先端に亀裂が進展しないようにストップホールを設置して、棒グラインダーで孔開け面を滑らかに仕上げる。ドリルによる微細な傷が、新たな亀裂発生の要因になる可能性があるからだ。仕上げ後には再び磁粉探傷試験で傷がないことを確認する。

さらに、亀裂の発生因子と判断した排水樋用孔の補強用カラープレートを撤去。両面から当て板を高力ボルトで設置して樋用開口部を補強する。現場で開けた孔やガス切断した面のノッチを丁寧に仕上げることが施工上、最も肝要だ。

小さい変形ならば加熱して直す

コンクリート橋と比べた鋼橋の利点の一つは、部分的な補修や取り替えが容易であることだ。車両や船舶、地震など予期せぬ外力で変形損傷した部分だけを補修できる。

変形が小さければ、ガス炎による加熱矯正が可能だ。ただし、鋼材の材質によっては、強度やじん性が低下することもあるので、加熱による影響を調べてから施工する。加熱時は、車両通行による衝撃で思わぬ変形をすることが考えられるため、矯正中は車両の交通規制を実施する。

矯正は、一般にジャッキを用いて変形の大きい箇所から始め、小さい方に向かって徐々に矯正する。これを繰り返す。このとき、温度管理に留意する。可視的に管理できる温度チョークを使うのが一般的だ。

加熱矯正は、損傷箇所によっては施工できないし、作業員の技量への依存度が高い。必ずしも元通りに戻るとも限らない。当て板補強などを併用して実施するのが望ましい。

一方、変形が大きい場合は取り替えが必要となる。供用下で主要部材を撤去するので、部材を一時撤去した際の応力計算や、バイパス材のような仮設備の検討が必要だ。

変形損傷の補修ポイント

■ 変形が小さい場合

〈変形の状況〉

1

変形が小さければ加熱矯正が有効

〈加熱〉

2

加熱の適正温度は、850～950℃程度。温度チョークなどを用いて管理する

〈矯正〉

3

当て板やジャッキを用いて変形を徐々に矯正する

〈補修後〉

4

完全に戻すのは困難。写真の状態程度に戻した後、当て板補強を施すこともある

■ 変形が大きい場合

〈変形の状況〉

1

変形が大きければ、性能回復のために取り替えることが望ましい

〈バイパス設備構築〉

2

バイパス設備構築後、損傷部分を無応力にして切断、撤去する

〈損傷部位の切断後〉

3

設計上の垂直材発生応力と実応力の誤差に注意が必要。桁の全体形状と応力を併せて管理する

〈補修後〉

4

鋼橋の利点は、部分的な損傷でも簡易かつ早急に補修可能なところだ

上の囲みの下段に示した連続写真は、ランガー桁の垂直材に車両が衝突して、部分取り替えを実施した例だ。垂直材の健全部からPC鋼棒とセンターホールジャッキでバイパス設備を構築し、取り替え部位を無応力状態にして取り替えた。

橋梁の地震被害の見極め方

走行性や復旧性を含めて被災度を判定

東日本大震災では、地震動に対してこれまでの耐震設計や補強対策が効果を発揮した結果、被害が大きくならなかった。しかし、支承やその付近での損傷、路面の段差などが発生したことによって、車両の通行を妨げた。ここでは、橋を中心として構造物の被災レベルを判定する方法や考え方を解説する。

■ 応急復旧のための被災度判定

耐荷力 ▶橋脚、橋台、上部構造、支承部、杭基礎のうち、最も被災度の大きいもので判定	As 落橋	落橋あるいは倒壊や半倒壊した場合
	A 大被害	耐荷力の低下に著しい影響のある損傷を生じており、落橋などの致命的な被害の可能性がある場合
	B 中被害	耐荷力の低下に影響のある損傷であり、余震や活荷重などによる被害の進行がなければ、当面の利用が可能な場合
	C 小被害	短期的には耐荷力の低下に影響のない場合
	D 被害なし	耐荷力に関しては特に異状が認められない場合
走行性 ▶伸縮装置、取り付け盛り土の沈下、車両用防護柵のうち、最も被災度の大きいもので判定	a 通行不可	走行できない場合
	b 走行注意	異状は認められるが走行できる場合
	c 被害なし	走行性に関して特に異状が認められない場合
復旧性	α 残留変形大	変形が大きく、下部構造の撤去や再構築も含めた本復旧の検討が望ましい。例えば、橋脚の残留傾斜としては1/100(rad)が目安となる
	β 残留変形小	補修や補強による本復旧が可能な残留変形に収まっている

(資料:138ページまでの表は日本道路協会「道路震災対策便覧(震災復旧編)」2006年度改訂版)

東日本大震災では、多くの土木構造物が被災した。ここでは、橋梁を中心に、被災した構造物の被災度の判定について解説する。

現在、被災した橋梁の調査が進んでいる。全ては把握できていないが、被災した橋梁には、地震動により損傷したものと津波により損傷したものとがある。阪神大震災や新潟県中越地震などの最近発生した大規模な地震とは異なり、津波による被害が多発したのが特徴だ。

地震動による被害の状況を見ると、昭和30～40年代に震度法だけで耐震設計をして、地震時保有耐力法による設計をしていない橋で損傷が大きい。1990年以降の地震時保有耐力法による設計方法が取り入れられている橋梁での被害は少ない。

阪神大震災以降、大規模地震に対する耐震性能を保有していない橋脚には耐震補強対策を実施してきた。それが有効に機能し、補強された橋脚の被害は少なかった。

さらに、落橋防止構造も有効に機能したため、地震動による落橋は少なかった。それらの耐震対策が講じられていなかったならば、甚大な被害が発生したと考えられる。

耐荷力は5段階で判定

一方で、支承本体やその付近には損傷が多く発生しており、ゴム支承に大きくせん断変形したものが見られた。橋台背面の土砂が沈下し、路面に大きな段差ができたために、車両が通行できなかった箇所も多い。これらの被害は新潟県中越地震や中越沖地震と同様の傾向だ。

一般的に、地震が発生した場合は、現地において各構造物の被災状況を目視で調査し、その結果から対応を決める。被災度を判定するうえでは、現地調査を実施して損傷状況を判断することが欠かせない。

現場で調査する技術者には、その後の対応を決めるために、被災度を判定する能力が求められる。例えば、「落橋の可能性が高いので全面通行止め」、「損傷はあるが応急的な対策を講じれば通行可能」、「特に問題となる損傷がないので通行規制は必要なし」などだ。

被災した土木構造物の被災度判定の基準は、それぞれの構造物を管理している機関によって異なるが、道路施設に関しては、一定の基準が日本道路協会の「道路震災対策便覧（震災復旧編）」に示されている。道路橋以外の土木構造物の被災度を判定するうえでも参考となる基準だ。ただし、あくまでも地震動による被害をベースにしたもので、津波被害は想定していない。

東日本大震災での判定例

〈福島県内の単純鋼H桁橋〉

上部構造や下部構造に大きな損傷は見られないが、鋼製支承の移動制限構造が破断している。両橋台とも背面が最大50cm沈下。橋脚上の伸縮装置に異状はない。落橋の可能性はないが、車両の走行には注意する必要がある。支承の詳細調査が必要であり、伸縮装置と支承の交換が必要となる。被災度は耐荷力C、走行性b、復旧性は問題なし

〈福島県内の単純鋼箱桁橋〉

上部構造や下部構造、ゴム支承に大きな損傷は見られないが、落橋防止構造として使われているアンカーバーの台座コンクリートが破損している。両橋台とも背面が最大40cm沈下。落橋の可能性はないが、車両の走行には注意する必要がある。台座コンクリートの補修と伸縮装置の交換が必要となる。被災度は耐荷力C、走行性b、復旧性は問題なし

同便覧の基準は、耐荷力に関する被災度を5ランクに、走行性に関する被災度を3ランクに、復旧性に関する被災度を2ランクに分類したものだ。判定した結果が応急復旧計画と本復旧計画を立案する資料となる。

耐荷力に関する被災度は、As（落橋）、A（大被害）、B（中被害）、C（小被害）、D（被害なし）の5ランクで判定する。調査で点検するのは、橋脚と橋台、上部構造、支承部、杭基礎の5部位だ。

RC橋脚は損傷部位を確認

橋脚の被災度を判定するうえでチェックするのは、鉄筋コンクリート（RC）で鉄筋破断やかぶりコンクリートの剥離などの損傷状況、鋼製橋脚で鋼材の座屈や変形の状況だ。橋台の被災度はRC橋脚に準じる。例えば、パラペットやウイングにひび割れがあればCと判定する。

RC橋脚では、損傷が橋脚基部で生じているか、橋脚の中間位置（軸方向鉄筋の段落とし位置）で生じているかを調べておく。損傷位置が基部か段落とし部かによって、復旧するうえでの補強方法が異なる。

また、橋脚の高さと幅の比が3以上であれば曲げ破壊、3未満の場合はせん断破壊となる傾向があるので、この点を踏まえて調査する。損傷位置や破壊の種類は、その後の復旧工法を考えるのに重要となる。

上部構造については、コンクリート桁の損傷は主に支承付近でひび割れが発生する。地震時の水平力は支承部に集中するからだ。上部構造と支承のどちらか弱い方に損傷が発生する。そのひび割れ幅が2mm程度ならば被災度はC、幅が1cm程度か剥離している場合はBと分類。軸方向の鉄筋やPC（プレストレスト・コンクリート）鋼材が破断している場合はAと判定する。

鋼橋の場合、トラスの上下弦材や斜材などの一次部材に破断や亀裂が生じている場合は被災度がAとなる。一次部材に損傷があっても座屈や変形している程度ならばB。橋の耐荷力に直接、影響することが少ない

橋脚の判定ポイント

阪神大震災で被災したRC橋脚。鉄筋のはらみ出しが見られる

阪神大震災で被災した鋼製橋脚。座屈と変形が見られる

新潟県中越地震で被災したRC橋脚。かぶりコンクリートが剥離している

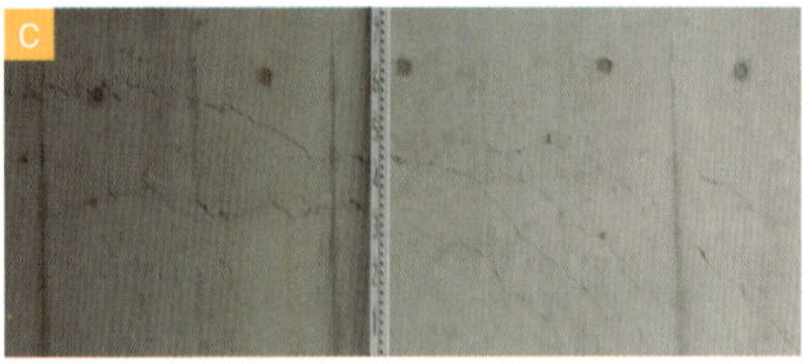

新潟県中越地震で被災したRC橋脚。斜めにひび割れが生じている

■ 橋脚の被災度区分

被災度	定義
As	・倒壊したもの ・損傷変形が著しく大きなもの
A	・座屈や鉄筋の破断などの損傷、または変形が大きなもの
B	・鋼材の座屈や部材の変形が部分的に見られるもの ・鉄筋の一部の破断やはらみ出し、および部分的なかぶりコンクリートの剥離や亀裂が見られるもの
C	・鋼材の座屈や変形が局部的かつ軽微なもの ・ひび割れの発生や局部的なかぶりコンクリートの剥離が見られるもの
D	・損傷が無いか、あっても耐荷力に影響の無い極めて軽微なもの

■ パラペットの損傷

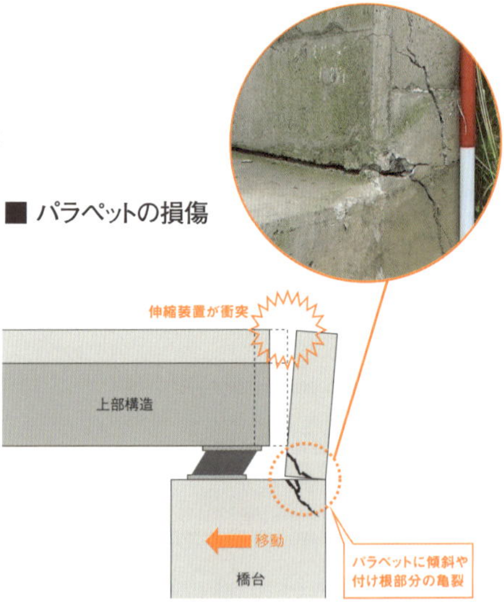

橋台の被災度はRC橋脚の判定に準じる。川側に移動してパラペットや杭基礎が損傷する事例が多い

上部構造の判定ポイント

■ 上部構造の被災度区分

被災度	定義
As	・落橋したもの
A	・鋼桁において下フランジが変形したもの、または腹板に相当規模の局部座屈が生じたもの ・コンクリート桁において大きな剥離や脱落があるもの ・トラスなどの一次部材が破断したもの
B	・鋼桁において下フランジが変形したもの、または腹板に局部座屈が生じたもの ・コンクリート桁において剥離や大きなひび割れが生じたもの ・トラスなどの一次部材が座屈もしくは変形したもの
C	・鋼桁において局部的、小程度の変形や座屈が生じたもの ・コンクリート桁にひび割れが生じたもの ・鋼桁やトラスの二次部材が変形もしくは座屈したもの
D	・ 損傷が無いか、あっても耐荷力に影響の無い極めて軽微なもの

新潟県中越地震で被災した鋼橋の上部構造。支承から鋼桁が離脱している。主桁は大きな損傷がないものの、橋軸直角方向に移動し、支承から離脱していることから、余震で落橋する可能性が高いのでAと判定

阪神大震災で被災した鋼橋の上部構造。鋼桁の下フランジが変形している

新潟県中越沖地震で被災した鋼橋の上部構造。鋼桁の対傾構が座屈している

支承部の判定ポイント

■ 支承部の被災度判定

被災度	定義
A	・セットボルトやアンカーボルトの破断、ソールプレートやせん断キーの被害があるもの ・沓座コンクリートが破壊したもの
B	・ピンの切断や上沓ストッパーの破断があるもの ・ローラーやアンカーボルトの抜け出しがあるもの ・移動制限構造が破損したもの
C	・上沓や下沓が変形したもの ・セットボルトが緩んだもの ・移動制限構造に変形もしくは亀裂が生じたもの ・沓座コンクリートや沓座モルタルに亀裂が生じたもの
D	・損傷が無いか、あっても耐荷力に影響の無い極めて軽微なもの

岩手・宮城内陸地震で被災した鋼桁のゴム支承。アンカーボルトが切断され、支承が移動している。一見大きな損傷には見えないが、余震に対して支承としての拘束効果が全く失われているのでAと判定

新潟県中越地震で被災した鋼桁のピンローラー支承。ローラーが抜け出している

岩手・宮城内陸地震で被災した鋼桁のゴム支承。ゴム本体がせん断変形している

対傾構や横構などの二次部材の破断や変形はCと判定する。

杭基礎の損傷はほかの部位で判断

支承部の被災度はAs（落橋）を除いた4ランクに区分する。セットボルトやアンカーボルトの破断、沓座《しゅうざ》コンクリートの破壊などは、水平力に抵抗できなくなった状態だ。余震などで落橋する危険があるのでAと判定する。

桁が移動して、桁端から下部構造の頂部縁端までの長さか、桁の掛け

違い長さが不足している場合も被災度が高い。落橋防止構造の有無や支承付近の上下部構造の損傷状況を考慮して、落橋の可能性があれば被災度はAとする。

可動支承の遊間がなくなっている程度ならばC。ゴム支承本体に亀裂や破断があればBだ。ゴム支承本体が移動していても、鉛直力を支持できている場合はCと判定する。

基礎の被災状況は、一般的には掘削しないと把握できないが、基礎に大きな損傷が生じている場合は、そのほかの部分に大きな変状があることが多い。従って、橋脚や上部構造に大きな変状があれば、その大きさに応じて、それぞれの部位の損傷状況で判定する。本来ならば杭基礎を直接調査すべきだが、費用と時間がかかるからだ。

ただし、橋脚や橋台に顕著な傾斜や沈下が認められたり、周辺地盤で液状化や沈下などの変状が著しかったりする場合には、杭基礎を調査する。杭基礎の亀裂を詳細に把握する際にはボアホールカメラを使う。

残留変位量が復旧工法選定のカギ

震災直後は、緊急車両が円滑に走行できないと、被災者の救助や救援物資の搬入などの遅れにつながる。そのため、構造的に落橋の危険が少なく、耐荷力に問題が無い橋梁であっても、走行性の評価は被災度の評価として極めて重要だ。

走行性に関する被災度は、a（通行不可）、b（走行注意）、c（被害なし）の3ランクで判定。調査では、伸縮装置の段差や取り付け盛り土の沈下、車両用防護柵の破損状況から判断する。一般的に、路面の段差が50～100mm程度ならば緊急車両の通行に致命的な影響を与えない。

さらに、被災している橋梁の復旧工法を円滑に選択できることを念頭に、被災度を判定することが重要だ。復旧性に関する被災度は、α（残留変形大）とβ（残留変形小）の2ランクで判定する。

杭基礎の判定ポイント

■ ボアホールカメラによる杭基礎の損傷調査

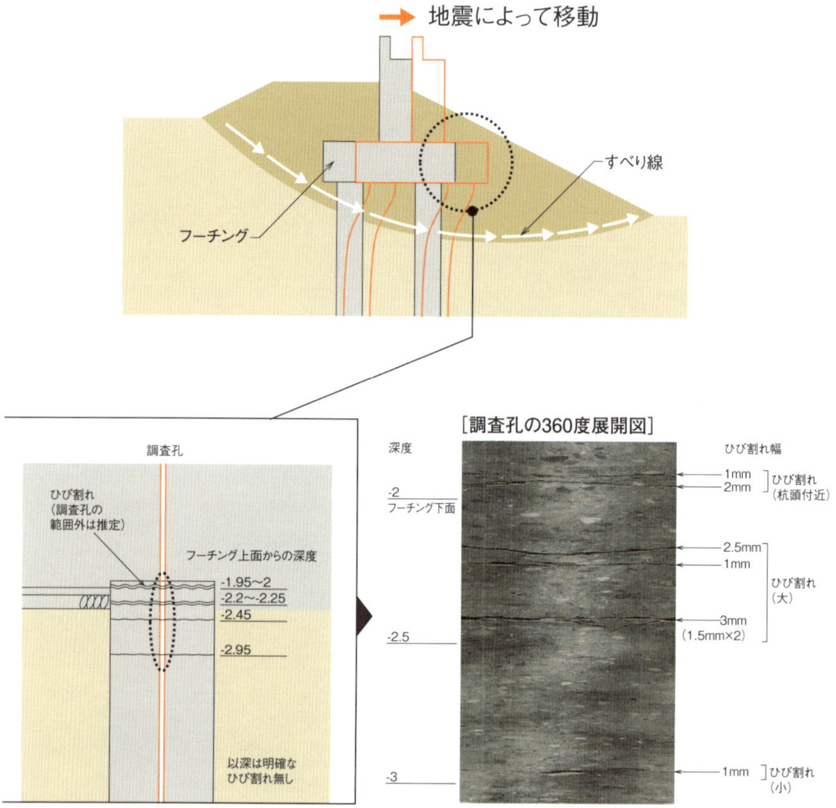

■ 杭基礎の被災度区分

被災度	定義
A	・基礎の沈下と同時に大きな残留水平変位が見られるもの
B	・基礎に大きな残留水平変位が見られるもの ・杭体に曲げ亀裂が見られるもの
C	・杭体に小さな曲げ亀裂が見られるもの
D	・杭体に損傷が無いか、曲げ亀裂があっても軽微なもの

耐荷力に関する被災度の程度にかかわらず、地盤の流動化、基礎や橋脚の損傷が原因となって、下部構造に移動や傾斜、沈下などの残留変位が生じる場合がある。この残留変位の大きさが復旧工法を選定する際のカギとなる。

実際の調査では、以上のような耐荷力や走行性、復旧性について判定した被災度を記録票に記載するとともに、通行規制の対応方針を判定する。さらに、これらの被災度の判定結果に基づき復旧計画を立案する。

東日本大震災で被災した橋梁は、津波による被害が甚大であり、橋本体が流失した。これまでに培ってきた地震動に対する知見に加えて、津波被害を防止する対策や、万一被災した場合の被災度判定の仕組みを確立することが、今後の課題となる。

Part 5

道路舗装

舗装の調査

縦断方向のひび割れ2本で構造調査

道路舗装の破損調査の考え方や手法は、アスファルト舗装とコンクリート舗装で違いが無い。表層のみの路面調査と基層以下まで調べる構造調査の大きく2区分だ。生活道路では目視調査による路面調査が主になる。一般的な幅員3m程度の道路のアスファルト舗装ならば、目視調査でひび割れ状況を確認し、構造調査の必要性を判断する。

道路舗装は、車両の通行や温度変化、雨水などによって、わだち掘れやひび割れなどの破損が発生し、供用性能が徐々に低下する。補修に当たっては、舗装の破損状況やその発生原因を的確に把握しなければならない。破損調査で現状を評価することがまずは重要だ。

舗装の路面に見られる破損には、ひび割れやわだち掘れ、ポットホール、

破損の種類と調査選定のポイント

〈ひび割れ〉

〈わだち掘れ〉

〈ポットホール〉

■ 舗装の破損調査の区分

- 舗装の破損調査
  - ↑ 巡回パトロールなど（沿道住民からの情報など）
  - 路面調査（破損種類の調査）
    - 目視調査
      - ・目視観察（徒歩やパトロール車）
    - 路面性状調査
      - ・試験機器を用いた人力測定
      - ・路面性状測定車による測定
  - 構造調査（破損原因の調査）
    - 支持力調査
      - ・FWDによるたわみ測定
    - コア調査
      - ・材料特性、厚さ測定
    - 開削調査
      - ・材料特性、支持力測定

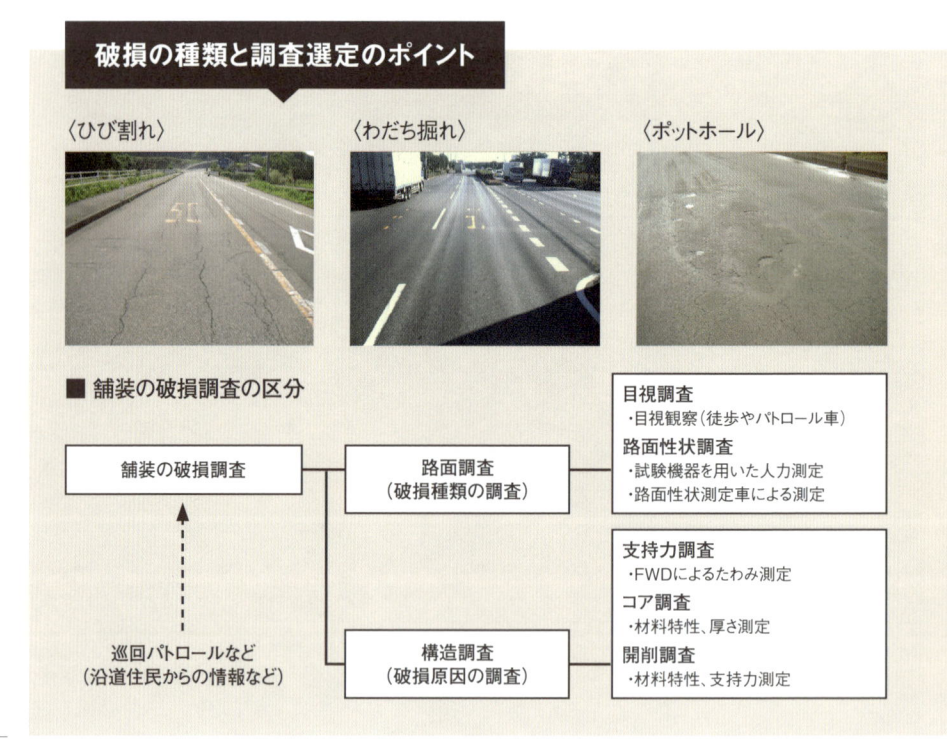

平たん性の低下など、多種多様な症状がある。これらの破損は、どこが原因となっているかによって大きく2種類に区分できる。

一つは、「機能的破損」あるいは「路面破損」と呼ぶもの。路面や表層のみが発生原因となって、そうした箇所だけが破損している状況だ。もう一つは、基層以下が原因となって破損していたり、路面破損が進行して舗装の耐久性に影響を及ぼしていたりする場合で、「構造的破損」と呼ぶ。この区分に基づいて、補修の設計や方法を検討・計画する。

舗装の破損調査も、そうした破損の種類に対応するように「路面調査」と「構造調査」の2種類がある。

人力測定は部分把握に

路面調査はさらに、目視観察を主体とした「目視調査」と、試験機器

〈平たん性の低下(小波)〉

〈平たん性の低下(寄り)〉

■ 舗装の基本的な断面構成

路面性状調査のポイント

〈ひび割れ率の人力測定〉

スケッチによる測定の様子。規制内や路肩から路面のひび割れをスケッチし、50cmメッシュ内のひび割れ本数とメッシュの数をカウントする。ひび割れのあるメッシュの面積からひび割れ率を測定する

〈わだち掘れ量の人力測定〉

わだち掘れ量を測定する横断プロフィルメーター。車線を規制したうえで、道路の1車線の幅員において測定輪を横断方向に動かし、得られた路面の横断形状からわだち掘れ量を測定する

〈平たん性の人力測定〉

3mプロフィルメーターによる測定の様子。車線を規制したうえで、車線内の外わだち部において測定輪またはレーザー変位計を縦断方向に移動させ、得られた路面の凹凸量から平たん性（凹凸量の標準偏差）を測定する

や専用の測定車を用いた「路面性状調査」の2種類に分かれる。路面調査を定期的に実施することで、舗装の供用性能の経時的な低下度合いを把握。中長期的な舗装管理計画の検討資料とする。

目視調査では、目視観察の記録や現地の写真に基づいて破損状況を把握する。効率よく目視観察するには、国土交通省の「総点検実施要領（案）【舗装編】参考資料」のような、破損の種類ごとに破損度合いの目安をまとめた資料を携帯するとよい。

目視調査の結果は、技術者の経験や判断も加味してまとめ、破損の程度や構造調査の必要性を判断する資料とする。交通量や把握できる範囲で補修履歴なども記録する。

路面性状調査は、舗装の路面状態、つまり破損の程度を数値化するものだ。試験機器や専用の測定車を用いて実施する。調べるのは、路面のひび割れ率やわだち掘れ量、平たん性などで、人力による測定と路面性状測定車による測定とがある。

人力測定は車線規制が必要だ。部分的な測定には適しているが、路線全長などの大規模な測定を実施するには、時間や労力が掛かる。

■ 路面性状測定車の仕様例

項目	方式	測定範囲	測定間隔	測定精度	計測時の速度	記録媒体
ひび割れ	レーザースキャニング法	幅員4m	進行方向4mm	ひび割れ幅1mm以上を識別	0〜85km／時	ハードディスクへの電子ファイル化
わだち掘れ	レーザー光切断法	幅員4m	進行方向25cm 横断方向10mm	±3mm（横断プロフィルメーターに対して）		
平たん性	レーザー光変位法	外側車輪1車線	進行方向50mm	±30%（3cmプロフィルメーターに対して）		
距離	タイヤ接触式距離計	前進1方向	1mm	±0.5%（鋼尺テープに対して）		
前方映像	カメラによる画像取り込み	前方30m前後	10m			
GPS	カーナビタイプ	計測車の位置情報	10m	10±23m		

〈路面性状測定車〉

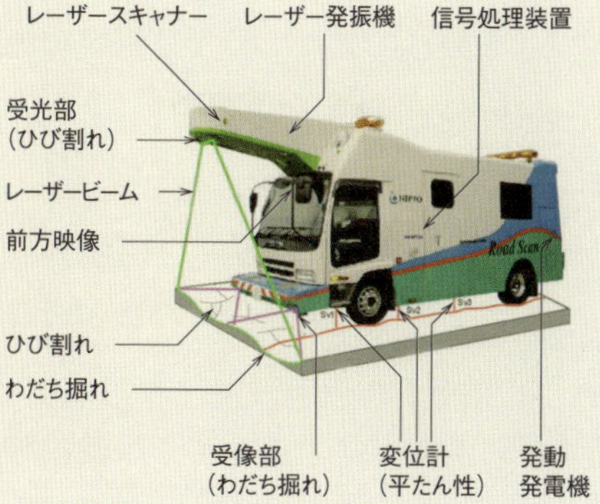

一方、路面性状測定車による測定は、一般車両が走行するなかで測定できる。走行条件にもよるが、1回で数十キロメートル以上の測定が可能だ。しかも、ひび割れとわだち掘れ、平たん性を同時に測定できる。

路面性状測定車の測定精度に対する性能確認試験は、土木研究センターが毎年、一般道で実施している。年間に二十数台が参加し、ここで取得した性能確認証書は15カ月有効だ。近年では、小型化した車両や昼夜を問わずに測定できる車両が開発されている。

破損原因の究明には構造調査

一方の構造調査は、舗装内部や路床の状態を調査するもので、舗装の耐久性などを評価するために実施する。路面調査の結果を受けて実施することが多く、ひび割れなどの路面破損が進行して、構造的破損が懸念されるときに実施する。

構造調査では、舗装の内部の状況を詳細に把握する。FWD（Falling Weight Deflectometer、重錘《じゅうすい》落下たわみ測定装置）によるたわみ量測定、現場採取のコアによる調査、開削調査などで実施する。いずれの構造調査にも車線規制が必要だ。

FWDは重りを載荷板に自由落下させ、その衝撃荷重に対する路面のたわみ量を複数のたわみ検出器で測定する。FWDによるたわみ量測定のデータから、舗装全体や路床の支持力、不具合が発生している層を推定する。ほかの構造調査と異なり、舗装を非破壊で調査できる。

FWDの測定精度に対する検定試験は、土木研究所が毎年、検定施設で実施している。年に10台程度が参加し、取得した検定認定書は27カ月有効だ。

コア調査は、ひび割れの深さやコアの厚さを測定することで、破損の及んでいる層を実際に確認できる。混合物の性状も室内試験で確認できるので、材料の劣化状況などを比較する場合に使う。

開削調査は、舗装体を掘削するため、大がかりな調査となる。ただし、各層の厚さを確認したり、採取した材料の各種試験を実施したりできるので、破損原因を検討したいときには有効だ。

構造調査のポイント

〈FWDの構成〉

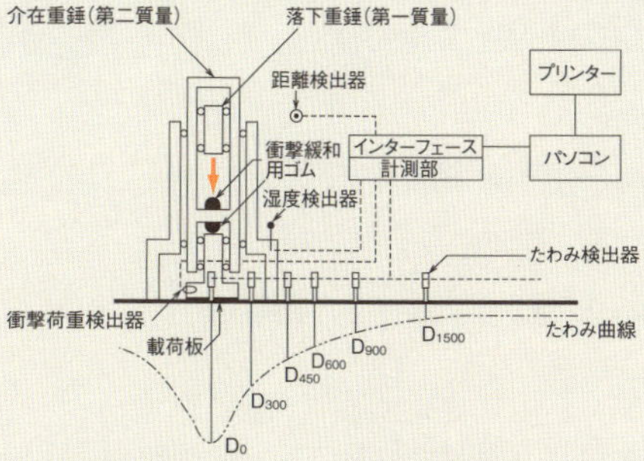

ワンボックスカーをベースにしたFWDの外観

［路床の支持力］

$$CBR_{sg} = \frac{1000}{D_{1500}}$$

［舗装全体の支持力］

$$T_{A0} = -25.8\log\frac{D_0 - D_{1500}}{10^3} + 11.1$$

CBR_{sg}:路床のCBR*(%)

T_{A0}:残存等値換算厚(cm)(舗装全体の支持力)

D_0:載荷板の中心のたわみ量(μm)

D_{1500}:載荷板の中心から1500mmの位置のたわみ量(μm)

*CBR:地盤の強さを表す指標

■ 構造調査を実施するひび割れ状況の目安

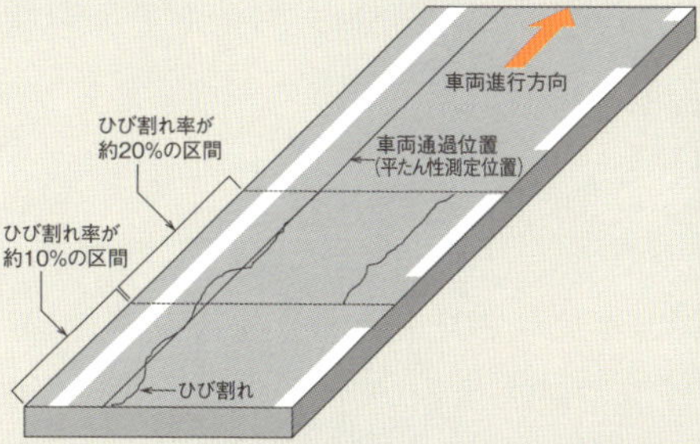

ひび割れ率が約10%の路面の例

舗装の種類	道路の種類・場所	構造調査実施の目安
アスファルト舗装	主要幹線道路の車道および側帯	ひび割れ率10%
	幹線道路の車道および側帯	ひび割れ率15%
	その他の道路の車道および側帯	ひび割れ率20%
コンクリート舗装	すべての箇所	ひび割れ度10cm／m²

ひび割れ率は調査対象面積に対するひび割れの生じている箇所の面積比。ひび割れ度は調査対象面積に対するひび割れの長さの比

(資料:日本道路協会の「舗装設計施工指針」、2006年2月)

目視で構造調査の必要性を判断

構造調査を実施する時期は、ひび割れの場合、調査対象の道路面積に対する路面破損の割合を表す「ひび割れ率」を参考にする。10 ～ 20%が構造調査を実施する目安だ。交通量の多い道路ほど破損の影響が大きいので、早めに構造調査を実施することが望ましい。

ひび割れ率は50cm四方のメッシュで計測する。メッシュ内にひび割れが1本あれば、そのメッシュの60%の面積が、2本あれば100%が、それぞれ破損していると評価する。

幅員約3mの道路ならば、6メッシュ程度で幅員を覆える。一般道に多い幅員なので、概算のひび割れ率を覚えておくとよい。例えば、幅員3mの道路でひび割れ率約10%とは、車道の車輪通過位置でひび割れが進行方向に1本発生している区間。車輪通過位置の左右でひび割れが1本ずつ発生していたら、ひび割れ率は約20%となる。

つまり、舗装の破損が進行方向の線状ひび割れだけだった場合、目視調査から構造調査の必要性をある程度は判断できる。

舗装の破損で、ひび割れに次いで頻度が高いのは、縦断方向に連続してへこみが生じるわだち掘れだ。

路面が沈下した変形わだちは、路盤や路床の圧縮変形が主な発生原因。表層のアスファルト混合物が車輪通過位置の両側で盛り上がる流動わだちは、基層以下にも発生原因があるか確認が必要だ。いずれも構造調査の実施が望ましい。一方、積雪寒冷地域で発生するタイヤチェーンによる摩耗わだちは、表層のみの路面破損に相当する。そのため、構造調査を実施する必要性は低い。

実際の調査では、対象となる道路が幹線道路か生活道路かといった重要度や、定期的な調査か補修設計のための調査なのかといった目的などにより、目視調査と路面性状調査、構造調査の三つの破損調査を組み合わせて実施する。

調査の種類が多いほど費用が高くなるので、対象道路の重要度などを踏まえて適切な手法を設定する。例えば、生活道路では相対的に交通量が少なく、破損の進行速度が遅い。他方、道路延長が長く、調査対象も広い。そのため、目視調査が主体となる。

アスファルト舗装の補修（1）

ひび割れ率40％超なら構造設計

路面に穴や段差が生じると車両通行に支障を来す。そうした破損を発見したらすぐに手当てできるよう、いつも常温合材をパトロール車に積んでおくことが大切だ。路面の破損が進むと、等値換算厚が低下する。ひび割れ率40％やわだち掘れ量40mmを目安に、舗装断面の構造設計を実施し、不足した厚さを補う対策を施す。

アスファルト舗装の路面で特に緊急の手当てが必要となるのは、径が20cmを超える穴（ポットホール）や、30mm（自動車専用道路では20mm）を超える段差だ。既設舗装と同様の材料で補修するのが望ましいものの、緊急時にはその時点で手配できる材料を使用することが多い。

緊急補修の主役は常温合材

ポットホールなどを応急的に補修するには、穴や段差を常温合材で埋め、敷きならして車両のタイヤなどで締め固める。

袋詰めの常温合材は1～3カ月の長期にわたって保管できるので、パトロール車に積み込める。必要時に必要量を使用できるため、広く用いられている。常温合材は、一般に加熱合材と比べ、アスファルト混合物が剥離して骨材と砂が分離しやすい。使う場合は、その点に留意する。

補修時に水たまりとなっていた箇所や、頻繁に穴埋めする箇所は、骨材が剥離して路面に散乱し、交通の障害となる恐れがある。緊急補修後には、加熱アスファルト混合物を用いた再修理を早期に実施すべきだ。

加熱アスファルト混合物による標準的な施工方法は、まず破損部分とその周囲の劣化部分を含む範囲をコンクリートカッターで切断して破損部分を撤去する。穴の周囲のごみや泥を除去し、湿っている部分があれば、バーナーなどで加熱乾燥する。乾燥後、穴の底面や側面にアスファルト乳剤でタックコートを施す。その際、アスファルト乳剤が底面に滞留しないように注意する。

加熱アスファルト混合物は、最大粒径13mmの密粒度や細粒度の混合物を使用することが多い。穴に投入したら、3割程度の余盛りで敷きならす。締め固めにはハンドガイド式振動ローラーやタンパーなどを用いる。穴の深さが7cm以上ならば2層に分けて締め固める。

手で触れるくらいまで表面温度が低下したら交通を開放する。

以上の手順は、あくまでも標準的な方法だ。コンクリートカッターの

穴埋めのポイント

■ 全天候型・高耐久性常温合材による緊急施工例

穴を発見

常温合材を投入して敷きならす

自動車のタイヤで締め固める

施工完了

■ 加熱アスファルト混合物による標準的な施工法

(1)直径20cmを超える穴を発見
(2)破損部分や周囲の不良部分を含む範囲をカッターで切断して除去する
(3)湿った部分をバーナーで加熱して乾燥させる
(4)付着力を高めるため底面および側面にタックコートを塗布する。底面は過剰とならないように注意する
(5)混合物を敷きならす。余盛りは3割程度
(6)ローラーやタンパーで締め固める。高さは1cm以下にして、周囲より少し高い程度に仕上げる

使用や混合物の選定などは、現場条件を考慮して計画する。

破損は原因の特定が重要

アスファルト舗装は、一般に表層、基層、上層路盤、下層路盤で構成され、これを主に原地盤の路床が支える構造となっている。いずれかの層に異状が生じると、「破損」と呼ばれる路面（表層表面）の変形などが発生する。アスファルト舗装の破損で代表的なものは、「わだち掘れ」と「ひび割れ」だ。実際には両者が混在する場合も多い。

わだち掘れは、横断的に生ずるもので、損傷の形状から見ると「路面の凹凸」に仕分けされる。

路面の凹凸は、路面の走行性を阻害し、交通の安全と快適性を低下させる。そのほかに前出の「ポットホール」、「縦断方向の凹凸」、「コルゲーション（しわ状の変形）」、「寄り」と呼ばれる破損がある。

路面の凹凸は、道路利用者や道路管理者が判断できる。一方、ひび割れは、道路利用者が特に意識することはない。しかし、舗装の耐久性を損なうので、道路管理者は見逃してはならない。

ひび割れは、亀甲状ひび割れや線状ひび割れなどに細分される。破損の補修は発生原因が重要となるので、目視で破損を確認したら必要に応じて調査し、その原因を特定する。そのうえで対策を立案する。

なお、ひび割れの分類は破損の原因で示されるものもある。例えば、基層以下の不良が原因でない表層のわだち部に生じるひび割れ（わだち割れ）や、コンクリート舗装をアスファルト舗装でオーバーレイした路面で、コンクリート版の目地やクラックが原因となるひび割れ（リフレクションクラック）などだ。

破損すると換算厚が低下

アスファルト舗装の補修工法は、構造設計が必要な「構造的対策」と、

アスファルト舗装の補修工法

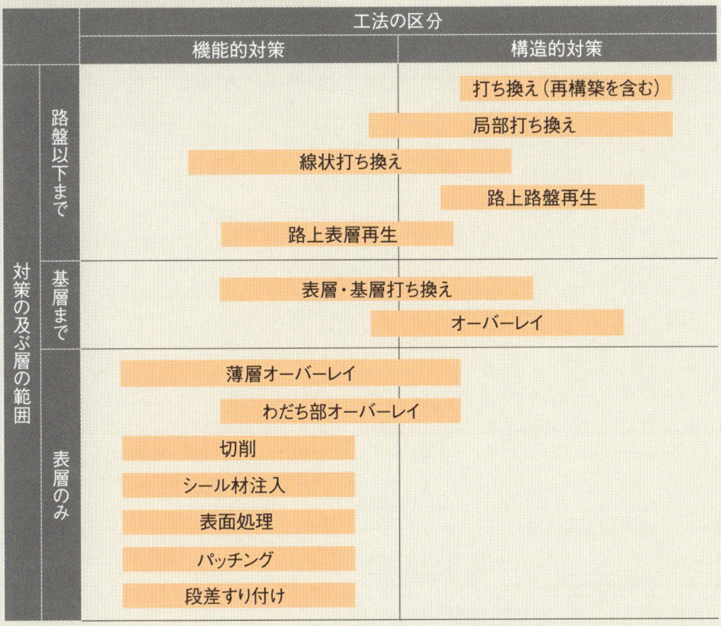

日本道路協会の「舗装設計便覧」（2006年2月）をもとに作成

不要な「機能的対策」に分類される。構造的対策を実施する目安は、一般にひび割れ率40%、わだち掘れ量40mmだ。

構造設計とは、路床の支持力と交通量から算定される等値換算厚を確保するように、舗装各層の厚さを決定すること。舗装各層には、表層と基層の加熱アスファルト混合物を1とする換算係数が、使用する材料ごとに定められている。破損した場合、原因となった層より上層で換算係数が低下したと考え、不足した等値換算厚を補う舗装断面を構築する。

具体的に構造設計が必要となるのは、「オーバーレイ工法」と「打ち換え工法」、「局部打ち換え工法」、「表層・基層打ち換え工法」、「路上路盤再生工法」の5工法だ。主な補修工法の区分を上の囲みに示した。

オーバーレイ工法は、等値換算係数1の加熱アスファルト混合物で既設

構造設計のポイント

■ 既設舗装における構造評価の例

［建設時］

層	厚さ		等値換算係数	
表層:密粒度アスファルト混合物	5cm	×	1	= 5cm
基層:粗粒度アスファルト混合物	5cm	×	1	= 5cm
上層路盤:粒度調整砕石	10cm	×	0.35	= 3.5cm
下層路盤:クラッシャーラン	10cm	×	0.25	= 2.5cm
路床				

等値換算厚 = 16cm

［ひび割れ発生時（ひび割れ率40%）］

層	厚さ		等値換算係数	
表層:密粒度アスファルト混合物	5cm	×	0.5	= 2.5cm
基層:粗粒度アスファルト混合物	5cm	×	0.5	= 2.5cm
上層路盤:粒度調整砕石	10cm	×	0.35	= 3.5cm
下層路盤:クラッシャーラン	10cm	×	0.25	= 2.5cm
路床				

等値換算厚 = 11cm

［オーバーレイによる補修後］

層	厚さ		等値換算係数	
オーバーレイ:密粒度アスファルト混合物	5cm	×	1	= 5cm
表層:密粒度アスファルト混合物	5cm	×	0.5	= 2.5cm
基層:粗粒度アスファルト混合物	5cm	×	0.5	= 2.5cm
上層路盤:粒度調整砕石	10cm	×	0.35	= 3.5cm
下層路盤:クラッシャーラン	10cm	×	0.25	= 2.5cm
路床				

等値換算厚 = 16cm

■ 残存等値換算厚の計算に用いる換算係数

層	構成材料	等値換算係数	
		健全な状態	破損した状態
表層、基層	加熱アスファルト混合物	1	軽度:0.9 中度:0.6～0.85 重度:0.5
上層路盤	粒度調整砕石	0.35	0.2～0.35
下層路盤	クラッシャーラン	0.25	0.15～0.25

［舗装破損の状態の判断］
軽度:おおむねひび割れ率が15%以下のもの
中度:おおむねひび割れ率が15～30%のもの
重度:おおむねひび割れ率が35%以上のもの

日本道路協会の「舗装設計施工指針（平成18年版）」をもとに作成

舗装を強化するものだ。(舗設厚×1) cmだけ残存等値換算厚を補える。補修工法では最もシンプルな工法で、広く実施されている。

オーバーレイの厚さは、次のように算出する（左ページの囲み参照)。例えば、路盤以下は健全で基層（厚さ5cm）が原因で表層（同5cm）にひび割れ率40%のひび割れが生じていると、表層と基層の換算係数は0.5となる。等値換算厚が (5+5)×0.5=5cm不足するから厚さ5cmのオーバーレイで補う。

オーバーレイ工法は、仕上がり高さが既設舗装より高くなる。場合によっては、街きょ、升、人孔、ガードレールのかさ上げや、取り付け部分のすり付けが必要になる。高さに制限がある場合は、不良層まで掘削や切削で除去し、除去部分を再構築する打ち換え工法や表層・基層打ち換え工法などを採用する。

打ち換え工法は、既設舗装の路盤（部分的な場合も含む）までを打ち替えるものだ。表層や基層までならば、表層・基層打ち換え工法と呼ぶ。

既設材の再生は断面を薄くできる

路上路盤再生工法は、既設のアスファルト混合物や路盤を再活用して、再生路盤を構築する補修工法だ。既設アスファルト混合物層を原位置で破砕した後、安定材となるセメントや瀝青《れきせい》材（アスファルト乳剤やフォームドアスファルト）を加えて既設路盤とともに混合し、締め固めて安定処理路盤とする。既設材料の廃棄量と新規材料の使用量が少なく、工期短縮やコスト削減、CO_2排出量の抑制につながる。

再生路盤には既設アスファルト混合物を全て使う方法のほかに、既設アスファルト混合物の一部を使う方法や既設路盤だけを使う方法がある。施工には、路盤再生用スタビライザーを用いる。セメントや瀝青の安定処理には瀝青材の散布装置付きスタビライザーを使う。

再生路盤の等値換算係数は、安定処理によって、安定材がセメント単

路上路盤再生工法のポイント

■ 工法の種類

[既設舗装をそのまま使う方式の適用例]

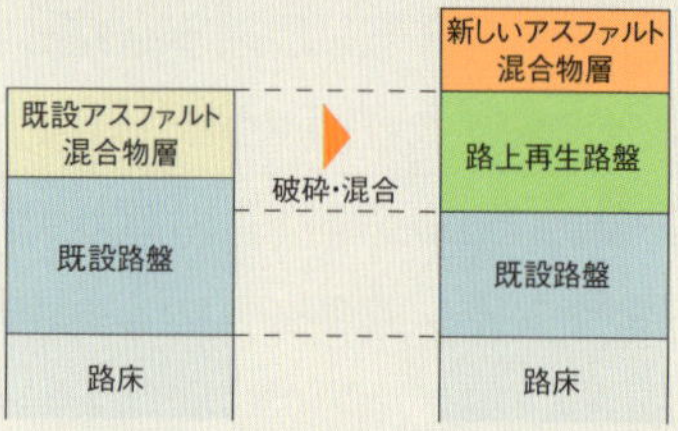

[既設路盤のみを安定処理する方式の適用例]

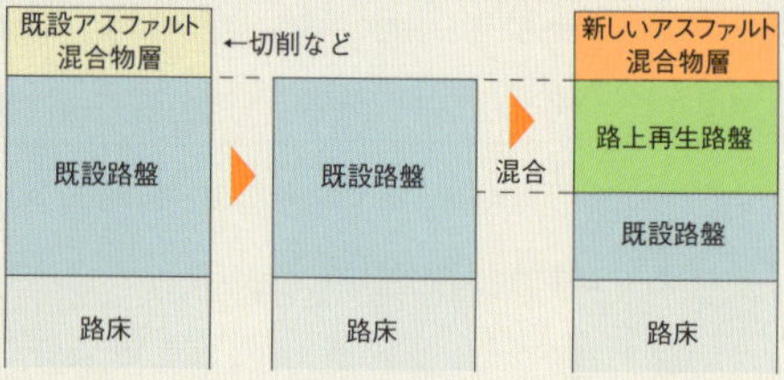

[事前処理してから安定処理する方式の適用例(切削方式)]

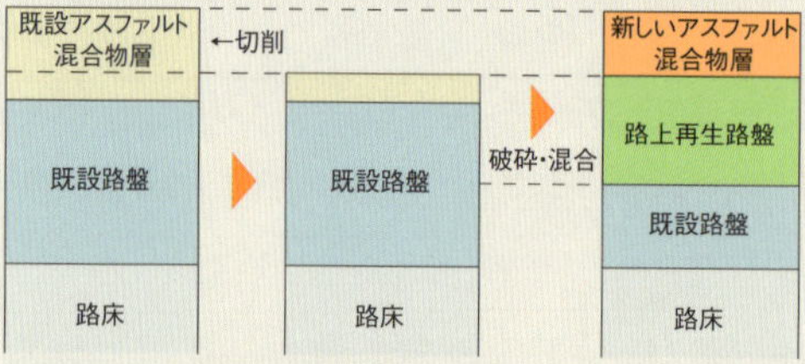

[路上再生路盤の等値換算係数]

工法・材料	品質規格	等値換算係数
路上再生セメント安定処理	一軸圧縮強さ(7日)2.45MPa以上	0.50
同上(既設路盤材料のみを使用)	一軸圧縮強さ(7日)2.9MPa以上	0.55
路上再生セメント・瀝青安定処理	一軸圧縮強さ1.5～2.9MPa 一次変位量5～30(×10^{-2}cm) 残留強度率65%以上	0.65

路上再生セメント安定処理においては、アスファルト分が含まれることによって、たわみ性が生じるなどの理由から等値換算係数を新材のみの場合に比べて小さく設定する。ただし、アスファルト混合物層を除いた既設の路盤材料のみを安定処理する場合は、補足材を使用した安定処理路盤と同等とする

日本道路協会の「舗装再生便覧(平成22年版)」をもとに作成

■ セメントフォームドアスファルト安定処理(CFA工法)の機械編成例

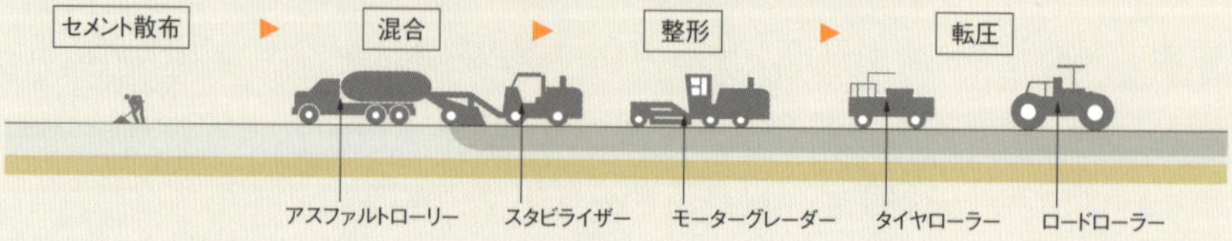

事前処理として路面切削を施すことがある。アスファルトタンクを内蔵したスタビライザーを使うこともある

体の路上再生セメント安定処理で0.5（既設路盤のみを使う場合は0.55）、セメントと瀝青材を使う路上再生セメント・瀝青安定処理で0.65となる。これは既設路盤よりも高い数値だ。打ち換え工法と比べて補修断面を薄くできる利点がある。

構造的対策を必要とするほど破損が進んでいない路面の場合は、路面の走行性の維持や舗装の延命を目的に機能的対策を実施する。

アスファルト舗装の補修(2)

ひび割れ対策は雨水の浸入を防ぐ

舗装の機能的対策で頻度が高いひび割れ補修は、主に雨水の浸入を防ぐのが目的だ。ひび割れが線状か全面かといった破損範囲や劣化の度合い、交通量の多寡などに応じて、適切な補修工法を選ぶ。合材の製造温度を上げたり中温化技術を使ったりして、加熱アスファルト混合物の温度が下がらないうちに締め固めることで耐久性を高める。

アスファルト舗装で、路面の走行性の維持や舗装の延命を目的として実施する補修を「機能的対策」と呼ぶ。路面破損の種類によって、それぞれ適切な補修工法が異なる。

機能的対策で最も頻度が高いのはひび割れ対策だ。主に雨水の浸入を防ぎ、舗装の構造的な強度の低下を遅延させる。

ひび割れ幅が狭ければ広げて補修

線状ひび割れの対策としては、「線状打ち換え工法」や「シール材注入工法」などを適用する。

線状打ち換え工法は通常、線状のひび割れに沿って、加熱アスファルト混合物層のみを打ち換える。右ページの囲みに示したように、円すい状の切削ドラムを持つ専用機械を使うと、補修部が安定する。

一方、シール材注入工法は、ひび割れ部分にシール材を注入する。160ページの囲みに施工手順を示した。

まず、ひび割れ部を幅10mm程度で溝状にカッティングし、その内部のゴミや泥、周辺の緩んだ舗装をブロアーなどで除去。湿潤な部分をバーナーで加熱乾燥させる。続いてシール材を注入。注入後に表面が下がったら、再度流し込む。シーリング部の表面には石粉や砂を散布して、交通開放後にシール材がタイヤに付着するのを防ぐ。

注入材には、加熱型と常温型がある。加熱型を使う場合は、ひび割れ

線状打ち換え工法のポイント

■ コンクリートカッターによる舗装切断の後、掘削して舗装撤去

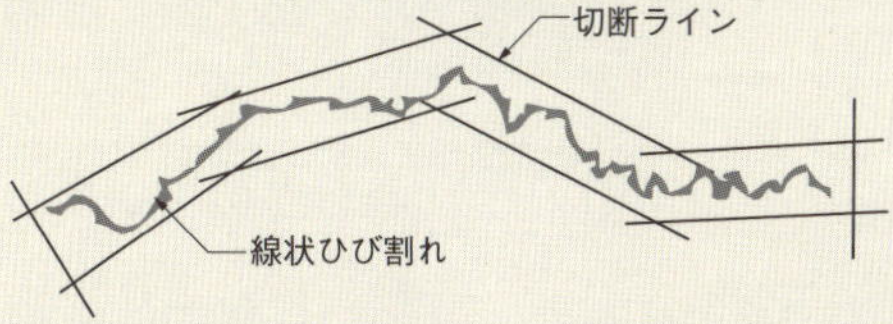

線状に発生したひび割れ部を撤去して舗装を打ち換える工法で、通常はアスファルト混合物層のみを対象とすることが多い。ひび割れ部分を含む範囲をコンクリートカッターで切断して舗装を除去し、新規のアスファルト混合物を舗設する

[断面図]

■ 斜め自在舗装切断機の切削による舗装撤去

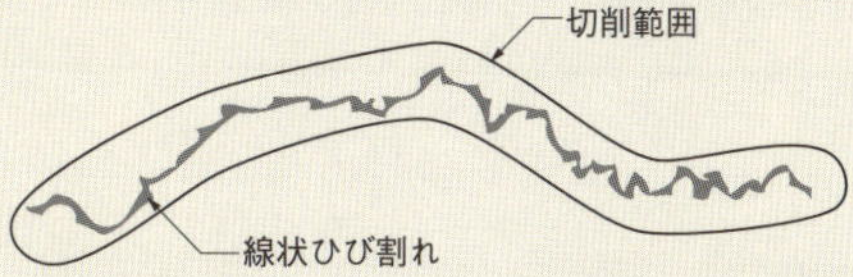

水平回転する円すい状の切削ドラムを持つ溝切削専用の機械（斜め自在舗装切断機）を用いる。平面上で曲線的な切削が可能で、切断面が斜めに、しかも粗面に仕上がるので、補修後のジョイントの安定性を期待できる

[断面図]

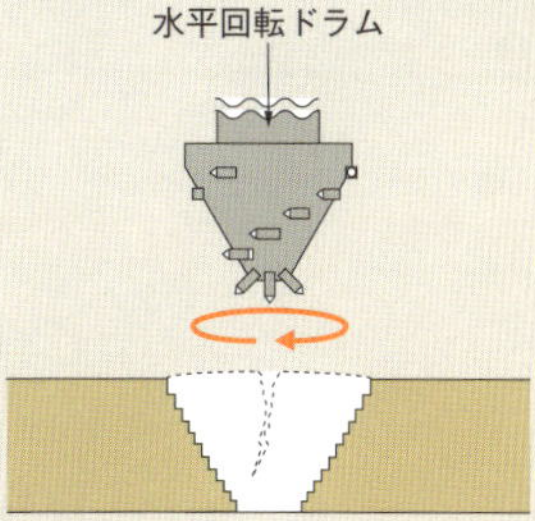

斜め自在舗装切断機。赤枠で囲んだ箇所に水平回転ドラムを搭載している

部のカッティングや清掃などの作業と並行して、ケットル（アスファルトを溶融させるかま）で注入材を溶かす作業が必要だ。常温型ならばそうした作業は不要だが、気温が低いと固まりにくいことがあるので、養生時間に留意する。

注入効果が得られるひび割れの幅は、おおむね10～15mmだ。ひび割

シール材注入工法のポイント

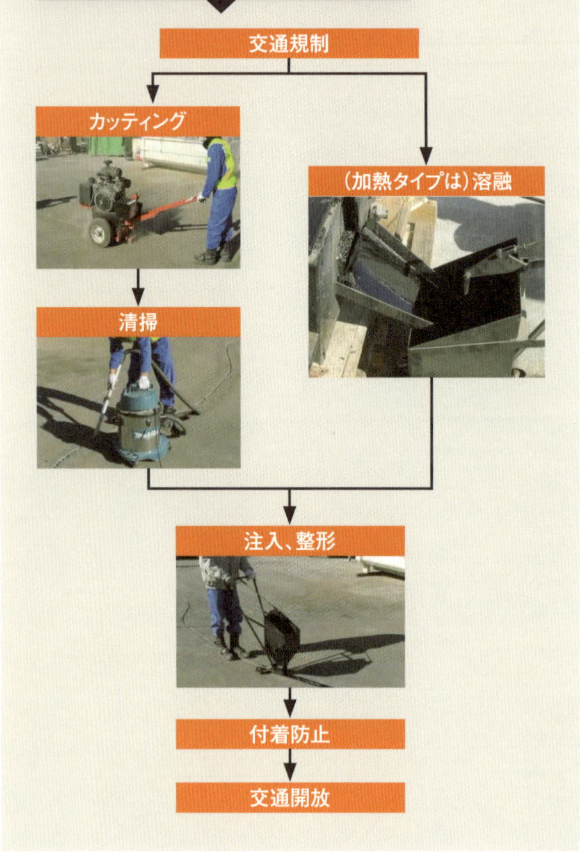

れ幅が狭いと、シール材が十分に注入できないことがあるので、適切な幅まで溝を広げることが望ましい。

ひび割れが全面的に生じていれば、主に「薄層オーバーレイ工法」や「表面処理工法」を用いる。

薄層オーバーレイ工法は、厚さ3cm未満の加熱アスファルト混合物を舗設する工法だ。表面処理工法よりも耐久性が高くて施工が迅速なので、広く使われている。

層数の違いで目的も変わる

一方の表面処理工法は、既設舗装面に水分の浸入を防ぐ封かん層を設ける。亀甲状クラックが表層のみに発生している路面や、摩耗ですべり抵抗性が低下したり表面が劣化したりした路面に適用する。

処理の仕方によって、「フォグシール」や「チップシール」といった工法に分かれる。ひび割れ対策が主だが、わだち掘れに適したものもある。工法の構成や用途などの違いを162、163ページの囲みにまとめた。

各工法は、交通量の多寡や、路面の破損状況によって使い分ける。例えば、交通量の少ない箇所でひび割れの範囲がそれほど大きくなければ、施工性やコスト面で優れるフォグシールが適している。

表面処理工法には、補修の狙いに応じて層を重ねたり材料を変えたりして対応する種類がある。

例えば、チップシール。表面に散布したアスファルト乳剤の上に砂や砕石を被覆付着させる工法で、1層施工ならば「シールコート」、2層以上ならば「アーマーコート」と呼ぶ。ともに耐水性付与や耐摩耗性の向上が目的だ。路面の劣化が激しかったり交通量が多かったりすれば、アーマーコートの適用を検討する。

交通量の少ない道路で適用する「スラリーシール」は、スラリー状のアスファルト乳剤混合物を薄く敷きならして、表面をリフレッシュする。アスファルト乳剤の代わりに、急硬性改質アスファルト乳剤を用いると、「マイクロサーフェシング」という処理法になり、交通量の多い道路でわだち掘れの補修に適用する。

加熱アスファルト混合物を用いる「カーペットコート」は、アスファルト乳剤を使う他の表面処理のような長い養生時間を必要としない。表面処理としては最も効果が持続する。薄層オーバーレイよりも安価な混合物を使うので、耐久性は劣るもののコスト削減を図れる。

温度が下がらないうちに締め固め

路面の凸凹対策も、破損の状況に応じて工法を使い分ける。摩耗わだち掘れには、わだち掘れ部のみをアスファルト混合物で舗設する「わだち部オーバーレイ工法」を、「寄り」など路面の凸部を除去するには、「切削工法」を、それぞれ適用する。

「路上表層再生工法」は、施工が大掛かりになるものの、通常は構造設計が不要なので、機能的対策に分類される。既設の表層を再生して新た

表面処理工法のポイント

■ フォグシール

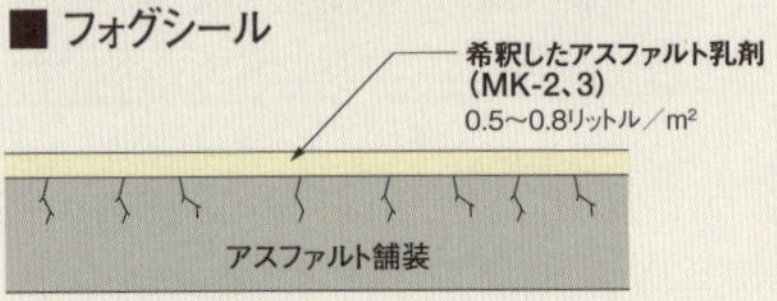

アスファルト乳剤(MK-2、3)を同量の水で希釈して散布する工法

【用途】
特に交通量の少ない箇所において、小さいひび割れなどで劣化した表面をリフレッシュする

- 希釈したアスファルト乳剤散布量は0.5〜0.8リットル／m^2(舗装のきめによる)
- 交通開放を急ぐ場合は車両へのアスファルト乳剤の付着を防止するため表面に砂を散布する

■ チップシール

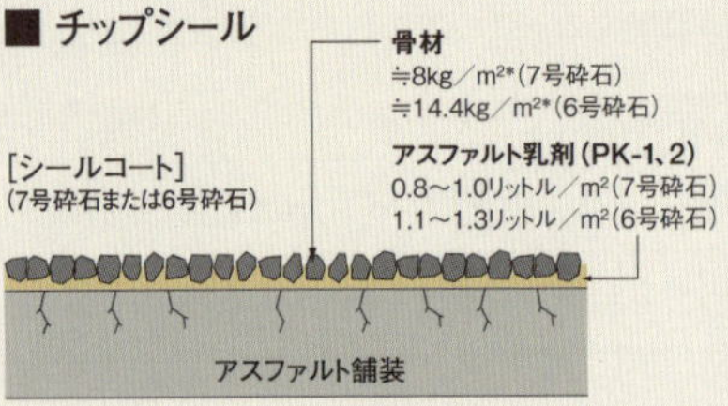

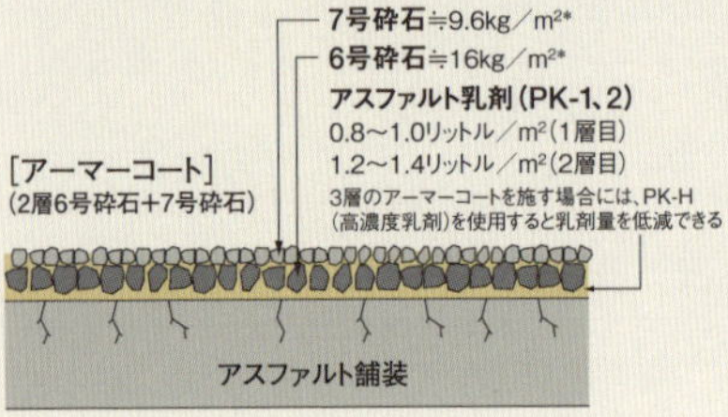

アスファルト乳剤などの瀝青(れきせい)材を散布したうえで骨材を散布し、転圧して仕上げる工法。1層施工を「シールコート」、2、3層施工するものを「アーマーコート」と言う

【用途】
ひび割れ路面の耐水性付与、すり減った路面の耐摩耗性の向上。アーマーコートは、路面の劣化が激しい場合や交通量が大きい場合に適用する

- 粒径が大きな骨材を用いるほど耐久性が高まるが、材料の使用量も多くなる
- アーマーコートでは、上層は下層より粒径の小さな骨材を用いる
- 骨材は加熱するかあらかじめプレコートしておくのがよい
- タイヤローラーによる転圧が好ましい
- 路面をよく清掃し、均一に瀝青材を散布する。むらがあると、早期に剥離、飛散などを起こす
- 気温が低い時には施工しない
- 施工当日は、車両に徐行を促す

＊骨材の単位体積質量が1.6t／m^3の場合

な表層とする工法だ。

手順としては、まず原位置で既設表層を加熱してかきほぐす。そのうえで必要に応じ、新規のアスファルト混合物や再生用添加剤を加えて混合したものを敷きならし、締め固める。ひび割れ率20%以下の路面のひび割れ対策やわだち掘れ対策に適用できる。ただし近年は、実施されることが少なくなっている。

補修で主材料となる加熱アスファルト混合物の耐久性は、アスファルト混合物の締め固め度に左右される。締め固め度を確保するには、アスファルト混合物を所定の温度と配合で混合し、温度が低下しないうちに敷きならして、速やかに締め固めなければならない。

■ スラリーシール

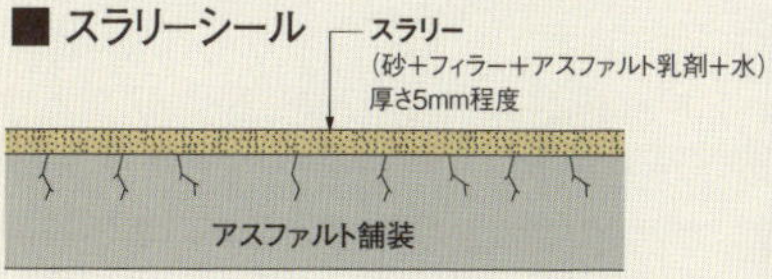

細骨材およびフィラーにアスファルト乳剤(MK-2、3)と水を加えてスラリー状にした混合物を専用のペーバーで5mm程度の厚さに敷きならす工法

【用途】
交通量の少ない道路で表面をリフレッシュする

・安定するまで交通を開放しない
・早期の交通開放のために少量のセメントを添加することがある

[マイクロサーフェシング]
細骨材およびフィラーに急硬性改質アスファルト乳剤と分解調整剤、水を加えてスラリー状にした混合物を専用のペーバーで3〜5mmまたは5〜10mm の厚さに敷きならす工法

【用途】
交通量の多い道路で主にわだち掘れの補修に適用する

・進行性のひび割れが発生している箇所や路面に著しい凸凹がある箇所、交差点手前などで急ブレーキや急発進が予測される箇所への適用は避ける

■ カーペットコート

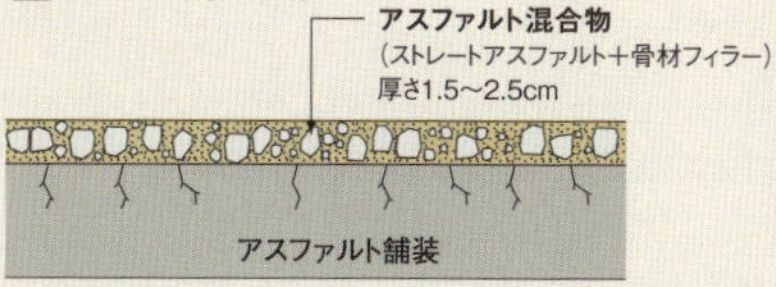

加熱アスファルト混合物を1.5〜2.5cmの厚さで舗装する工法

【用途】
表面処理としては最も効果が大きく、交通量の多い道路に適用できる

・混合物は細粒分が多く、しかも薄層であるため温度低下に留意する
・タックコートは、過剰とならないようにする
・アスファルトフィニッシャーで敷きならした後、直ちにヘアクラックが生じない程度の線圧で転圧する

■ 樹脂系表面処理

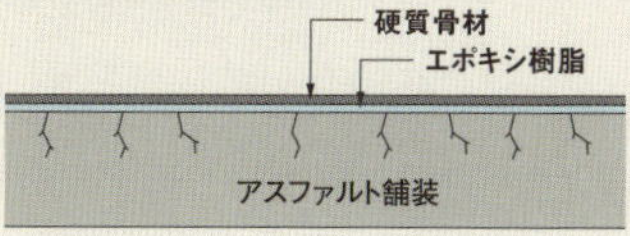

舗装表面にエポキシ樹脂などを塗布した上に、硬質骨材を散布して固着させる工法

【用途】
特にすべり止め対策として施す

・硬質骨材の粒径は、1.0〜3.5mmのものを用いる
・路面の乾燥が十分でないと剥離する
・ひび割れ路面への適用では、前もってひび割れ補修を施す必要がある

補修では、薄層施工であることや混合物の使用量が少ないことなどから混合物の温度が低下しやすい。対策として以下のようなものがある。

(1) 混合物の製造温度を上げる。ただし、必要以上に混合温度を上げると、アスファルトが劣化して粘着力がなくなるので留意する。

(2) 混合物温度が低下しても良好な施工性が得られる中温化技術を採用する。

(3) 運搬中の保温対策を講じる。例えば、シートを2、3枚重ねて用いたり、トラックの荷台に木枠を取り付けたりする。

(4) 混合物の敷きならし後、直ちに初転圧を開始する。初転圧時のヘアクラックを減らすには線圧の小さなローラーを使用する。

Part 6

下水道

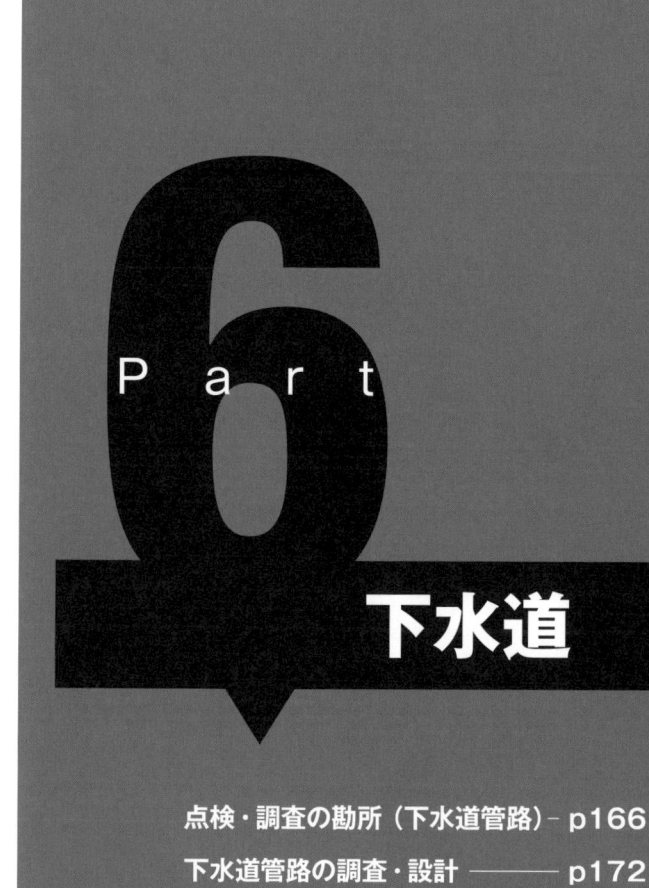

点検・調査の勘所（下水道管路）

路面のくぼみは陥没の予兆

下水道の管路施設は公道の地下に埋設されているが、路上からでも不具合を確認できる。「落ち込み」と呼ぶ路面のくぼみやマンホール内の下水の滞留などは、管きょの変状が原因であることが多い。異状を発見したら、内部を調査してその程度を見極め、清掃や補修を実施する。管きょを敷設した道路を通るときはいつでも巡視する姿勢が必要だ。

下水道施設は、管きょやマンホール、ます、取り付け管などから成る。汚水や雨水を収集し、ポンプ場や処理場などまで流下させる役割を担う。都市活動を支える根幹施設だ。

管路施設は、そのほとんどが公道の地下に埋設されているが、きちんと巡視や点検をすれば、不具合箇所を早期に発見できる。巡視や点検の主なポイントとして、管路施設が埋設された道路、マンホールの蓋や内面、下水の流下状況などについて取り上げる。

道路陥没は夏季に多い

管路施設を維持管理するうえでの要注意事項の一つに、道路陥没が挙げられる。管きょや取り付け管の破損部分から周辺の土砂が内部に流入することで、管きょなどの周りに空洞が生じ、道路が陥没する現象だ。

東京都区部の年間道路陥没件数は近年減少傾向にあるものの、今なお約1000件が発生している。このうち約8割は陶製の取り付け管が原因だ。

陶製取り付け管が原因の道路陥没

下水道幹線が原因の道路陥没

下水道幹線の劣化状況

道路の上からの点検ポイント

〈路面の状態を見る〉

路面が落ち込んでいる

■ 東京都区部の道路陥没件数（落ち込みを含む）と平均温度

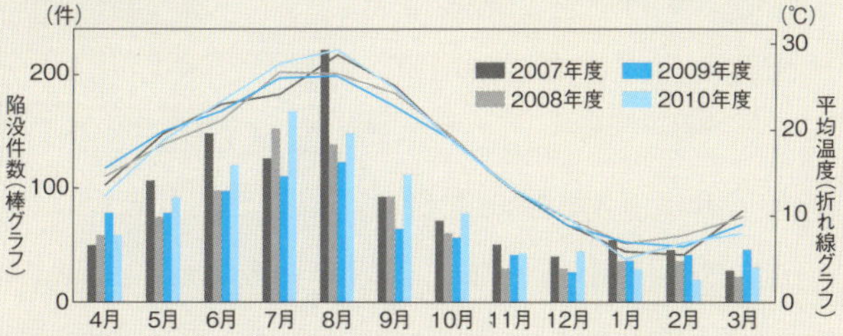

■ 道路陥没の発生メカニズム

［平面図］

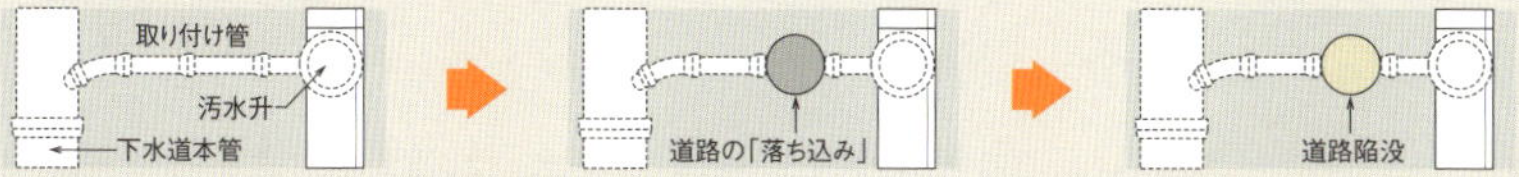

［断面図］

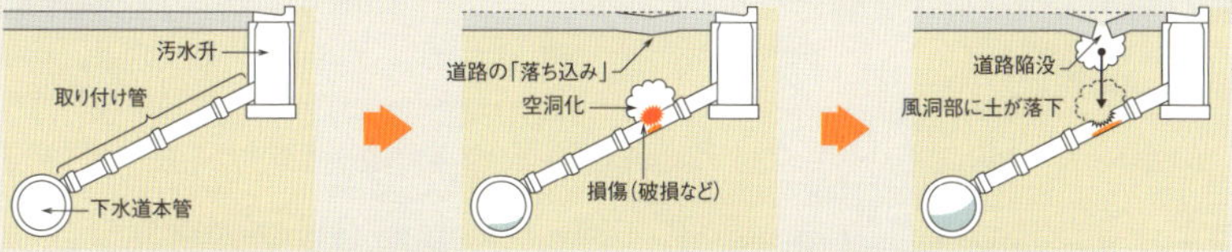

〈マンホールの蓋の状態を見る〉

すり減っている

段差がある

■ スリップサインのあるマンホールの蓋

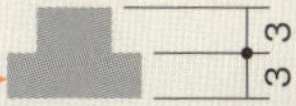

スリップサインの断面図（単位:mm）

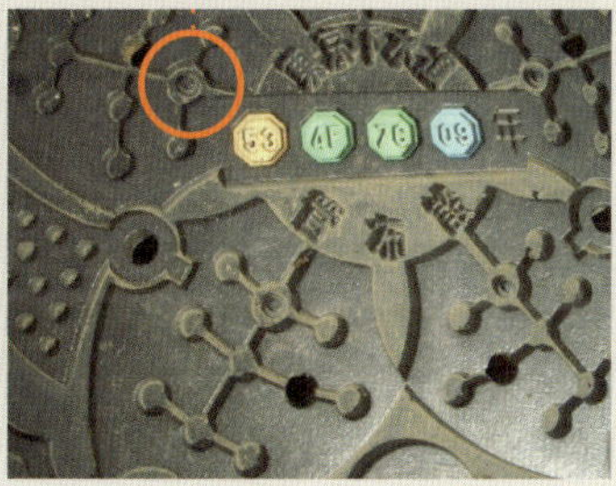

スリップサインのあるマンホールの蓋。残存模様の高さが3mm以下となったら、交換時期の目安だ。左の写真は新しい蓋で、右の写真が劣化した状態

割合は少ないものの、下水道幹線で道路陥没が生じると、大きな事故を引き起こす可能性がある。

道路陥没が起こる前には、道路の「落ち込み」と呼ぶ路面のくぼみが生じることがある。この路面の変化を見逃さないことが大切だ。道路の落ち込みは、雨が降った翌日には水たまりとなるので発見しやすい。

巡視や点検の時期は夏季が効率的だ。気温が上昇するとアスファルト舗装面が柔らかくなる。また、夕立があると管きょの破損部分から管きょ内に流入した土砂が流され、新たに土砂を引き込む。そのため、夏季は道路陥没が発生しやすくなる。

マンホールの蓋は、上部を車両や歩行者が繰り返し通過する。道路交通量の増大や車両の大型化が進んだことで、設置環境はかつてよりも過酷になってきた。

マンホールの蓋でチェックすべき状態は、すり減りやがた付き、段差だ。このような状態が見られると、マンホールの蓋がバイクの滑り事故や騒音、歩行者のつまずき事故の原因となる。

すり減りや段差は目視で確認できる。マンホールの蓋の表面には、溝で模様が施されており、この残存模様の高さが3mm以下になると、摩擦係数が低下する。交換の時期を知らせるスリップサインのあるマンホールの蓋ならば、スリップサインで残存模様高が確認できる。

がた付きの有無は、足踏みによる動きや車両通過時の音で確かめる。

下水の滞留は管きょの異状を疑う

マンホールは、管きょを維持管理するために、常に人が出入りできるようにしておくことが大切だ。特に昇降時の安全性を確保するため、足掛け金物が腐食していないかどうかを点検する。

足掛け金物の腐食は、ハンマーなどで軽くたたいてその度合いを調べる。併せて、マンホールの内面に破損などが無いかを確認する。

内部の点検ポイント

〈マンホールの内面を見る〉

足掛け金物が腐食している

〈流下状況を見る〉

下水が滞留している

管路施設は、ほとんどが自然流化方式だ。不同沈下により管きょにたるみや逆勾配が生じた場合には、管きょやマンホール内に下水が滞留することがある。

管きょにラード（油などの成分が管きょを流れている間に白い塊となったもの）や生コン、ベントナイトなどが付着している場合も、同様に滞留を引き起こす。

下水が滞留すると、硫化水素が発生して、管きょやマンホールなどの躯体の腐食や悪臭発生の原因となる。点検の際には下水の流下状況を確認することが重要だ。

■ 管きょのたるみのイメージ

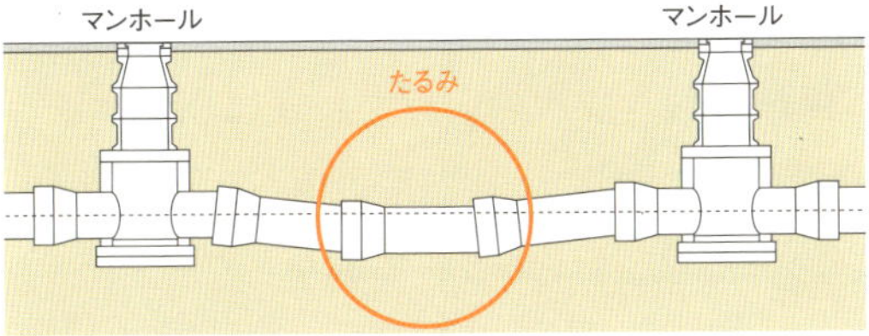

■ 管きょの逆勾配のイメージ

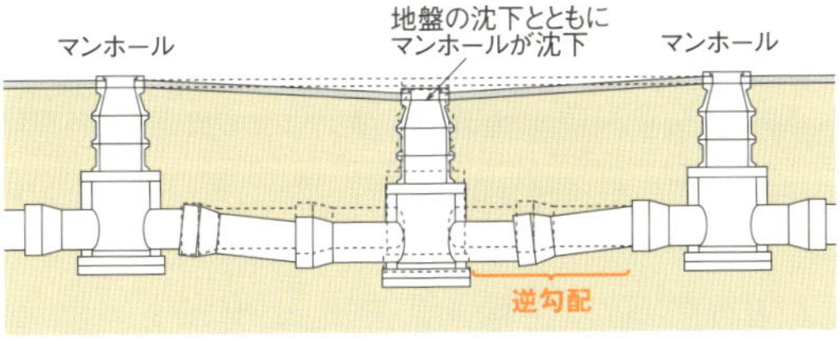

生コンやベントナイトの付着は、故意の不法投棄のほかに、他工事で養生が不適切だった場合に生じる事例が多い。山留めとしてSMW（ソイルセメント柱列壁）や安定液を用いる地下連続壁を施工する際に、既存の宅地内の排水設備を通して

■ 滞留を引き起こす付着物

モルタルが付着した管きょ。ほかの工事で地下連続壁を築く際に誤って流入した

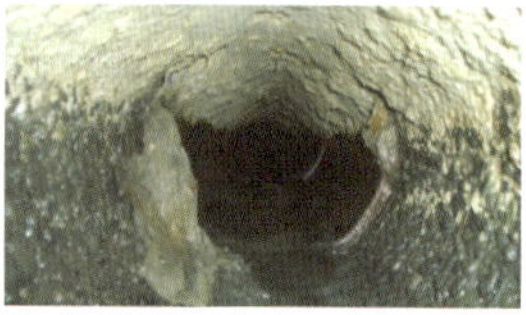
ラードが付着した管きょ。油などの成分が流下中に白い塊となった

海岸に漂着したオイルボール。管きょ内のラードが雨天時に放流された。環境悪化の原因になる

流入するケースなどだ。

他工事からの流入事故は、施工者の無知や無関心が原因の場合が多い。巡視の際には、路上だけでなく周囲の工事などにも注意を払い、場合によっては施工者への注意喚起や啓蒙活動が必要となる。

なお、巡視や点検に当たっては、路上の作業では道路交通、マンホール内では有害な硫化水素ガスなどへの注意が必要だ。

堆積しやすい箇所は定期的に清掃

調査は、巡視や点検によって発見した管きょ内の異状を、目視またはテレビカメラを使って把握し、異状の程度を見極めて補修などの対策につなげていく重要な役割を担う。管きょ内の主な異状とは、破損やクラック、継ぎ目のずれなどだ。

管きょ内部の調査は、予防保全の観点で次のような条件に当てはまるものから順次実施する。敷設年度の古い管きょ、道路陥没事故の多発地域、河谷底《かこくてい》や埋め立て地などの地盤条件、交通量が多い地域などだ。

管きょに土砂やラード、生コン、ベントナイトなどが堆積することは、下水道機能の低下をもたらすだけでなく、浸水被害の原因ともなる。また、管きょ内に付着したラードは雨天時にオイルボールとなって、雨水放流先の環境悪化の原因にもなる。

土砂やラードなどの汚濁物が堆積する箇所は、ある一定の地域に集中する傾向がある。つまり、これまでに緊急清掃をたびたび実施してきた

■ 管きょ内の主な変状

破損している

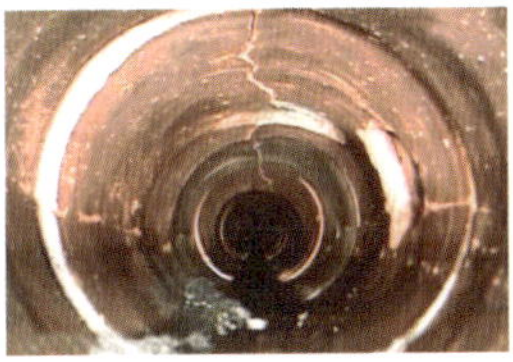

クラックが入っている

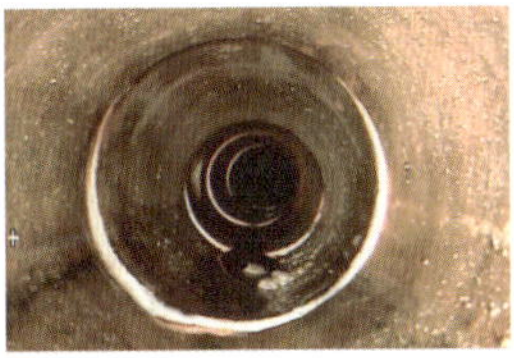

継ぎ目がずれている

箇所は堆積しやすい。そうした場所は定期的に清掃することが大切だ。

巡視や点検、調査の結果、破損などの損傷により維持管理に支障を来している場合、対策が必要だ。施設の損傷状況などに応じ、緊急に対応しなければならないのか、時間にある程度余裕があって計画的に対応できるのかを判断する。

通勤途中でも巡視はできる

損傷への対策には、補修と改良がある。

補修は、異状箇所の管きょだけの敷設替えや更生（内面被覆）で原形に復旧し、その機能を持続的に発揮させるもの。改良は、スパン単位での敷設替えや更生によって耐用年数を延長させ、現状の機能を向上させるものだ。

補修か改良かの判断は、管きょの材料と敷設後の経過年数、そのスパンにおける異状箇所の分布状況などを勘案し、ライフサイクルコストが低くなるように決定する。

巡視は、維持管理の最初の入り口だが、決められた日に実施するだけではない。通勤の途中や、工事監督のために現場に行くまでの途中、道路管理者や交通管理者、他企業との打ち合わせへの移動中の時間も活用できる。

下水道管きょが敷設されている道路の状況やマンホールの蓋の状況に、常に注意を払い、「少しの異状も見逃さない」という姿勢が大切だ。

下水道管路の調査・設計

対策の要否はマンホール間単位で診断

下水道管路施設の点検や調査は区割りしたブロックごとに、発生しうるリスクの被害規模と発生確率を算出し、優先順位を付けて実施。その結果に基づいて、改築・修繕計画をマンホールとマンホールの間のスパン単位で設定する。スパン全体に措置を施す改築では「布設替え工法」を選ぶのが基本だ。

下水道管路施設が関係する道路陥没は、2010年度に全国で約5300件発生した。管きょやます、取り付け管、マンホール本体の標準耐用年数は50年にもかかわらず、施工後30年を経過すると道路陥没が急増する傾向にある。

管路施設の機能低下や道路陥没などの事故を未然に防止するためには、点検・調査計画と、その結果に基づく改築・修繕計画が重要となる。

データベース化は被災時にも有効

点検・調査計画や改築・修繕計画を作成するために、まずは次のような基礎情報を集め、整理する。

(1) 諸元に関する情報（設置年度や設置価格、材質、形状寸法、延長など）。(2) 点検や調査に関する情報（図面や劣化の程度、修繕記録、事故・故障記録、診断記録など）。(3) リスクの検討に関する情報（地盤情報や地震被害予測資料、機能不全になった場合の影響度、周辺環境条件など）。(4) 改築や修繕に関する情報（経過年数や標準耐用年数、改築費用、健全度など）。

収集した情報のデータベース化や下水道台帳のシステム化を図れば、点検・調査計画や改築・修繕計画の作成に必要な情報を容易に利用できる。継続的に情報を蓄積すれば、将来の劣化予測の精度を向上させることも可能だ。蓄積したデータは被災時の復旧対応にも効果を発揮する。

点検・調査計画のポイント

■ 基礎情報の構築と活用

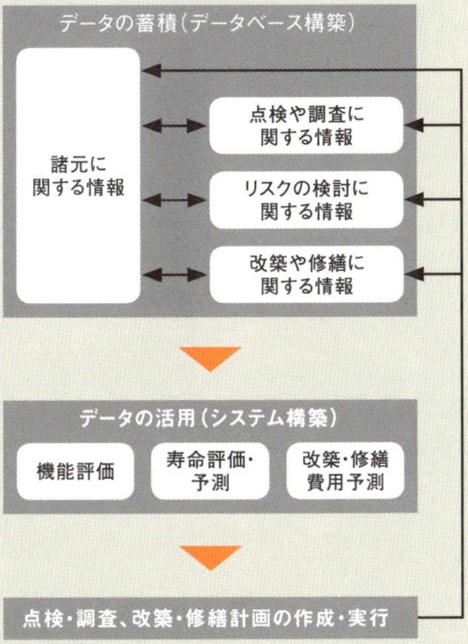

（資料：国土交通省「下水道施設のストックマネジメント手法に関する手引き（案）」）

■ 健全度判定基準と緊急度判定の比較例

健全度	緊急度	区分
1	—	—
2	Ⅰ	速やかに措置の必要な場合
3	Ⅱ	簡易な対応により必要な措置を5年未満まで延長できる場合
4	Ⅲ	簡易な対応により必要な措置を5年以上に延長できる場合
5	—	—

■ リスクマトリクス

高 リスク＝発生確率×被害規模 低

発生確率のランク（高→低）

1	20	21	22	23	25
2	8	11	16	18	24
3	4	7	12	17	19
4	2	5	9	13	15
5	1	3	6	10	14
	E	D	C	B	A

小 → 大 被害規模のランク

単年度で調査できる規模に分ける

点検や調査は区割りしたブロックごとに優先順位を設定して、計画的に実施する。

ブロック割りは単年度に調査可能な規模で、管路系統や経過年数などを考慮して決定する。優先順位は、「被害規模」×「発生確率」で表される「リスクの大きさ」で評価。リスクマトリクスを作って設定する。

リスクによる被害規模は、そのリスクが発生した場合の影響度と言い換えられる。影響度が大きいのは以下のような管路だ。

(1) 終末処理場までの流下機能や被災時の下水機能を確保するうえで重要な管路。(2) 軌道・河川横断、緊急輸送路の下などにあって二次災

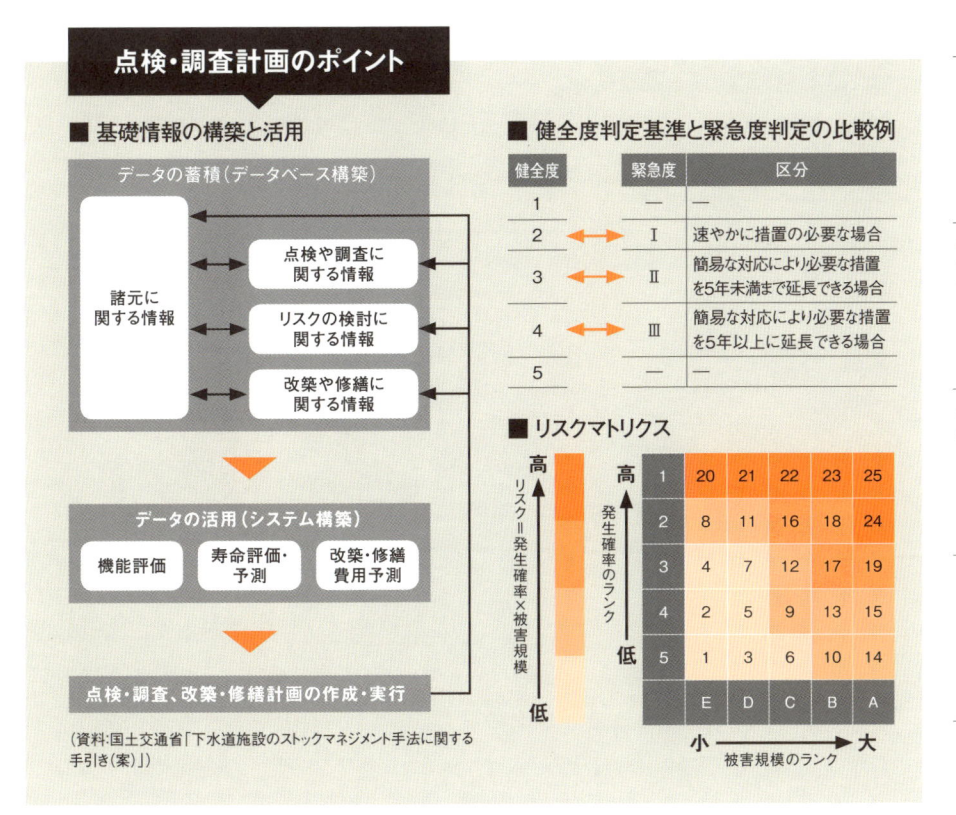

点検や調査のポイント

■ 点検記録表の例

マンホール	施設種別	☑ 人孔 □ 汚水桝 □ 塩ビ桝 □ 掃除口				
	種別・形状	□ 0号 ☑ 1号 □ 2号 □ 3号 □ 4号 □ 5号 □ 異形 □ 特殊 □ 伏越し				
		□ 500 □ 360 □ 300 □ 200 □ 150 □ 100 □ 不明				
		☑ 組立式 □ 現場打ち □ レジンコンクリート □ サルファコンクリート □ その他				
	マンホール深	2.23 m	調整高(蓋上～斜壁上)	18.0 cm	副管	□ 外副管 ☑ 内副管 □ 無
	斜壁高	☑ 600 □ 450 □ 300 □ その他			中間スラブ	□ 有 ☑ 無

	調査箇所	調査項目		調査結果※1 A	B	C	D	E	措置判定※2 要対応	経過観察	良
点検	マンホール内部	高さ調整部	欠け、充填不良、クラック					●			●
		斜壁・直壁	腐食					●			
			破損					●			
			クラック					●			
			ズレ					●			
		足掛金物	破損、腐食、がたつき					●			
		副管	破損、閉塞					●			
		インバート	破損、洗掘					●			
		管口不良	破損、クラック、ズレ					●			
		異常臭気						●			
その他情報											

*1 調査結果のAは危険度が非常に大、緊急措置。Bは危険度大、早期措置。Cは危険度中、計画的措置。Dは危険度小、経過観察。Eは問題ない

*2 措置判定は調査結果から判断する。要対応はA、Bが一つ以上ある状態。経過観察はA、BがなくC、Dが一つ以上ある状態。良はすべてE

■ マンホール目視調査記録表の例

		調査箇所		調査項目	調査結果※1 A	B	C	D	E	措置判定※2 要対応	経過観察	良
目視調査	管口	上流		腐食					●		●	
		施設番号	100-0124	破損、クラック、ズレ					●			
		管種	ヒューム管	浸入水					●			
		管径	φ600	その他				●				
		下流		腐食				●				
		施設番号	100-0123	破損、クラック、ズレ					●			
		管種	ヒューム管	浸入水					●			
		管径	φ600	その他				●				
	管内	上流		腐食					●	●		
		施設番号	100-0124	破損、クラック、ズレ					●			
		管種	ヒューム管	浸入水	●							
		管径	φ600	その他				●				
		下流		腐食				●				
		施設番号	100-0123	破損、クラック、ズレ					●			
		管種	ヒューム管	浸入水					●			
		管径	φ600	その他				●				
その他情報		上流管内に堆積物があり、浸入水もあるため対応が必要である。										

写真

下流管内 流れの状況

上流管内 流れの状況

害防止や交通機能を確保するうえで重要な管路。(3) 伏せ越しや、事故時の下水の切り回しが難しい管路。

一方、管路施設におけるリスクの発生確率は、劣化や事故などの発生の実態に基づいて検討するのが望ましい。しかし、多くの情報やデータを蓄積しなければ定量的な算出は難しいのが現状だ。そのため、次のような代用指標を用いることがある。

伸縮可能な操作棒の先にカメラとライトを取り付けた簡易テレビカメラ。地上からマンホールに挿入して管内の点検や調査を実施する。安全面や衛生面で有効な調査方法だ

(1) リスクの発生確率は時間の経過とともに増加すると想定できるので、「経過年数」を代用指標とする。(2) テレビカメラ調査などの診断結果がある場合は、健全度と対比できる「緊急度」を代用指標とする。

簡易テレビカメラ調査で絞り込み

点検では、マンホール内や管口周辺の不具合を見る。流下方向の管口が見えないなどの異常が見つかれば、要緊急対応の合図だ。点検で得た情報

を活用することで、マンホール内に入って管路の状態を確認する調査の箇所やその内容を、効率的、効果的に設定できる。

調査は、視覚調査が基本となる。調査員が直接マンホール内に入って観察する目視調査やテレビカメラを使った調査などだ。目視調査を実施するときは、安全面や衛生面に十分注意する。

テレビカメラ調査には、遠隔操作できるカメラを管路内に直接入れてマンホール間のスパン全体を観察する方法のほかに、マンホール内に入れた固定式のカメラで、管口から光の届く範囲の管路を調べる簡易テレビカメラ調査がある。

腐食や劣化が生じやすい鉄筋コンクリート管では最初からテレビカメラ調査を実施することが多い。一方、腐食などが生じにくい塩化ビニル管では簡易テレビカメラ調査で異常箇所を絞り込んでから、管路にテレビカメラを入れて詳細に調査することが多い。

スパン単位で緊急度を評価

13年度以降は、施設の改築に対する国からの交付金が、長寿命化対策を含まない改築（更新）でも、長寿命化計画に基づくものに限定される。長寿命化計画では、まず調査結果に基づいて対策の要否を診断。標準的な評価方法は次の通りだ。

診断（1）：管の腐食や上下方向のたるみをスパン全体で評価。鉄筋が露出している場合や、内径700mm未満の管で内径以上のたるみがある場合は、重度（A：機能低下、異常が著しい）と判定。以下、中度（B：異常が少ない）、軽度（C：異常がほとんどない）とランク分けする。

診断（2）：破損やクラック、継ぎ手ずれ、浸入水、取り付け管の突き出し、油脂の付着、樹木根の侵入などの異常の程度を管1本ごとに評価。スパン全体に占める不良発生率からランク分けする。

緊急度は、スパン全体で上記（1）、（2）の診断結果をすべて対象にし

緊急度判定のポイント

■ 緊急度の診断基準例

緊急度	区分	診断の基準
Ⅰ	重度	診断結果でAが多い
Ⅱ	中度	診断結果でAは少ないがBが多い
Ⅲ	軽度	診断結果でAは無く、Bが少なく、Cが多い

（資料：右ページの図も国土交通省「下水道長寿命化支援制度に関する手引き（案）平成21年度版」）

〈浸入水の発生〉

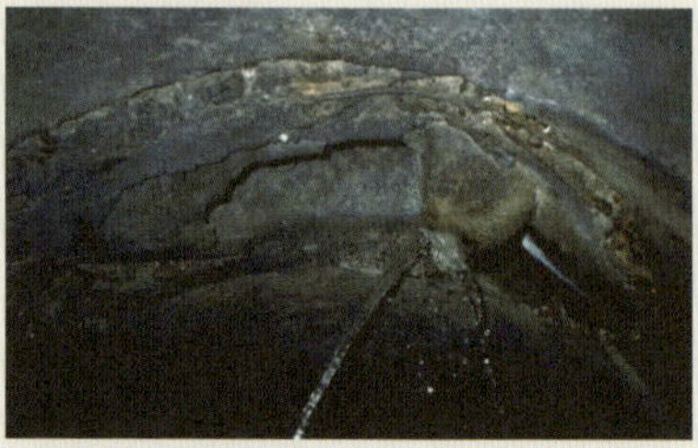

写真では水が噴き出しているので、重度と判定する。水が流れている状態は中度、にじみ出ている状態は軽度とそれぞれ判定する

〈管の腐食〉

管の腐食は機能低下や異常の程度によって3ランクに分けて判定する。写真では鉄筋が露出しており、重度（A）のランク。骨材露出の状態は中度（B）、表面が荒れた状態は軽度（C）とそれぞれ判定する

〈管の破損〉

写真のヒューム管は、明らかに破損しており重度と判定する。軸方向のクラック幅が5mm以上の場合も重度、クラック幅2mm以上5mm未満は中度、2mm未満は軽度とそれぞれ判定する

て総合的に判定。緊急度を踏まえ、対策の要否や対策範囲を検討する。

緊急度ⅠやⅡと判定した緊急度の高い管路は、改築か修繕の対象となる。措置の必要性と経済的優位性を勘案して、スパン単位の「改築」をすべきか、スパン未満の「修繕」でよいのかを決定する。緊急度の低い緊急度Ⅲや健全と判定した管路は、対策不要の「維持」とする。

改築は「布設替え工法」が基本

例えば、鉄筋が全面的に腐食していて耐荷能力が不足している場合や、たるみが1スパン全体に及んでいる場合には、改築と判断するのが適当だ。破損やクラック、継ぎ手ずれの箇所数が多い場合には、改築と修繕の経

改築・修繕計画のポイント

■ 下水道長寿命化計画の検討フロー

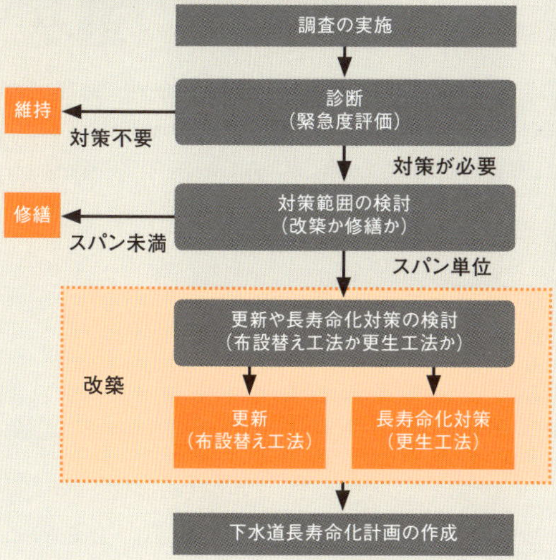

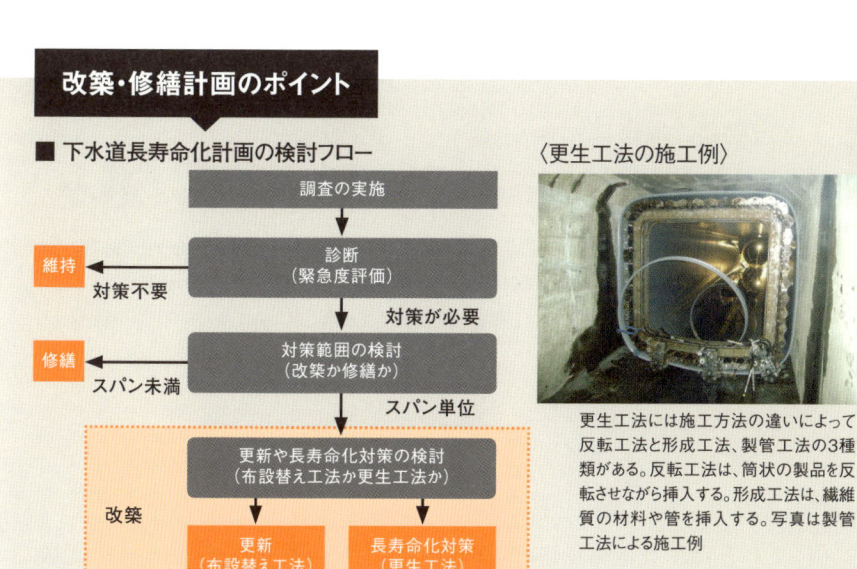

〈更生工法の施工例〉

更生工法には施工方法の違いによって反転工法と形成工法、製管工法の3種類がある。反転工法は、筒状の製品を反転させながら挿入する。形成工法は、繊維質の材料や管を挿入する。写真は製管工法による施工例

済性を比較する。

浸入水がある箇所については、管の劣化の進み具合が判断の分かれ目になる。取り付け管の突き出しなどのように劣化箇所ごとの対策が可能な場合には原則、修繕で対処する。

改築は基本的に管を新設する「布設替え工法」を採用する。管の内面を補強する「更生工法」を選ぶのは、現場条件から非開削による施工が明らかに最適な場合や、仮排水の施工性などを考慮した経済性の比較で更生工法が総合的に優れる場合だ。

しかし、劣化状況から明らかに更生工法が適用できないときや、更生工法では断面が縮小して流下能力が不足するときもある。そうした場合には布設替え工法を採用する。

劣化状況や現場条件を十分把握し、必要な措置を踏まえたうえで、流下能力や耐久性、施工環境、経済性などを総合的に比較検討して工法を選定することが大切だ。

下水道管路の補修

必要な強度に応じて補修材の厚み選ぶ

下水道管路でマンホール間のスパンに満たない長さの区間を補修する修繕工法のうち、約7割は内面補強工法が占める。止水だけでなく耐久性向上も目的とした工法だ。補修材の種類によって硬化の仕組みが異なり、材の厚みを増せば、修繕後の強度も高められる。施工条件や修繕の目的によって補修材を選ぶことが大切だ。

下水道管路の修繕工法のうち、管の一部に施す部分修繕には大きく分けて止水工法と内面補強工法の2種類がある。

「修繕」とはマンホール間のスパンに満たない長さの管路を対象にした処置のことを指す。ほかに、ライニング工法やレベル修正工法、部分布設替え工法、防食工法もあるが、いずれも管単位で施工する。実施の頻度は部分修繕の方が多い。

主な修繕箇所ごとのポイント

〈本管のクラック部分〉

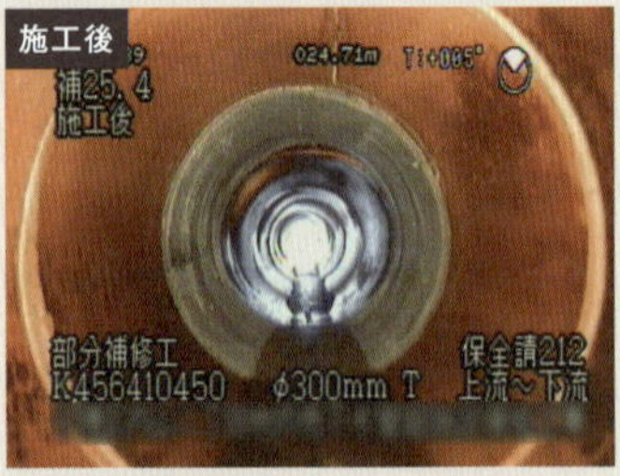

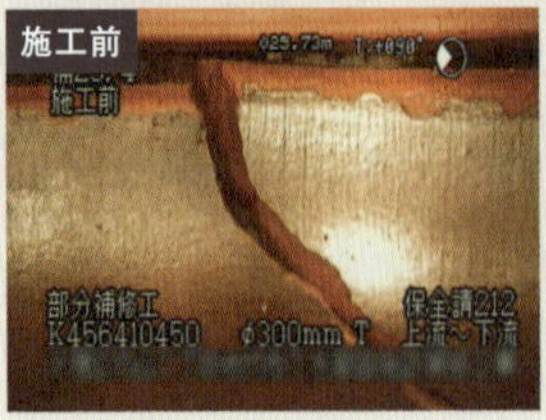

本管部のクラック修繕。陶製管はクラックが大きくなりやすい。1回の補修でクラックを被覆できないときには、補修材同士の端部を重ね合わせて複数回で修繕する

〈本管の段差部分〉

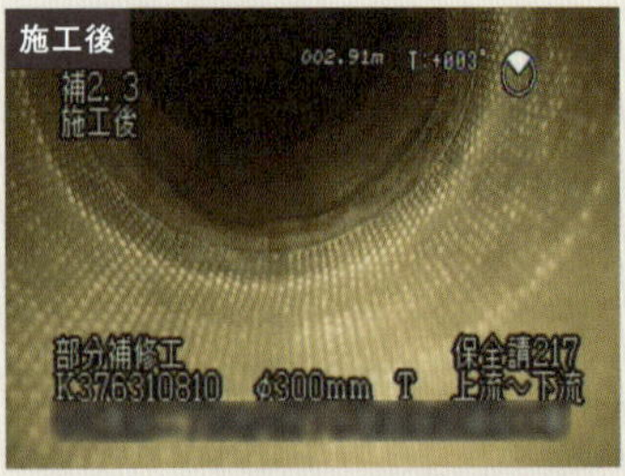

本管同士の接合部に生じた段差の修繕。段差が大きい場合には、既設管の端部を削るなどして段差を小さくしてから内面補強工法で修繕する

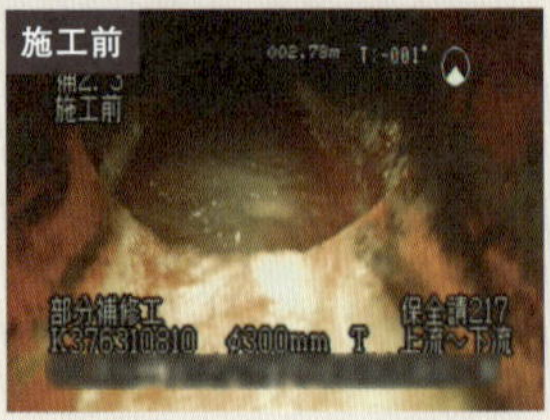

止水工法は、管路施設に発生した地下水の浸入箇所の止水を目的に用いる。特に、薬液を使う注入工法ならば、浸水などによって管路施設背面に生じた水みちや周辺地盤の緩み、空洞部を閉塞する効果も期待できる。

一方で内面補強工法は、破損などによって耐久性が低下した管路施設を修繕するために用いる。修繕によって止水性を高めるだけでなく、強度を高めたり耐久性を向上させたりすることなども、この工法を使う目的だ。

老朽化した管路施設が増えるに従って、部分修繕の際に耐久性を高め

〈取り付け管接合部の破損・クラック〉

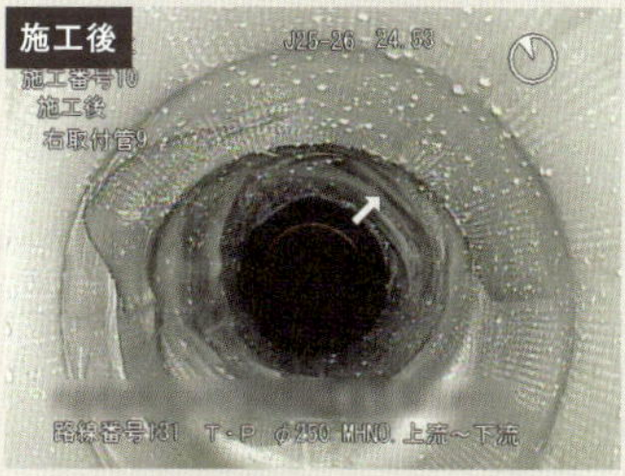

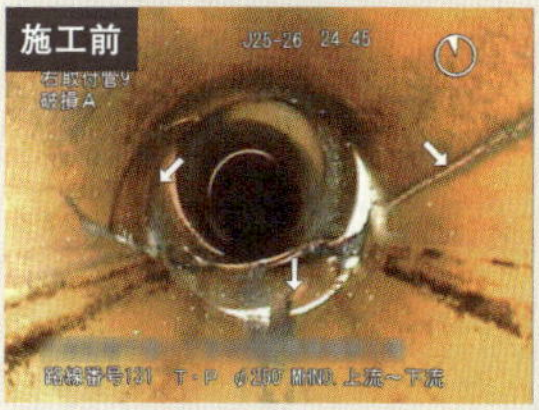

取り付け管接合部は最も損傷頻度が高い。本管部にももともと接合のための穴が開いているからだ

■ 部分修繕の箇所

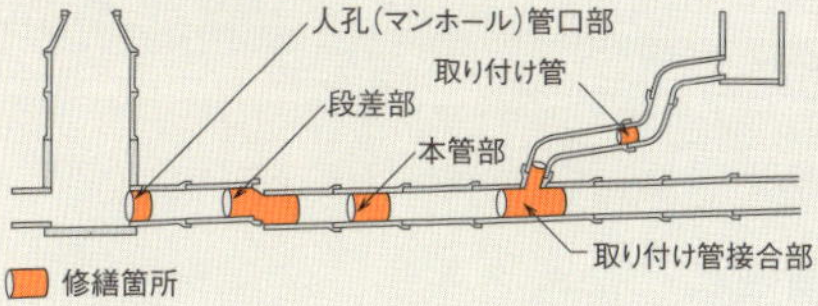

〈取り付け管接合部の破損・モルタルなどの脱落〉

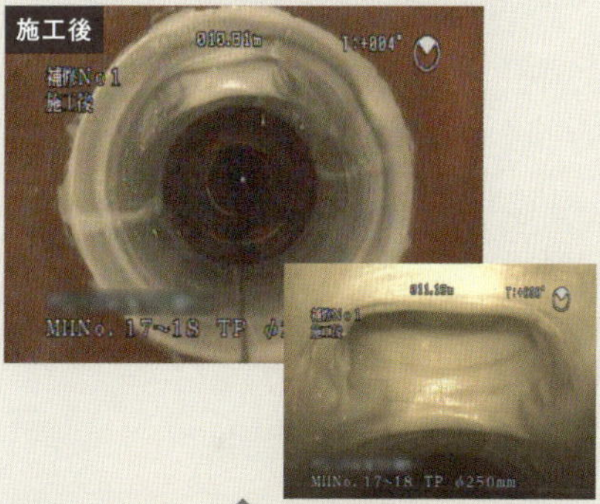

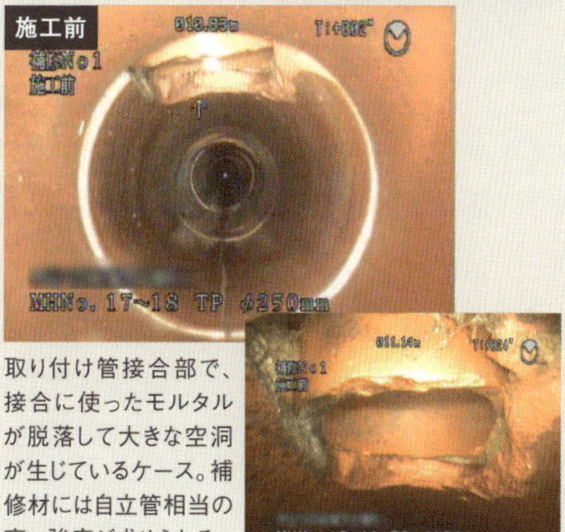

取り付け管接合部で、接合に使ったモルタルが脱落して大きな空洞が生じているケース。補修材には自立管相当の高い強度が求められる

施工後の確認ポイント

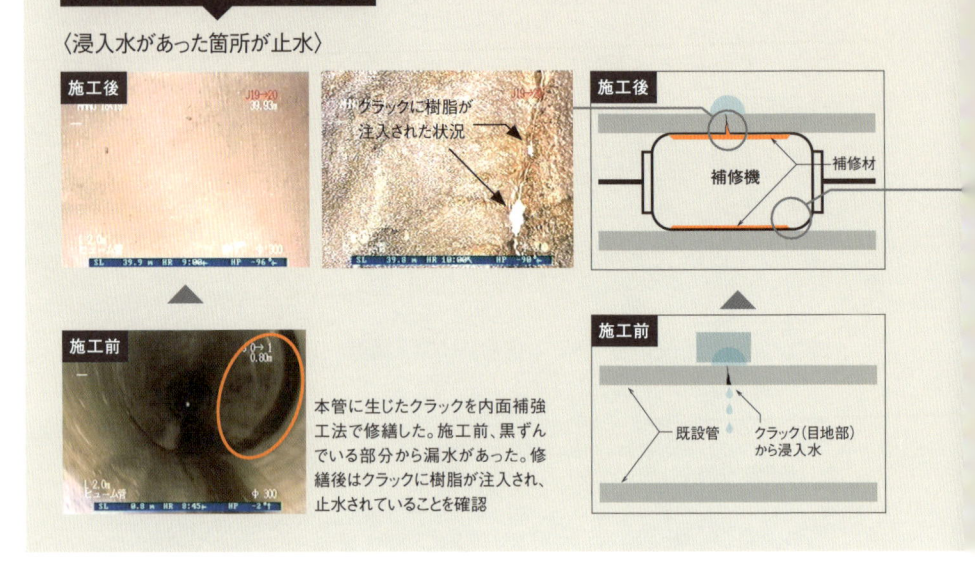

〈浸入水があった箇所が止水〉

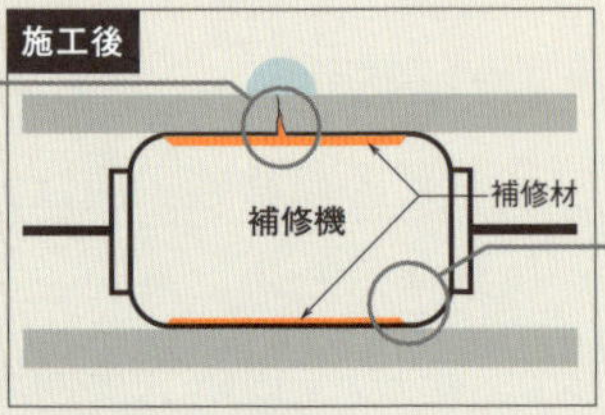

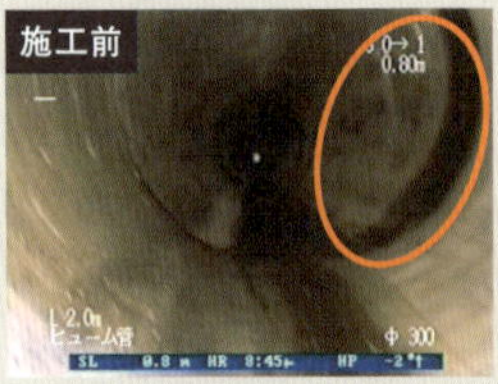

本管に生じたクラックを内面補強工法で修繕した。施工前、黒ずんでいる部分から漏水があった。修繕後はクラックに樹脂が注入され、止水されていることを確認

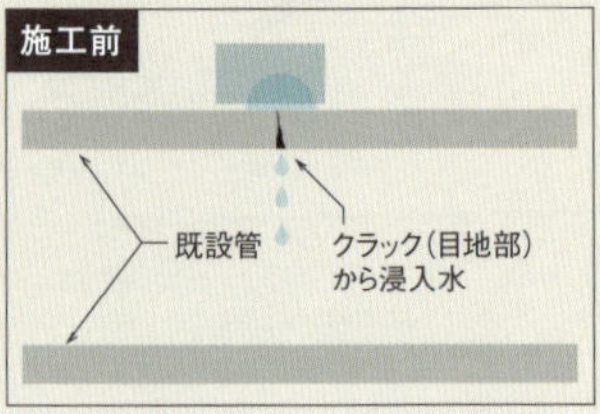

る内面補強工法を使うケースが増えてきた。現在ではライニング工法なども含め、全国で実施する修繕全体の約7割が内面補強工法だ。次に、内面補強工法の施工上のポイントを解説する。

硬化の仕組みは3種類

内面補強工法は、ガラス繊維補強材に樹脂を含浸させた補修材を損傷箇所に圧着させた状態で硬化させ、強固なFRP（繊維強化プラスチック）管を形成するものだ。補修材を専用の補修機に巻き付けて修繕したい箇所に誘導し、補修機に圧縮空気を送り込んで補修材を管路の内面に貼り付ける。

硬化の仕組みは、補修材に含浸させる樹脂の添加剤によって異なる。熱硬化と光硬化、常温硬化の三つの施工方法がある。

熱硬化タイプの補修材は、常温で硬化が始まるので、部分修繕で使う場合、基本的には施工現場で樹脂を補修材に含浸させる。常温硬化タイ

〈端部防護樹脂が既設管に接着〉

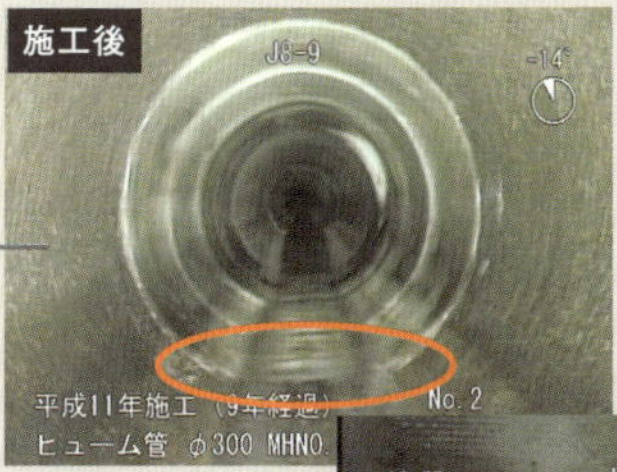

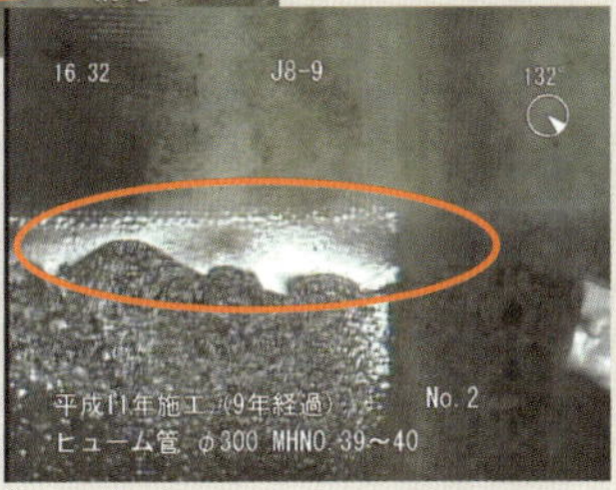

補修材の端部はFRPに含浸させた樹脂があふれ出て、既設管に接着している。樹脂が端部を防護することによって補修材が下水の流下などで剥がれるのを防ぐ

〈損傷部が補修材で被覆〉

クラックなどの損傷部が、補修材できちんと被覆されていることを確認する。テレビカメラ調査などで施工後の状況を調べる

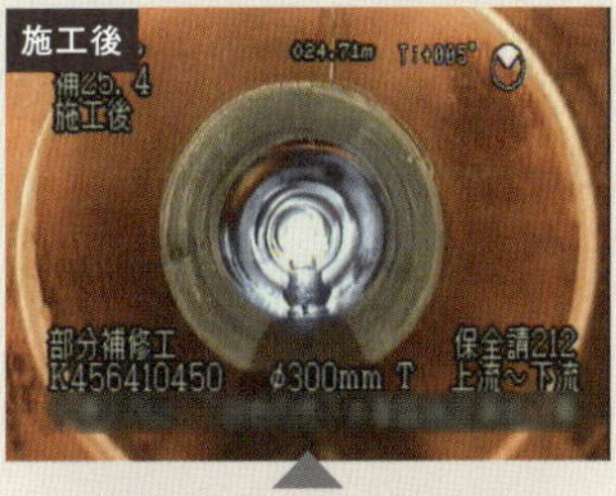

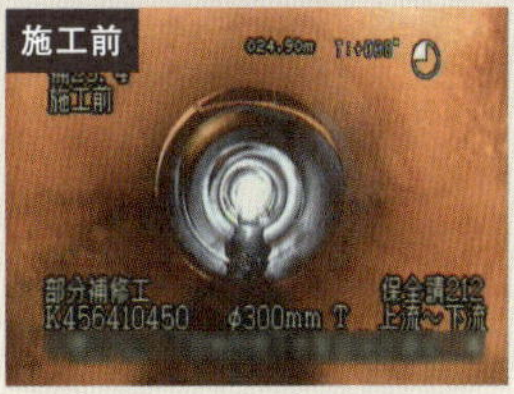

プの補修材も、同じく施工現場で樹脂を含浸させる。施工の直前に2種類の薬剤を混ぜ合わせた樹脂を、補修材に含浸させる。

光硬化の補修材は、遮光フィルムで覆って現場に搬入するので工場製作しやすい。ただし、施工時に補修材にくまなく紫外線を照射する必要がある。段差などを修繕する場合は補修機の適用範囲を確認しておく。

大きな損傷は複数回に分けて施工

補修材の厚みは、FRPを重ね合わせることで変えられる。補修材の厚みを増せば、修繕後の強度が高まる。修繕の目的によって求められる強度が違うので、材料の厚みを使い分けることが必要だ。

止水が主目的の修繕ならば、補修材の厚みは比較的薄くてもよい。しかし、内面に補強したFRP管と既設管とで外力を分担させる「二層構造管」や、FRP管だけで土圧などに抵抗する「自立管」相当の強度が求められるケースもある。

修繕する既設管路の状況を踏まえ、施工条件をきちんと把握したうえで硬化方法や補修材の厚みを決めることが大切だ。

内面補強工法で使う補修材は、管の口径によって、長さ30～100cmの材料が用意されている。修繕する箇所によっては、1回の施工でカバーできない。材料よりも長い修繕箇所は、補修材の端部を重ね合わせて貼り付けることで、複数回に分けて施工できる。

施工時に大切なのは、補修材を修繕箇所で確実に硬化・圧着（接着）させることだ。以下の3点に、特に注意して施工する。

(1) 修繕箇所の管路を十分に洗浄して接着効果を高める。

(2) 各工法の適切な補修材を使う。

(3) 硬化圧力や硬化時間などは各工法で所定の施工管理を順守する。

端部は樹脂をあふれ出させる

修繕が必要になる箇所は、本管部だけでなく、本管と取り付け管の接合部や取り付け管部、人孔（マンホール）管口部など多岐にわたる。本管同士の接合部に生じた段差を修繕するケースもある。

特に損傷しやすく、修繕の頻度が高いのは取り付け管接合部だ。本管部に、取り付け管との接合のための穴が開いているので、もともと強度が低い。取り付け管の接合に使ったモルタルが脱落して、大きな欠損となっていることもある。そうした場合の補修材には、自立管相当の高い強度が必要となる。

施工後は、テレビカメラ調査などできちんと修繕できているかどうかを確認する。以下の点を中心に施工状況を見る。

(1) 浸入水があった場合、その箇所が止水できている。

(2) 補修材の端部防護樹脂が既設管に接着している。

(3) クラックなどの損傷部が補修材で被覆されている。

補修材の端部は、FRPを圧着することで含浸させた樹脂があふれ出て、既設管に接着していなければならない。樹脂が端部を防護することで、補修材が下水の流れなどによって剥がれるのを防ぐ。

修繕は、いずれの工法も仕様書に耐用年数の規定を記載していないケースがほとんどだ。しかし、内面補強工法で修繕後20年たった管路の調査では、規定の性能を保持していることが確認できている。

名古屋市が発注した修繕工事では、内面補強工法の材料に20年間の耐久性を求めている。きちんとした修繕を施せば、下水道管路の延命化に寄与できるはずだ。

Part 7

トンネル

点検・調査の勘所（トンネル）

覆工のブロック化を見逃さない

トンネルを点検する際には、特に覆工コンクリートのブロック化を見逃さない。放置しておくと、コンクリート片が落下して利用者に被害を及ぼす危険性があるからだ。水平打ち継ぎ目や横断目地付近のひび割れなど、ブロック化しやすい箇所は重点的にチェックする。外力による変状は構造体としての安定性を脅かす。発生原因の見極めも重要だ。

トンネルの点検を実施する前に、トンネルに発生する変状について知っておく必要がある。

一口にトンネルの変状といっても右の囲みに示したとおり様々だ。場所は主に覆工や坑門、路面、路肩、側溝で発生し、形態にはひび割れや段差、浮き、剥離、剥落、変形などがある。その中でも覆工や坑門、路面、路肩に生じるひび割れは、発見しやすく頻繁に発生するので、見落としてはならない変状だ。

トンネルの点検は、そうした変状を近接目視や遠望目視により把握したうえで、覆工の浮きや剥離などを打音検査により抽出。応急措置としてこれらを撤去する。

コンクリートの継ぎ目が弱点

点検すべき箇所の中でも特に覆工は、変状によりコンクリート片が落下すると利用者

トンネルの点検ポイント

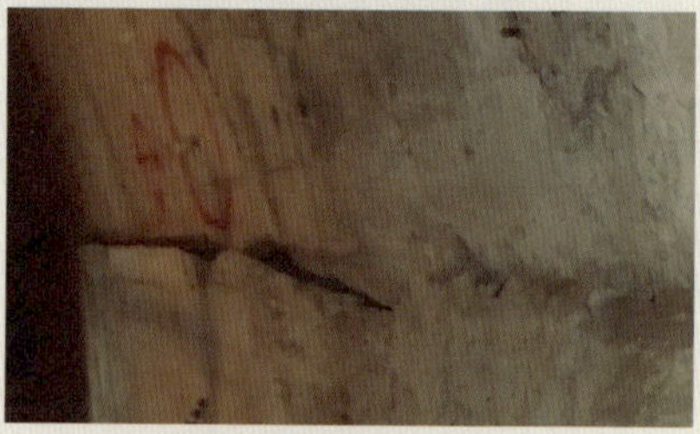

▶アーチと側壁の結合部の段差

▶側溝の変形

（写真：国土交通省道路局国道・防災課編「道路トンネル定期点検要領（案）」）

被害を招く恐れもあるので、念入りに調べる。覆工で重要となる点検箇所を188ページの上に図で示す。矢板工法で施工したトンネルの場合、覆工コンクリートに水平打ち継ぎ目が発生するので注意が必要だ。

水平打ち継ぎ目や横断目地ではコンクリート面が不連続になるので、弱点となりやすい。これらの付近に何らかの原因でひび割れが発生した

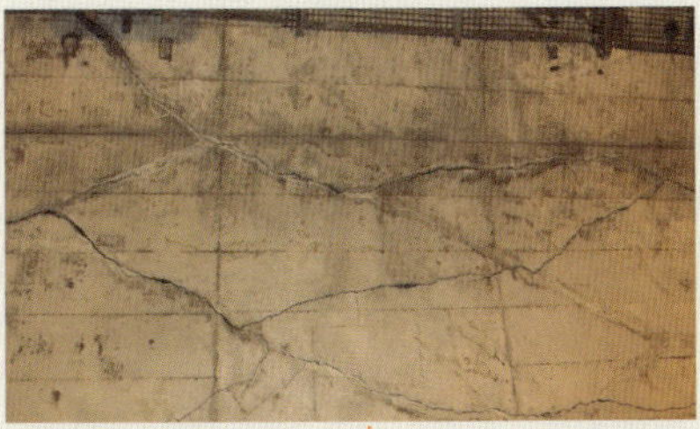

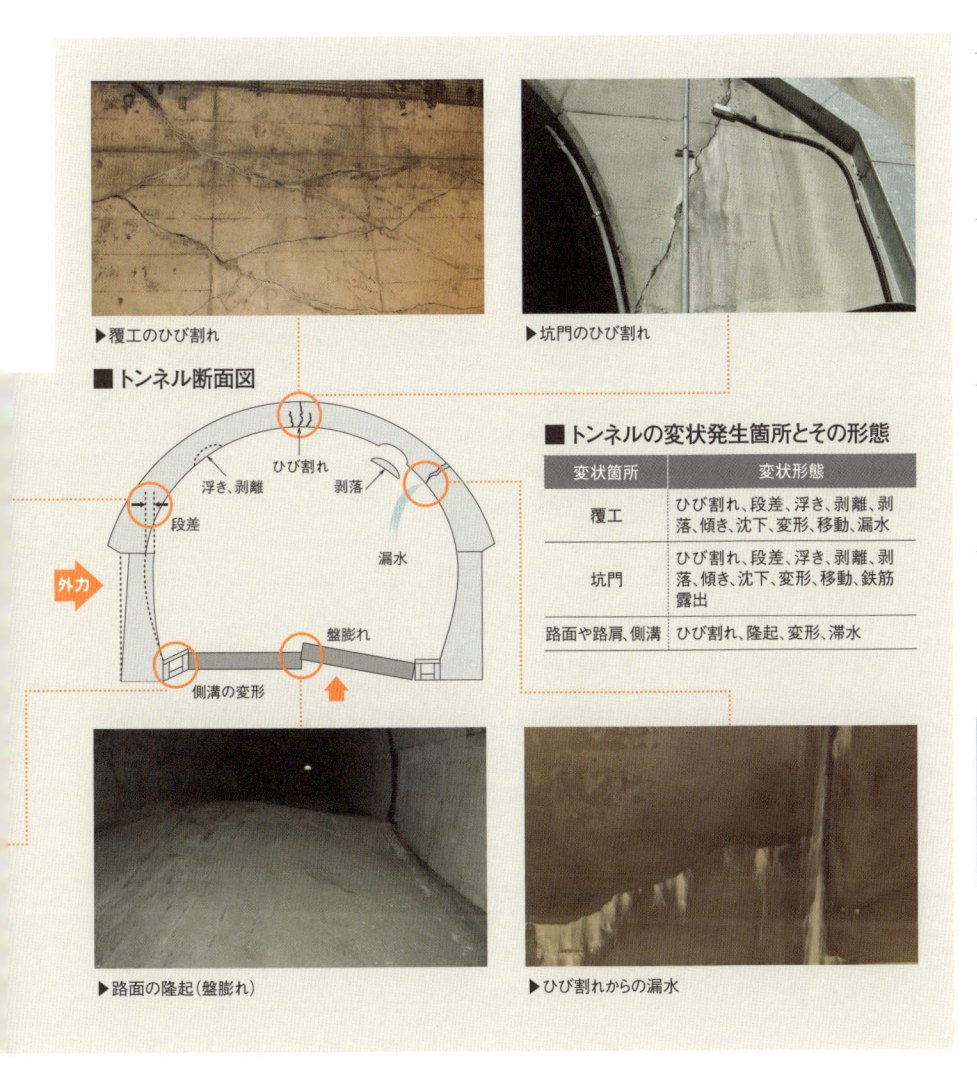

▶覆工のひび割れ

▶坑門のひび割れ

■トンネル断面図

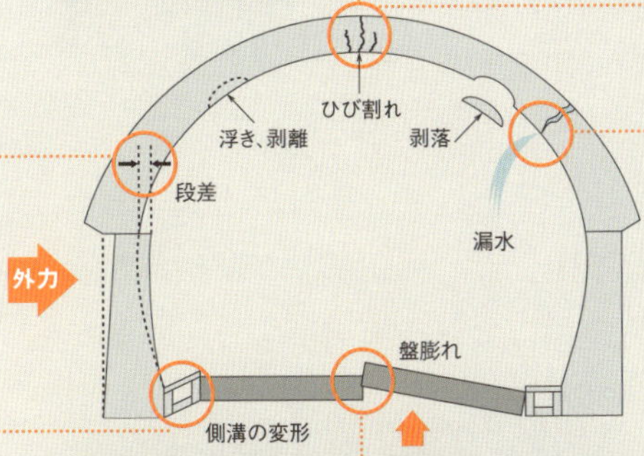

■トンネルの変状発生箇所とその形態

変状箇所	変状形態
覆工	ひび割れ、段差、浮き、剥離、剥落、傾き、沈下、変形、移動、漏水
坑門	ひび割れ、段差、浮き、剥離、剥落、傾き、沈下、変形、移動、鉄筋露出
路面や路肩、側溝	ひび割れ、隆起、変形、滞水

▶路面の隆起（盤膨れ）

▶ひび割れからの漏水

覆工の点検ポイント

■ 矢板工法によるトンネル

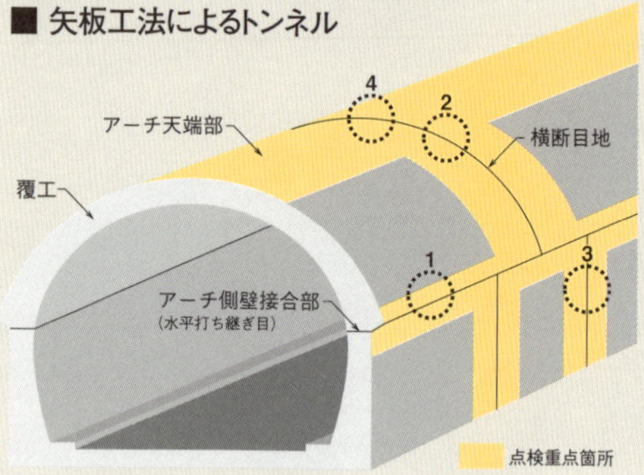

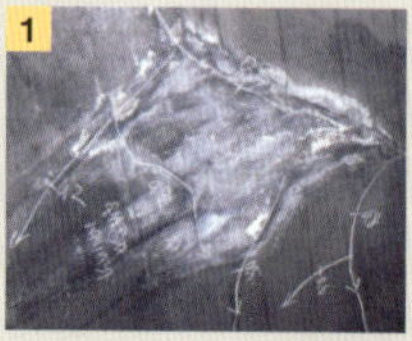

肩部でひび割れが閉合してブロック化

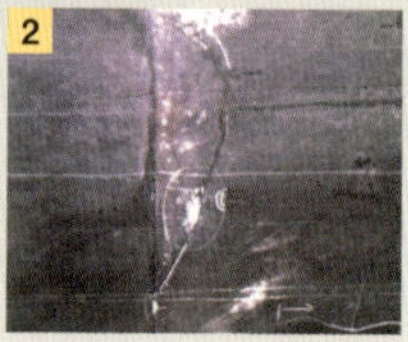

アーチ天端部でひび割れと目地が閉合してブロック化

場合、水平打ち継ぎ目や横断目地と連続し、コンクリートがブロック化して塊状に落下する恐れがある。

また、天端付近は、コンクリートの打設が難しく、覆工の巻き厚不足や背面空洞が発生しやすい。注意して点検する。

図の横に示した写真は、利用者被害につながる可能性がある覆工コンクリートのブロック化の事例だ。

1の写真は、肩部でひび割れが交差して閉合している例だ。2はアーチ天端部でひび割れと横断目地が交差して閉合。3は側壁部でひび割れと水平打ち継ぎ目や横断目地が交差して閉合。4はアーチ天端部でコールドジョイントと横断目地が交差して閉合している。

こうした変状は点検により確実に抽出し、撤去しなければならない。

濁音を発する変状には緊急対策

覆工コンクリートがひび割れや目地などで三次元的に囲まれ、ブロック化したからといって、直ちに塊状に落下するとは限らない。すぐに対策を取るべき危険な変状と、そうでないものとがある。

調査結果の判定区分としては、「道路トンネル維持管理便覧」（日本道

（写真:1～4は、国土交通省道路局国道・防災課編「道路トンネル定期点検要領（案）」）

3
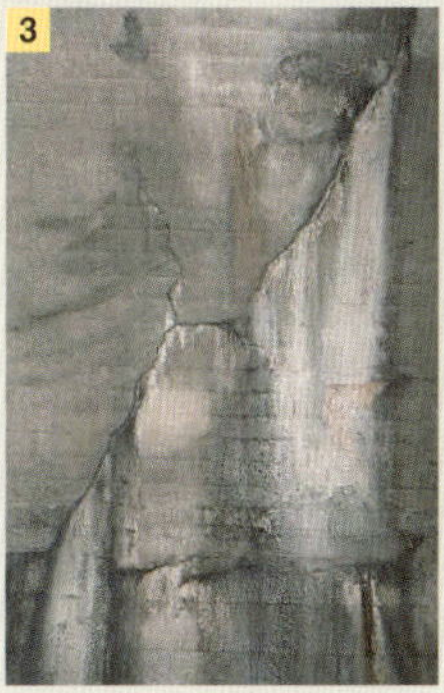

4
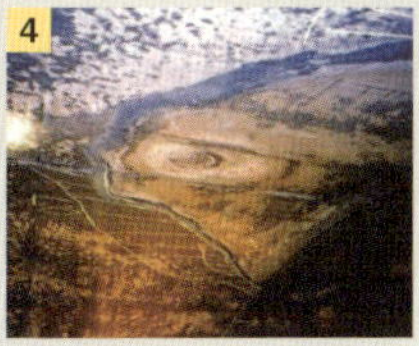

アーチ天端部でコールドジョイントと目地が閉合してブロック化

側壁部でひび割れと目地が閉合してブロック化

■トンネル変状の発生原因

外力の作用によるもの
緩み土圧（突発性の崩壊）
偏土圧
地すべり
膨張性土圧
支持力不足
水圧や凍土圧
地震

材質劣化や施工によるもの
凍害
塩害や鉄筋腐食
アルカリシリカ反応
温度応力や乾燥収縮
型枠の早期脱型
型枠の過度な押し上げ
打ち込み不足
コールドジョイント

路協会編、1993年）の中で、対策の緊急度が高い順に3AからBまでの4段階を規定している（190ページ参照）。ブロック化した覆工コンクリート塊の落下に着目して判定区分を定義すると、「放置すれば短期間に落下する可能性が高いもの」が3A、「放置しても中期的に落下しない可能性が高いもの」がBとなる。

3Aに相当する変状は次に述べるような特徴を有する。(1) ハンマー打撃で濁音（部材の薄さを感じる音または鈍い音）を発する。(2) ひび割れや分離面が鋭角（45度未満）になっている。(3) ひび割れや分離面が開口（5mm以上）している。(4) ひび割れに段差がある。(5) ひび割れ沿いに剥離が見られる。

こうした変状を見つけたら、緊急の対策が必要だ。点検では見逃さないようにする。

点検では変状の発生原因も調べる

点検に当たっては、利用者被害につながる覆工の浮きや剥離などを撤去するだけでなく、ひび割れの発生状況から変状の発生原因を明らかにするという姿勢で臨む。

■ 調査結果の判定区分

判定区分	判定の内容
3A	変状が大きく、通行者や通行車両に対して危険があるため、直ちに何らかの対策を必要とするもの
2A	変状があり、それらが進行して、早晩、通行者や通行車両に対して危険を与えるため、早急に対策を必要とするもの
A	変状があり、将来、通行者や通行車両に対して危険を与えるため、重点的に監視し、計画的に対策を必要とするもの
B	変状が無いか、あっても軽微な変状で、現状では通行者や通行車両に対して影響は無いが、監視を必要とするもの

（資料:日本道路協会偏「道路トンネル維持管理便覧」、1993年）

発生原因も種々あるが、大きくは、外力の作用によるものと、材質劣化や施工によるものに分類できる。変状の発生原因が外力の作用によるものか、それ以外かを特定するのは極めて重要だ。

というのも、変状発生原因のいかんによって、点検や調査の後に実施すべき対策の内容が大きく異なるからだ。外力の作用が無ければ、利用者被害防止の対策、いわゆる剥落対策だけを考えればよい。それに対し、外力の作用があれば、トンネルの構造体としての安定性を確保する対策も、併せて考える必要がある。

ひび割れの発生状況から原因を特定するのは大変困難ではあるが、見極める能力は必須だ。外力の作用によるひび割れに関して着目すべきポイントを以下に示す。

(1) ひび割れの性状として、せん断ひび割れや曲げ圧縮ひび割れ（圧座）、開口が大きい（5mm以上）引っ張りひび割れが見られる。(2) ひび割れ発生位置の特徴はないが、横断目地や水平打ち継ぎ目をまたいでおり、側溝などにも段差などの変状がある。(3) ひび割れの発生方向として、卓越した方向を持っている。

トンネルに発生する変状は、地形や地質、土かぶり、地下水位などの

ひび割れでブロック化し、完全に閉合。ひび割れに段差があり、ひび割れ沿いに剥離。ハンマー打撃で濁音

横断目地とひび割れでブロック化しているが、完全には閉合していない。ハンマー打撃で濁音

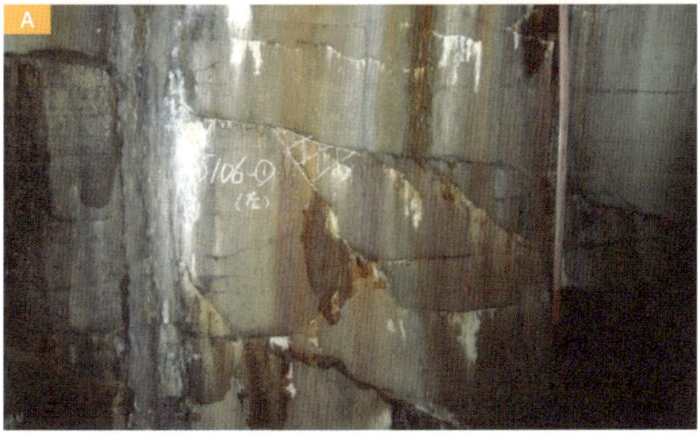

ひび割れは発生しているが、閉合せず、段差もない。ハンマー打撃でも清音を発し反発感がある

トンネルの置かれた状況、施工方法などによっても大きな影響を受ける。例えば、斜面下のトンネルは偏土圧を受けやすい。原因の特定に当たっては、そうした条件も踏まえて総合的に判断し、現場状況に応じた適切な対策を講じることが必要だ。

シールドトンネルの調査

深刻な劣化や変状は10年以内に顕在化

シールドトンネルに生じる深刻な劣化や変状は、建設からおおむね10年以内に顕在化することが多い。劣化や変状の主な原因は、漏水や塩分を含んだ地下水、セグメントの初期不良、周辺地盤の変状などだ。点検や調査の際、まずは構造物の周辺環境や施工時の状況などを把握する。場合によっては、施工時の現場担当者へのヒアリングも必要だ。

シールドトンネルは地中に構築される線状構造物なので、1本のトンネルでも周辺の地盤条件や近接する構造物、地上の利用状況など、場所によって状況が異なるのが一般的だ。施工の品質も一定ではない。

シールドトンネルの建設技術は日々進歩してきた。当然、建設時期によって施工技術やセグメントの製造技術に差がある。材料や部材の健全度を評価するだけでは、トンネル構造物としての機能を確保しているか否かを判断することは難しい。

建設後10年が目安

私の経験では、シールドトンネルの劣化や変状は建設からおおむね10年の間に顕在化する。逆に10年以上経過しても劣化や変状が顕在化しないトンネルは、劣化や変状の進行が極めて遅く、大規模なメンテナンスを施さなくても長期的な健全性の保持が可能だと考えられる。

10年以内に劣化や変状が生じるトンネルとは、一体どういうトンネルだろうか。全てのトンネルに当てはまるわけではないが、主に以下の四つの特徴がある。

(1) 漏水が多い。漏水の発生原因は様々だが、トンネル内が湿潤環境になり、劣化や変状を促進する。

(2) 地下水が塩分を含んでいる。前述の漏水と密接な関係がある。線形が海底横断や海岸線付近の通過、感潮河川横断などの場合、トンネ

10年以内に劣化・変状が生じたトンネルの特徴

〈大量の漏水に伴う劣化〉

〈塩害によるセグメントの劣化〉

〈施工時の損傷〉

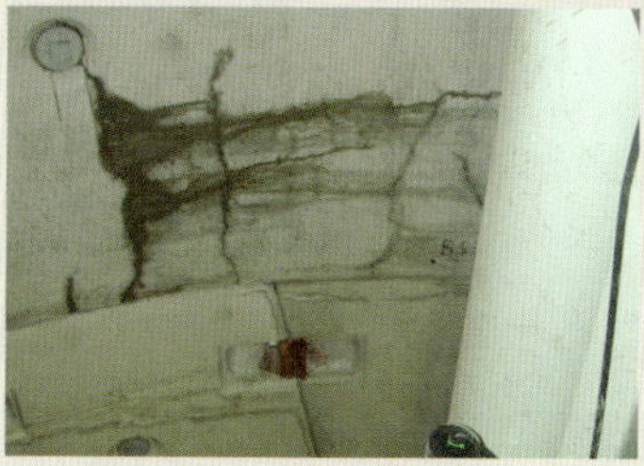

ル内に塩分を含んだ地下水が漏水して劣化や変状を促進する。

(3) セグメントが施工時に損傷していた。製作過程を含めた話だが、セグメントにひび割れや損傷があると、それが引き金となって鉄筋の腐食やひび割れの拡大、かぶりコンクリートの剥落などが生じる。

(4) 周辺地盤が変状している。地盤沈下などの大きな変状で、地盤内に構築したトンネルに変状が生じる。

施工時の担当者を見つける

点検や調査の第一歩は、上述した劣化や変状を起こしやすいトンネルの特徴を踏まえ、周辺地盤や周辺環境（地上の利用状況や近接構造物の有無など）の変化、トンネルの設計思想、使用材料などの基本条件を適切に把握することだ。

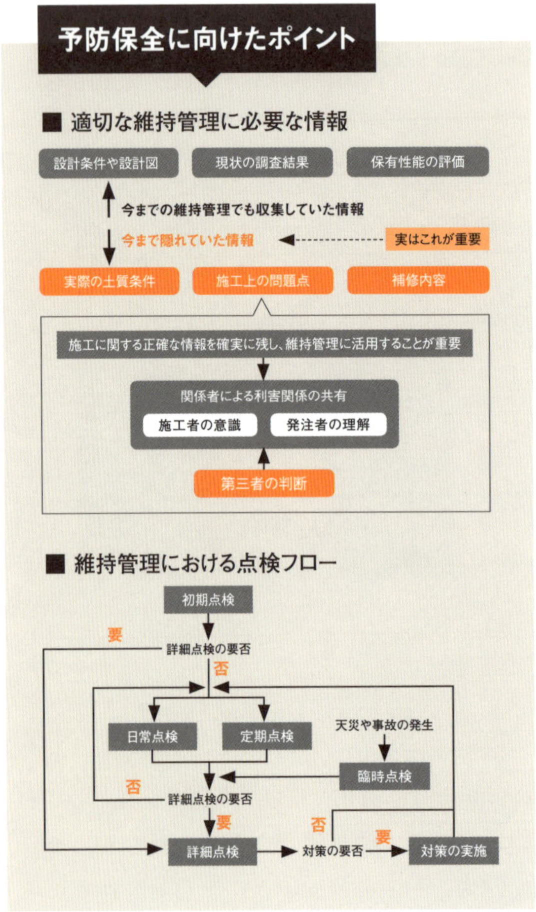

同様に重要なのが、施工時に何が起こったのかということ。施工時のトラブル情報はトンネルの現状を正確に評価するためには不可欠だ。例えば、「線形管理に苦労した」、「ジャッキパターンが極端に偏った」、「シールドのテールがセグメントと競った」、「セグメントの組み立て精度が低下した」などが挙げられる。

しかし、施工時の情報、特にトラブルやそれに伴う損傷と補修内容の情報は、発注者の評価が低下することを懸念して、施工者が記録を公にしたがらない。

一方のトンネル建設時の基本条件を把握するのも容易ではない。かつての発注者はトンネルを建設する部署と維持管理する部署が別であることが多く、長い間、基本条件の引き継ぎが不十分だった。古いトンネルの多くは基本情報を確認できない。

これらの情報を少しでも多く、かつ正確に集めることがシールドトンネルの点検・調査の肝だ。場合によっては、当時の施工会社や現場担当者を見つけ、個人が持つ情報を引き出すことも必要になる。

同時期に建設されたほかのシールドトンネルの情報も、総合的な判断を助ける。建設時期は異なっても、近隣の施工情報から、地質情報などを推定することも欠かせない。

現在、土木学会が中心となってシールドトンネルの施工情報のデータベース化に取り組んでいる。その成果を利用できるようになれば、比較的容易に現場の状況を確認できるようになるだろう。

定期点検では現地にマーキングも

建設直後に実施する初期点検は、そのトンネルの初期値を把握することが目的だ。トンネルの断面形状や漏水、損傷、ひび割れの有無などを極力詳細に記録する。初期値を明確にすることで、その後に生じた劣化や変状がトンネル構造物の安全性にどの程度の影響を与えるかなどの判断が下しやすくなる。

初期点検の後は、定期的に点検する。点検のレベルには日常点検、定

定期点検時のポイント

〈近接目視や打音検査〉

■ 変状展開図の例

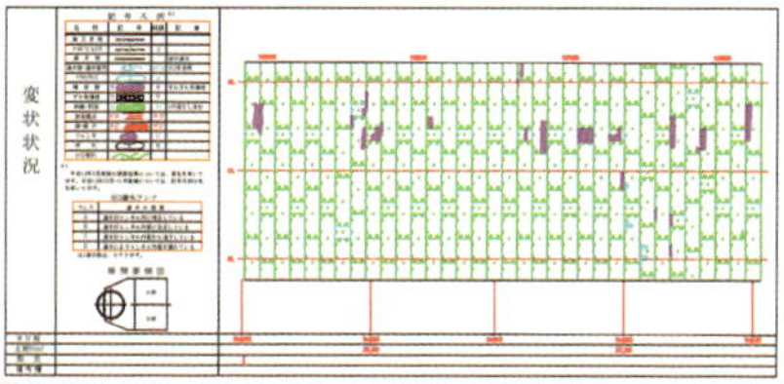

検査ハンマー

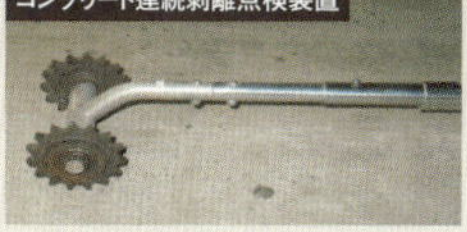
コンクリート連続剥離点検装置

定期点検は、前回の点検結果の記録と対比しながら、近接目視や打音検査でひび割れや漏水などの発生状況を確認する。連続打音検査用の装置などを使えば、限られた時間でも効率的に調査できる

期点検、詳細点検の3段階がある。

日常点検は、トンネル構造物のみならず付帯設備を含めた施設全体の巡回点検のなかで実施する。遠方目視で異常の有無を確認することが主目的だ。小さな劣化の兆候などは確認できないことが多く、比較的明確な事象のみが捉えられる。

定期点検は、日常点検よりも高い精度で実施する。近接目視や打音検査を実施して、細部や目に見えない部分の異状を確認することが目的だ。経年的な変化を正確に把握するために、トンネル内面展開図などに点検結果を記録して保管する。

現場では、前回の点検結果の記録と対比しながら、ひび割れや漏水などの発生を確認する。スケッチの記録だけでは、ひび割れの小さな進展を見落とすことがあるので、現地にマーキングなどの記録を残すことも重要だ。連続画像データを記録してより正確に分析する事例もある。

簡易手法でサンプルを増やす工夫

打音検査はできるだけ細かい間隔で検査すべきだ。しかし、限られた時間内に調査しなければならず、重大事故につながる恐れのある部位だけを集中して検査することが多い。

調査の工程が厳しい場合、連続打音検査用の機材を利用するなどして、積極的に検査の効率化を図る。限られた時間内でも、トンネル全体の安全性を確認できるようにする。

打音検査は、テストハンマーの打音を聞いて健全度を判断するので、点検者の判断で検査結果が異なる可能性がある。点検の前に、健全なコンクリートと欠陥のあるコンクリートの標準供試体を打音して、点検者の耳を調整する工夫も必要だ。

定期点検で異状を見落とすと、重大事故につながる恐れがある。経験豊富な熟練技術者が実施する。

前述したように劣化や変状は建設後10年以内に多く見られる。定期点検の間隔は、建設初期には2～3年に1回と密にして、劣化や変状の進行が遅いと確認できれば、5年に1回程度に延ばすなど工夫する。

詳細点検は、日常点検や定期点検で異状を確認した場合に、材料試験を含めて詳細に調査・点検するもの。

調査・点検の内容は、トンネル構造や周辺地盤の特徴を理解したうえで、適切に決める必要がある。定期点検などで発見した異状が構造物の健全性に与える影響の度合いやその発生原因、進行性の有無などを確認できるものにする。

例えば、コンクリートの中性化を調査する場合、コアサンプリングによる方法を採用することが多い。しかし、サンプル数が少ないと、中性化の進行が極端な特異点が対象となるリスクがある。詳細とはいっても、ドリル法のように簡易な手法を用いてサンプル数を増やしたほうが、構造物全体の健全度を把握するには有用なこともある。

詳細点検時のポイント

〈ドリル法による中性化深さの調査〉

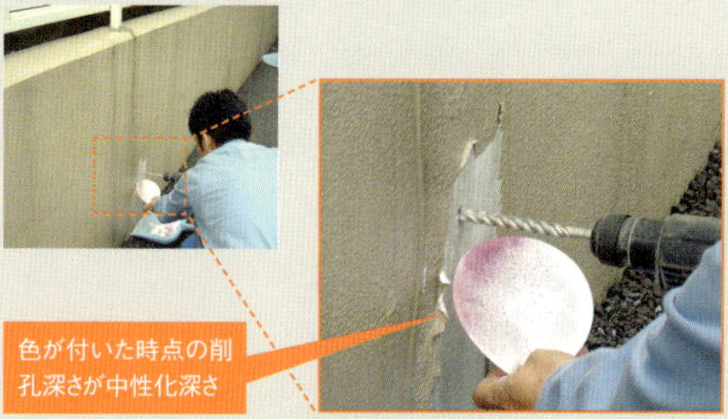
色が付いた時点の削孔深さが中性化深さ

〈自然電位法による鉄筋腐食状況の調査〉

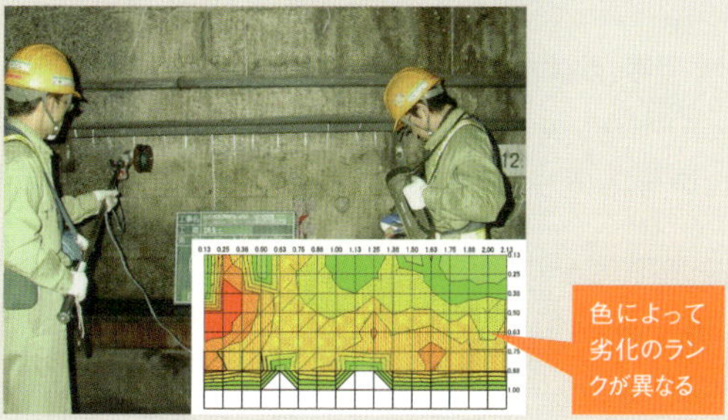
色によって劣化のランクが異なる

シールドトンネルの補修

継ぎ手や裏込め注入孔が弱点

トンネルは地上の構造物と比べて環境条件が安定している。それでも、劣化や変状は生じる。RCセグメントの弱点は継ぎ手や裏込め注入孔からの漏水で、薬液注入や止水コマなどで対処する。ダクタイルセグメントならば防錆《ぼうせい》工事が必要だ。初期のシールドトンネルでは、供用後に二次巻きで全断面補強した区間もある。

地下に埋設するトンネルは、地上の構造物と比較して置かれている環境がある程度安定している。雨水が直接当たらず、温度や湿度の変化が少ないからだ。しかし、現実には劣化や変状が生じることもある。

継ぎ手部はまず薬液注入で止水

RC（鉄筋コンクリート）セグメントを用いたシールドトンネルは、工

継ぎ手部の漏水対策

薬液注入工法で継ぎ手部の漏水対策を施している様子

継ぎ手部を目地処理している様子

■ 複線シールドトンネルの標準断面図

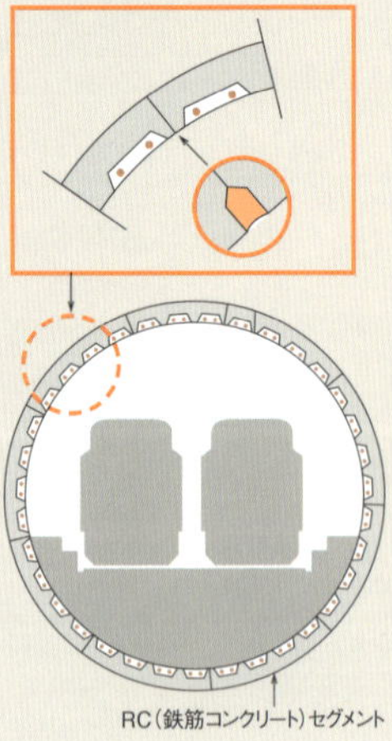

場製品のセグメントを一次覆工として組み立てる構造だ。継ぎ手部や裏込め注入孔からの漏水がセグメント本体に浸透することで、鉄筋腐食やコンクリート表面の剥離や剥落を引き起こすことがある。

継ぎ手部は近年、シール材の性能や組み立て精度が向上し、漏水が少ない。半面、建設年代の古いトンネルでは部分的な漏水の発生がある。

漏水対策としては、まず薬液注入による止水が挙げられる。施工手順は、セグメントの目地間の既設コーキング材を除去し、一定間隔でセグメントを削孔して設置したパイプ内にウレタン系の止水薬液を注入。目地部にセメント系の急結止水材を充填し、表面にエポキシ樹脂系のコート材を塗布して仕上げる。

ただし、止水薬液が経年で収縮劣化して再漏水するケースもある。材料や施工方法を試行錯誤しているのが現状だ。自己治癒材料など長期間にわたって止水効果が持続する注入材の研究開発が求められている。

■ 薬液注入の施工手順

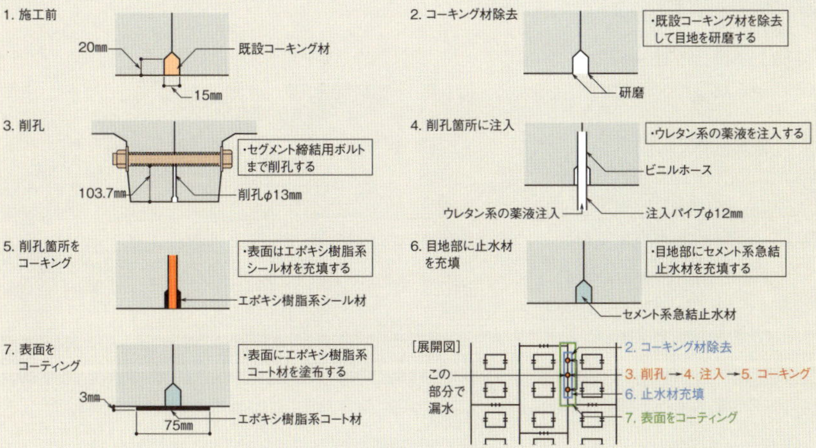
1. 施工前
20mm
既設コーキング材
15mm
2. コーキング材除去
・既設コーキング材を除去して目地を研磨する
研磨
3. 削孔
・セグメント締結用ボルトまで削孔する
103.7mm
削孔φ13mm
4. 削孔箇所に注入
・ウレタン系の薬液を注入する
ビニルホース
ウレタン系の薬液注入
注入パイプφ12mm
5. 削孔箇所をコーキング
・表面はエポキシ樹脂系シール材を充填する
エポキシ樹脂系シール材
6. 目地部に止水材を充填
・目地部にセメント系急結止水材を充填する
セメント系急結止水材
7. 表面をコーティング
・表面にエポキシ樹脂系コート材を塗布する
3mm
75mm
エポキシ樹脂系コート材
[展開図]
この部分で漏水
2. コーキング材除去
3. 削孔→4. 注入→5. コーキング
6. 止水材充填
7. 表面をコーティング

RCセグメントの完全止水は困難

裏込め注入孔から漏水が生じている場合は、止水コマや押さえ蓋を使用して対策を講じる。

止水コマの施工法は、先端に水膨張性ゴム（止水コマ）の付いた全ネジボルトをできるだけ深く既設の裏込め注入孔に挿入。止水コマのトンネル内面側を無収縮モルタルで充填し、鋼製蓋で止める。

押さえ蓋工法は、止水コマ工法で止水できない場合に使う。表面にくぼみのある中子形セグメントで、注入孔のキャップの外側に、先端にゴムパッキンを施した蓋を押し付けて止水する。リング間ボルトにアングル材などを介して設置し、ボルトを締めてセグメントを押さえる。

近年では、部分的な対策ではなく、ライニング材を使って止水効果を高める方法や、トンネル内面からの注入で背面に防水膜を形成する工法など、広範囲に止水対策を講じる工法が開発されている。それらはコストが高いので、試験施工で止水効果や持続性を確かめて選定する。

裏込め注入孔の漏水対策

〈止水コマによる漏水対策のイメージ〉

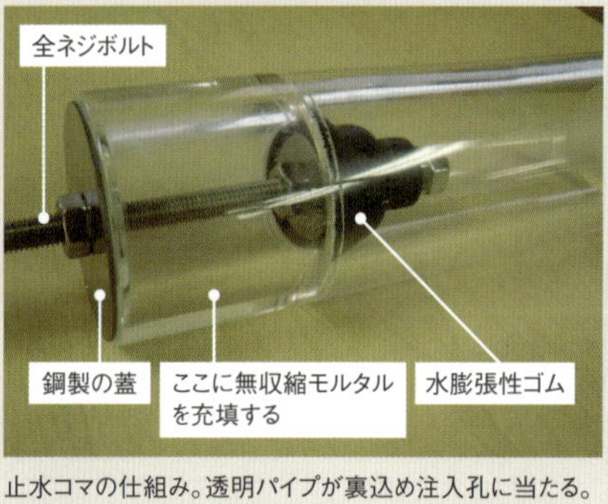

止水コマの仕組み。透明パイプが裏込め注入孔に当たる。水膨張性ゴムの付いた全ネジボルトを挿入し、無収縮モルタルを充填して蓋をする

〈押さえ蓋による漏水対策〉

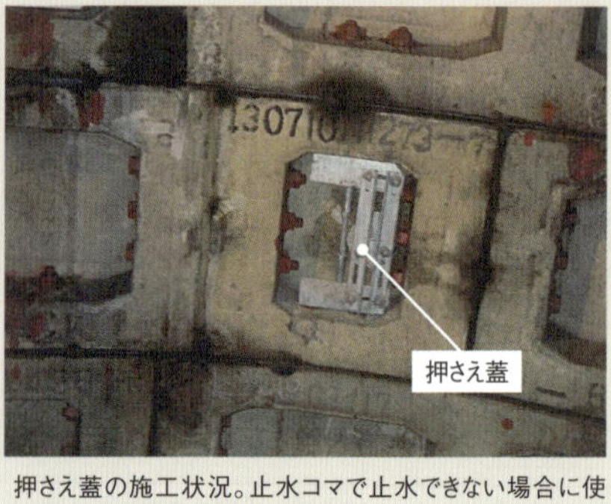

押さえ蓋の施工状況。止水コマで止水できない場合に使う。注入孔のキャップの外側に、ゴムパッキンを付けた押さえ蓋を設置する

ただし、いずれの工法も、建設年代が古く一次覆工のみのシールドトンネルで漏水が多発している区間だと、完全に止水するのは難しい。RCセグメントの漏水対策工法は、今後さらなる技術開発が必要だ。

供用後に全断面補強した例も

建設年代や地盤条件によっては、部分的な補修だけでなく、一定区間で大規模な補修や補強が必要だ。

現在主流の密閉型シールドに比べ、初期の開放型シールドでは裏込め注入の圧力を加えにくく十分に裏込め材が充填されていない場所もある。古い年代に軟弱地盤に建設した区間ではセグメントの組み立て精度が現在より低く、変形しやすい。

東京メトロの東西線ではトンネル断面の変形防止と止水対策として、約3kmにわたって大規模な二次巻き工事を実施した。既設シールドトンネルの内側に、環状に加工したH形鋼を建て込み、鉄筋コンクリートでシールド全断面を補強した。

沿岸部の軟弱地盤を通る当該区間は、1965年前後にRCセグメントの一次覆工のみで建設した。開業直後からトンネル内への漏水やトンネル自

全断面の二次巻き工事

東京メトロ・東西線で供用後に二次覆工した様子。既設シールドトンネルの内側に、環状に加工したH形鋼を建て込み、鉄筋コンクリートでシールド全断面を二次巻き補強した

体の変形が現れ始め、レールへの影響が懸念されていた。

終電から始発までの短時間で施工しなければならず、工期短縮のために施工用機械車を開発した。それでも約3kmの単線シールドの施工に14年も費やした。

ダクタイルには防錆工事

駅部など特殊な断面が必要となる箇所では、RCセグメントよりも強度の高いダクタイル（鋳鉄）セグメントを使用している。

ダクタイルセグメントは工場出荷時に重防錆塗装を施しているが、漏水環境に長期間さらされると、セグメントの内側に腐食が生じる。さびや腐食を放置すると、セグメントの肉厚が薄くなり、部材性能が低下する。

対策は防錆工事だ。まず、セグメント表面の固結したさびをケレンして洗浄したうえで、継ぎ手部などからの漏水を止水。その後、防錆剤を3層、吹き付けで塗り重ねる。

感潮河川下では塩害の可能性も

RCセグメントは、蒸気養生による高強度のプレキャスト・コンクリー

ダクタイルセグメントの防錆工事

ダクタイルセグメントの防錆工事の様子。セグメント表面の錆をケレンして洗浄し、継ぎ手部などの漏水対策を施してから、防錆材を3層にわたって吹き付けで塗り重ねる

トが使われているので、比較的緻密な空隙構造を持つ。劣化抵抗性が高い部材だ。

しかし、沿岸部や感潮河川下を通過する場合は、漏出した水に含まれる塩化物イオンに注意が必要だ。微細でもひび割れがあったり、極端にかぶりが薄かったりすると、鉄筋位置の塩化物イオン濃度が高くなる。

高強度コンクリートは、塩化物イオン拡散係数や腐食発生限界の塩化物イオン濃度といった劣化予測のための閾値《いきち》の多くが、いまだに解明されていない。コンクリート中の塩化物イオン濃度をはじめ、劣化指標データを十分に採取して判定や将来予測することが肝要だ。

先述したようにトンネル内の環境条件は地上よりも安定している。セグメントや二次覆工コンクリートに生じたひび割れが、直ちに大きな劣化の原因になるとは言えない。

重要なのは、ひび割れの特徴だ。例えば、「進展が見られないかどうか」「漏水と複合して鉄筋腐食を引き起こしていたり早期に腐食進展する恐れがあったりしないか」を判断する。建設年代や地盤条件、塩分供給条件、かぶりの大小・ばらつきなど、トンネルの置かれた状態を把握して維持管理することが必要だ。

開削トンネルの調査

中性化箇所は水分の有無を確認

開削工法で構築するトンネル構造物の調査では、中性化などの経年劣化を見逃さないことが大切だ。構造物の耐久性低下につながるので、日常の巡回に加えて2年に1度の通常全般検査などで調査する。水分の供給は中性化と塩害のいずれの箇所でも劣化状況に影響する。目視調査ではひび割れだけでなく、漏水の有無を確認することが必須だ。

開削工法によるトンネル構造物は、躯体を土留め壁の内側に築造するタイプと、土留め壁自体を利用して築造するタイプに分類できる。躯体強度に差がないので、構造物としては同じように維持管理できる。

全てのひび割れがトンネルの耐久性を低下させるわけではないものの、経年による変状はコンクリート構造物の耐久性低下につながる。そうした変状を定期的に検査・記録し、健全度に応じた補修・補強工事を実施することで躯体を延命化できる。

東京メトロでは、開削トンネルの経年による劣化機構を中性化と塩害に分類している。まずは経年劣化の調査方法を押さえることが肝要だ。

構造変化部のひび割れに注意

鉄道のトンネル構造物は日常の巡回に加え、国土交通省が定めた「鉄道構造物等維持管理標準」に則した基準や規則を、事業者自らが定めて検査する。その検査で評価した健全度判定に基づき、補修・補強工事を計画的に実施する。

検査には次のような種類がある。新設した構造物には初期状態の把握などを目的に「初回検査」を、供用中のトンネルには「全般検査」をそれぞれ実施。全般検査には2年ごとの「通常全般検査」と、20年ごとの「特別全般検査」がある。

全般検査の結果、詳細な検査が必要と判断された構造物に対しては、

検査のポイント（1）

■ 検査の種類と内容

検査		目的	検査周期（時期）	検査項目	健全度判定
初回検査		構造物の初期状態の把握	新設・改築時	入念な目視。必要に応じてその他の方法	A・B・C・Sに区分 剥落に対してはα・β・γに区分
全般検査	通常	構造物の変状の抽出	2年に1回	目視	
	特別	健全度の判定の精度を高めること	20年に1回	入念な目視。必要に応じて各種の方法	
個別検査		変状原因の推定、変状の予測、性能項目の詳細な照査	—	入念な目視。変状の状態により各種の詳細な調査	Aをより細分化して区分
随時検査		異常時など必要と判断された場合に実施	—	目視。必要に応じてその他の方法	A・B・C・Sに区分 剥落に対してはα・β・γに区分

（資料：下も鉄道総合技術研究所編「鉄道構造物等維持管理標準・同解説［構造物編］トンネル」）

■ 構造物の状態と標準的な健全度判定区分

判定区分		構造物の状態
A		運転保安や旅客・公衆などの安全、列車の正常運行の確保をおびやかす、またはその恐れのある変状などがあるもの
	AA	運転保安や旅客・公衆などの安全、列車の正常運行の確保をおびやかす変状があり、緊急に措置を必要とするもの
	A1	進行している変状などがあり、構造物の性能が低下しつつあるもの、または大雨や出水、地震などにより、構造物の性能を失う恐れのあるもの
	A2	変状などがあり、将来、それが構造物の性能を低下させる恐れのあるもの
B		将来、健全度Aになる恐れのある変状などがあるもの
C		軽微な変状があるもの
S		健全なもの

「個別検査」を実施して、より精度の高い健全度判定を下す。さらに地震や大雨などが発生したら、変状の発生有無を確認するために、「随時検査」を実施する。

検査の基本は、目視およびハンマーによる打音検査だ。目視では、ひび割れや漏水、鉄筋露出、さび汁、エフロレッセンス、ジャンカといった変状に加えて、構造物全体の変形、傾斜状況を観察。打音検査を併用して、剥離や浮き、内部空洞の有無を推定する。

検査結果をもとに健全度を判定するとともに、変状を記録する。検査時にコンクリートの浮きなどを見つけ、剥落の危険性があった場合には、その場でたたき落とすようにする。

開削トンネルでは、構造変化部や中間杭切断箇所、コンクリート打ち継ぎ目、打設ブロック境界などの幾何学的な境界条件が変化する場所で、ひび割れが生じやすい。条件変化点は特に注意して検査する。

一般に健全度は構造物の状態を6段階で判定する。上から3番目のレベルとなるBよりも健全だと判定した箇所は経過観察とする。健全度判定でBよりも下のランクとなるAと判断した場合、変状原因が判明していれば、補修・補強工事などの対策を講じる。すぐに変状原因が判明しなければ、まずは個別検査でその原因を特定する。

東京メトロでは、かつては検査者が目視で変状を確認し、手書きで変状展開図を作成していた。現在は、正確さと客観性を高めるために、デジタル可視画

検査のポイント(2)

特別全般検査の様子。1435mmと1067mmの双方の軌間に対応し、全路線のトンネルで検査可能な高所作業車を開発・製作した。上床の近接目視や打音検査が可能

可視画像撮影の様子。モーターカーで撮影機材をけん引する。撮影した画像を連続した1枚の展開図状に張り合わせ、画像からひび割れなどの変状をトレースすれば、個別の変状が識別可能な管理図を作成できる

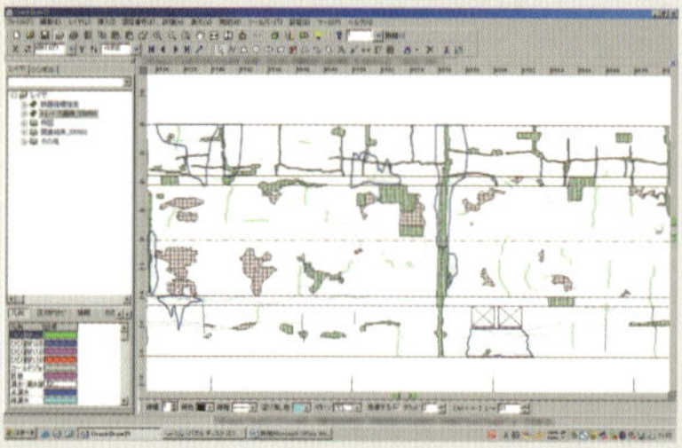

デジタル管理図のイメージ。システムは、通常全般・特別全般の各検査情報や線路平面図、工事履歴情報、事故・災害情報、「お客様ご意見情報」などで構成されており、画面上から各情報にリンクしている

像を使った展開図も併せて作成している。

漏水がなければ100年は無事

中性化は、大気中の二酸化炭素の浸入によってコンクリート中のアルカリ性が徐々に失われ、内部鉄筋の酸化物皮膜が消失して、二酸化炭素や水分で鉄筋が腐食しやすくなる劣化現象だ。中性化が進行したからといって、すぐに鉄筋腐食に直結し、トンネルの耐久性が低下するわけではない。

中性化調査のポイント

■ 中性化による劣化現象のイメージ

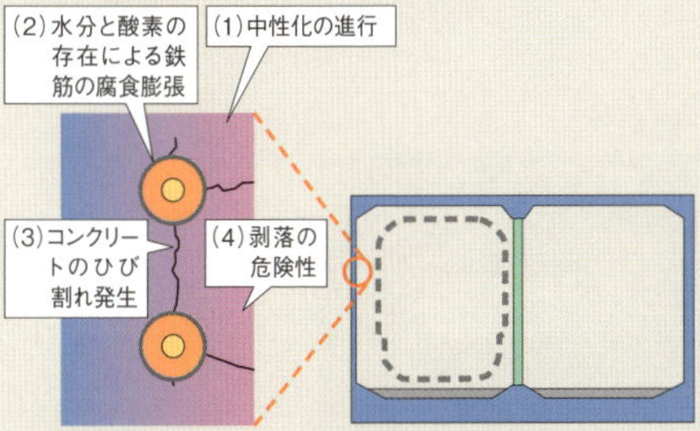

■ 中性化によるひび割れ発生予測のイメージ

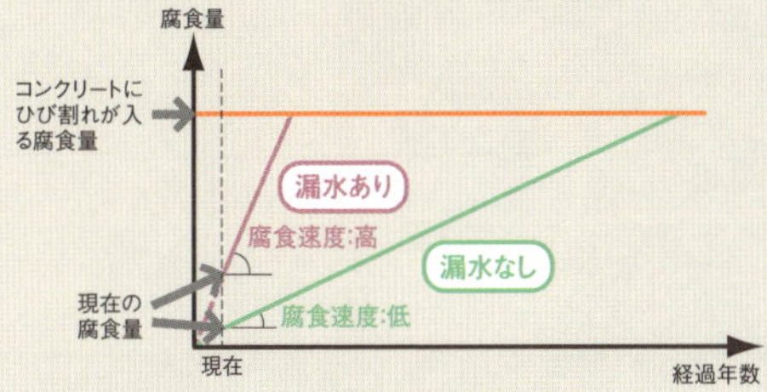

中性化が鉄筋位置に到達して鉄筋腐食が始まった後、漏水がない箇所ではさらに100年以上もひび割れが発生しないと予測された。一方、漏水がある場合は、10年ほどでひび割れが発生する可能性があると予測

〈健全な内部鉄筋〉

〈軽微な腐食がある内部鉄筋〉

中性化の例。上は漏水がなく、鉄筋位置までの中性化残り10mmの箇所で、内部鉄筋の腐食が無い。下は漏水があり、中性化残りマイナス30mmの箇所。欠損は軽微なものの、やや厚みのあるさびが生じている

例えば、築造されて80年以上が経過する銀座線では、同じ中性化が進行している箇所でも、水分供給の有無で鉄筋の腐食状況に差が生じている。水分の供給がなく、コンクリート中の含水率が一般の構造物と比較して極端に低い箇所では鉄筋の腐食が見られない。逆に、トンネル内で漏水が散見される箇所の近くでは当然ながら含水率が高く、鉄筋の腐食が進んでいる。

検査データをもとに、鉄筋腐食の速度と腐食ひび割れが発生するまでの期間を算出したところ、漏水がない箇所では中性化が鉄筋位置に到達後、さらに100年以上たってもひび割れが発生しないという予測結果が出た。一方、漏水がある箇所では、中性化の到達後、10年ほどでひび割れ

塩害調査のポイント

〈塩害調査と塩化物イオン濃度の測定結果〉

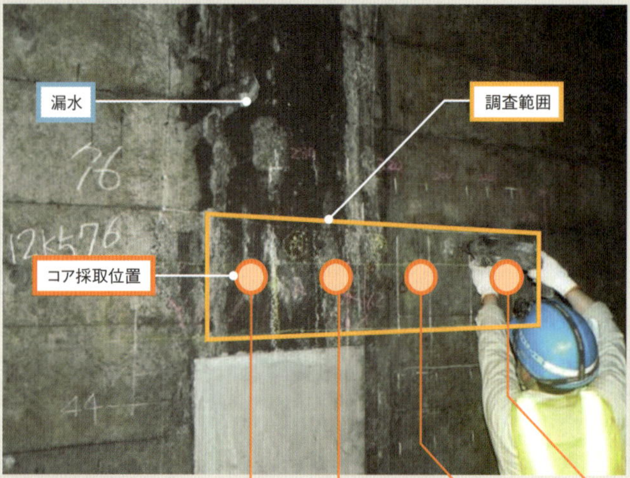

塩害調査の様子。漏水による湿潤箇所から横に1mを調査範囲として、30cmごとにコアを採取して表面と鉄筋位置の塩化物イオン濃度を測定する

塩化物イオン濃度

表面	11.1	3.6	0.3	0.1
鉄筋位置	6.9	0.0	0.0	0.0

(単位:kg/m^3)

が発生する可能性がある。

つまり、トンネルのような外部から隔離された環境下にある構造物は、劣化進行の程度をコンクリートの中性化深さだけでは評価できない。含水状態や実際の鉄筋の腐食状況を十分に考慮する必要がある。

目視調査ではひび割れだけでなく、漏水などによる水分供給がないかどうかを確認し、中性化深さや鉄筋腐食の程度を個別に調査することで、定量的なデータを採取して解析する。それによって、構造物の健全性と今後の進行速度を工学的な根拠に基づいて判断し、長期的な視点で維持管理のシナリオを設定できる。

30cm離れるだけで異なる劣化状況

塩害が発生しやすい箇所は、地下トンネルが河川や運河、堀、埋め立て地と交差または近接している箇所だ。東京メトロが実施したコア調査では、特に感潮河川域で漏水や漏水痕があると、その付近で局所的に塩害が進行しているケースが多かった。

例えば、漏水直下のコアでは表面と鉄筋位置でともに塩化物イオン濃度が高いのに、漏水箇所から30cmほど離れると、表面と鉄筋位置の両者がほぼゼロの値を示した。鉄筋の状態も同様に、漏水箇所には腐食が見られたものの、わずかに離れただけで腐食が見られなかった。

塩化物イオン濃度が高い漏水箇所でしか劣化が進まない状況は、沿岸部の構造物のように、飛来塩分が部材全体に作用して劣化する一般的な塩害劣化とは異なる。まだ不明なことも多く、現在、現地調査の分析を進めている。例えば、既存トンネルで塩害が顕在化し得る範囲などを調べている。

目視調査で感潮河川付近のトンネルに漏水箇所を見つけたら、まずは塩化物イオン濃度を調べる。濃度が高ければ、さらにコア調査を実施して鉄筋腐食の進行具合を把握する必要がある。

開削トンネルの補修

漏水箇所によっては止水しない

地下鉄の駅部は大部分を開削トンネルで構築している。設備が多くて止水しづらいことや再漏水すると利用客がぬれる恐れがあることから、漏水を外部に逃がす導水工法を選ぶ場合もある。再漏水箇所の補修は既設補修材を撤去するので、はつり範囲が広くて深い。モルタルの付着力低下による落下を防ぐため、アンカー鉄筋と横鉄筋を設置する。

構造物の補修は、劣化や損傷の種類、部位によって優先順位を付ける。東京メトロでは、特に列車運行に影響する劣化や損傷を最優先に補修する。同様に開削トンネルが大部分を占める駅部も、利用客に影響を及ぼすので優先する。

漏水対策には、漏水を止める（止水する）目的の工法が二つある。一

漏水補修工法のポイント

■ 再漏水箇所の止水の施工手順（注入パイプの取り付け箇所）

(1) はつり　(2) 注入パイプ取り付け　(3) ひび割れ補修・薬液注入　(4) 注入パイプ撤去　(5) 水膨張性ゴム取り付け

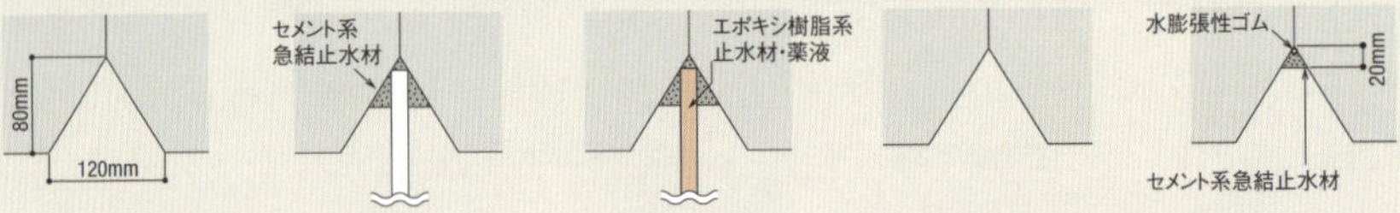

(1) 補修材を完全に撤去する。注入パイプを取り付けない箇所は手順(5)に続く

(2) 注入パイプをセメント系急結止水材で取り付ける

(3) エポキシ樹脂系止水材・薬液を注入する

(4) 止水効果の確認後、注入パイプおよびセメント系急結止水材を撤去する

(5) 水膨張性ゴムをセメント系急結止水材で取り付ける

(1)はつり

(2)注入パイプ取り付け

つは、ひび割れに沿ってコンクリートをU字形またはV字形にカットし、その部分に樹脂やセメント系の材料を入れる充填工法。もう一つは、トンネル背面などに注入材を流し込んで止水する注入工法だ。

アンカー鉄筋と横鉄筋で剥落防ぐ

一方、止水せずに、漏水を鋼板などでトンネル内の排水溝に誘導して排水する導水工法もある。本来ならば止水するのが望ましいが、漏水を止めても、隣接箇所から新たな漏水が発生する場合があるからだ。特に駅部では、設備が多いことや、再漏水の際に利用客がぬれる恐れがあることから導水工法の採用が多い。

漏水対策のうちで最も適用頻度が高いのは充填工法だ。ひび割れに沿って止水材を充填するだけではなく、補修後の再劣化を防ぐため、施工上、

(6) アンカー鉄筋設置

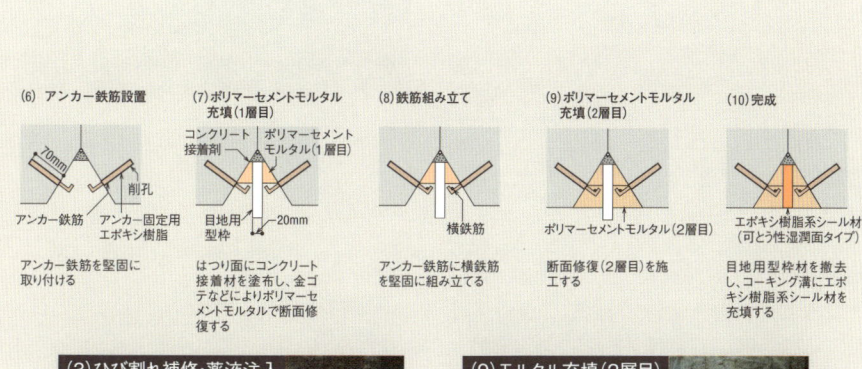

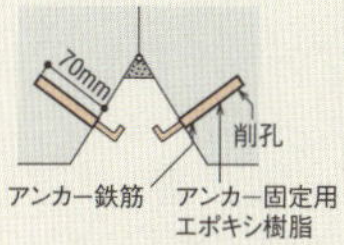

アンカー鉄筋を堅固に取り付ける

(7) ポリマーセメントモルタル充填(1層目)

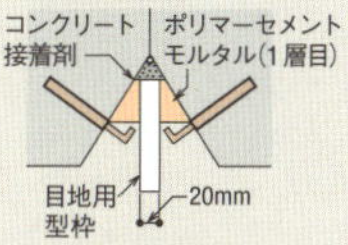

はつり面にコンクリート接着材を塗布し、金ゴテなどによりポリマーセメントモルタルで断面修復する

(8) 鉄筋組み立て

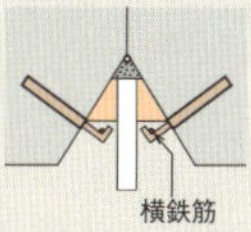

アンカー鉄筋に横鉄筋を堅固に組み立てる

(9) ポリマーセメントモルタル充填(2層目)

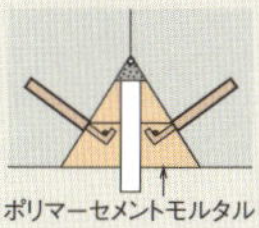

断面修復(2層目)を施工する

(10) 完成

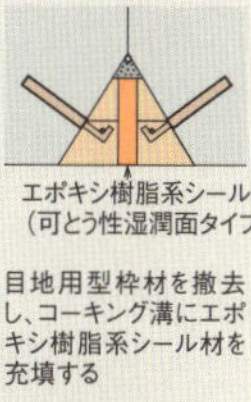

目地用型枠材を撤去し、コーキング溝にエポキシ樹脂系シール材を充填する

(3) ひび割れ補修・薬液注入

(9) モルタル充填(2層目)

剥離箇所の補修のポイント

■ 補修2型の施工手順（側壁・上床コンクリート）

(1) 露出鉄筋に防錆《せい》剤塗布
(2) カプセルアンカー打設
(3) 全ネジアンカーボルト打設
(4) 水洗い・清掃
(5) プライマー塗布
(6) ポリマーセメントモルタル塗布
(7) 溶接金網設置
(8) 金網止め座金取り付け
(9) ポリマーセメントモルタル（仕上げ）塗布
(10) 完成

(4) 水洗い

■ 補修2型の断面図（側壁・上床コンクリート）

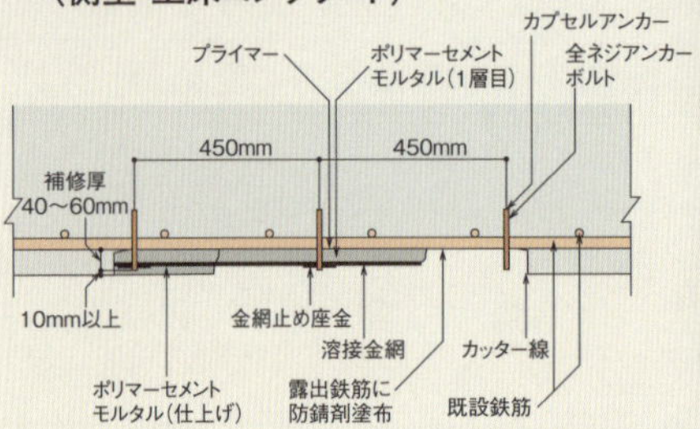

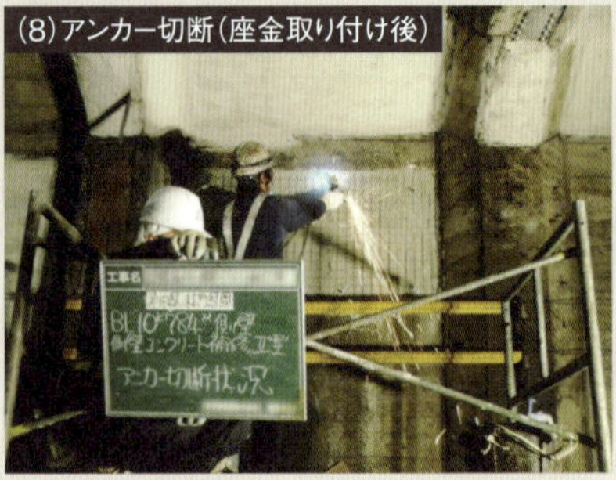
(8) アンカー切断（座金取り付け後）

次の3点に注意する。(1) ひび割れ箇所を塞ぐために薬液を注入する。(2) 水膨張性ゴムを入れて再漏水を防止する。(3) 修復材料の中に補修後のひび割れ幅の変動に追従できるエポキシ樹脂を加える。

修復箇所からの再漏水を修復する際は、前回修復した部分以上をはつるため、はつり深さが大きく、モルタル量が多くなる。210、211ページの囲みに再漏水箇所を止水する際の施工手順を示した。通常の修復と異なり、モルタルの落下を防ぐために、アンカー鉄筋と横鉄筋を設置する。

補修で最も多いのは漏水対策だが、点検時にたたき落とした剥離箇所を補修するケースも多い。

(5)プライマー塗布

(7)溶接金網設置

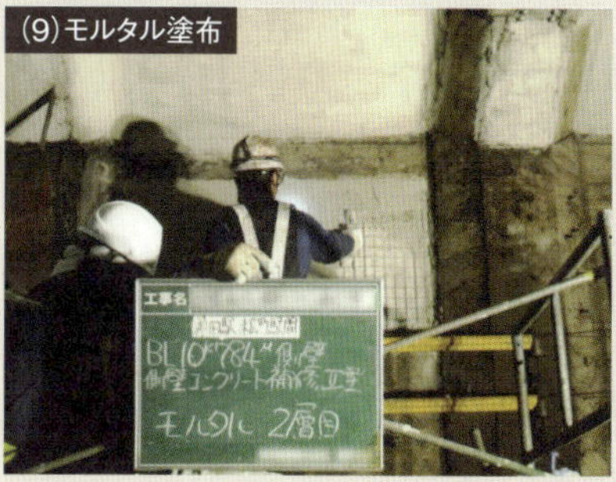

(9)モルタル塗布

(10)完成

はつり深さで定着方法を変える

開削トンネルの構築は、シールドのセグメントと異なり、現場でコンクリートを打設する。打設や養生の条件が一定ではないので、浮きや剥離が発生しやすい。

剥離したかぶりコンクリートは当該箇所を除去した後、劣化因子の浸入や鉄筋腐食を抑制するために断面修復を施して、鉄筋の防錆《ぼうせい》効果を回復させる。東京メトロでは、コンクリート表面からの劣化範囲の深さに応じ、補修工法を3種類に区分。修復モルタルが剥落しないように、その厚みによってモルタルの定着方法を変える。

具体的には、はつり深さ40mm未満の「コンクリート補修1型」では連続繊維シートを、はつり深さ40mm以上70mm未満の「同2型」では溶接金網を、はつり深さ70mm以上の「同3型」では2層の溶接金網をそれぞれ設置する。2型の施工手順を212、213ページの囲みに示した。計画的に補修を進めれば、3型のように劣化深さが大きくなる前に手を打てる。

漏水箇所だけ部分補修

発生頻度は高くないものの、中性化や塩害といった劣化因子に応じた補修も重要だ。中性化対策には、表面被覆工法を用いる。コンクリート表面に被覆を施すことで、中性化の原因である二酸化炭素の浸入を阻止して中性化の進行を抑制できる。

東京メトロでは、1987～89年に銀座線の健全度調査を実施し、一部区間でコンクリートの中性化が鉄筋付近まで進行している箇所を見つけた。当時は、通気性の低いアクリル系の仕上げ材を表面被覆に使って中性化抑止工事を施した。

現在では、中性化が進行している箇所を見つけても、全てに表面被覆を施すわけではない。中性化が鉄筋位置まで進行しても、トンネル内では雨による水分供給がほとんどないため、鉄筋腐食が進まないことが明らかになったからだ。

そのため、駅間トンネル全体を表面被覆するような補修工事は実施せず、漏水で劣化している箇所など、部分的に表面被覆工法を採用する。

塩害に対しては、東京メトロでは止水工法を用いる。一般的には、電気化学的補修工法があるが、コンクリート中の塩分を電気的に表面側へ引き寄せてコンクリートの外部に除去するには、8週間程度の通電期間が必要だ。長期間、列車運行に影響を及ぼすので、地下鉄のトンネルでは現実的ではないと判断している。

止水工法で漏水を止め、塩分の供給源を断つ。そのうえで、塩化物イオンを含むコンクリートを除去して内部鉄筋を防錆処理し、断面修復する。塩化物イオンなどの浸入を抑制するために、表面被覆も施す。

東京メトロでは現在、感潮河川下など塩害発生が多い箇所を注意深く検査している。地下鉄トンネルでの塩害発生メカニズムを解明すれば、条件に応じた将来の状態が予測できる。塩害が顕在化する前に補修する中長期的な対策の作成を目指す。

Part 8

港湾施設

点検・調査の勘所（港湾施設）

桟橋はこまめに下面を確認

一口に港湾施設といっても、様々な種類の構造物の組み合わせでできており、それぞれに点検すべきポイントは違う。鉄筋コンクリートでできたケーソンや桟橋の上部構造ならば塩害に注意し、鋼製の桟橋下部構造や鋼矢板ならば被覆防食の状態を確認する。種類の違う構造物は、劣化度を4段階で相対的に評価して、対策の実施順序を決める。

港湾の施設は、様々な形式の構造物から成り立っている。係留施設では桟橋式係船岸やケーソン式係船岸、鋼矢板式係船岸などだ。さらに、これらの構造物は複数の部材で構成されている。

例えば、桟橋式係船岸は、主要部材であるコンクリート製の桟橋上部構造や鋼管杭などによる下部構造のほかに、荷役スペースのエプロンや付属設備の防舷材や係船柱などを含む。防波堤として設置したケーソン式混成堤ならば、鉄筋コンクリート製のケーソンだけではなく、無筋コンクリートかそれに近い上部構造、消波ブロックから成る。

港湾構造物の点検や調査の難しさは、このように構造物が多様な点にある。しかも、海水に接しているので直接目視することも難しい。

種類の異なる構造物を相対的に評価するために、一般的には点検や調査の結果を踏まえて、劣化度をa、b、c、dの4段階に割り当てる。その評価をもとに対策の要否判定や実施順序を検討すればよい。

港湾構造物のなかで、点検や調査を比較的実施しやすいのはエプロンの舗装面だ。港湾構造物上を走行するのは大型車両が多く、その輪荷重の繰り返しによって舗装面が沈下したり舗装コンクリートがブロック状にひび割れたりすることがある。

そのような劣化を確認したら、陸上部ならば基礎地盤の沈下や地中埋設物の損傷による陥没などを疑う。桟橋上の場合には、その下のコンクリート床版に漏水を伴う貫通ひび割れなどが発生して、劣化が進行して

港湾施設の点検ポイント

■ 港湾施設を構成する構造物

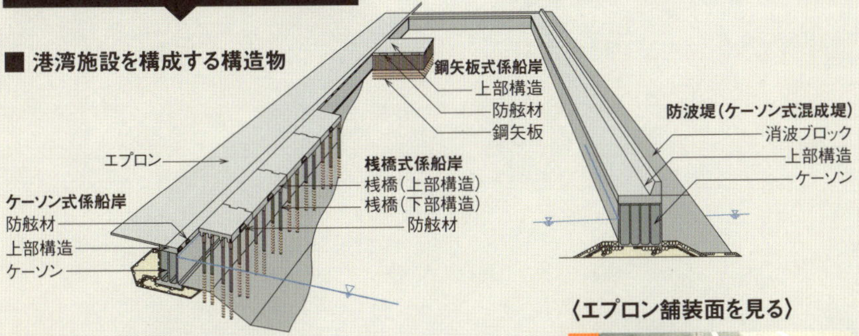

■ 港湾構造物の劣化度判定表

劣化度	部位や部材の状態
a	部材の性能が著しく低下している状態
b	部材の性能が低下している状態
c	部材の性能低下はないが、変状が発生している状態
d	変状が認められない状態

（資料：国土交通省港湾局監修「港湾の施設の維持管理技術マニュアル」、沿岸技術センター、2007年10月）

〈エプロン舗装面を見る〉

重車両の通行による損傷

いる可能性が考えられる。

[ケーソン] 海中は鉄筋腐食が進まない

係船岸と防波堤のどちらに使われているにせよ、ケーソンは製作時の乾燥収縮や温度応力によって、ひび割れが発生している場合がある。

特に規模の大きいケーソンの場合は、壁面や上部構造、パラペット（波返し）に温度ひび割れが発生しやすい。これらのひび割れの幅が広がっていないか、ひび割れからさび汁などの鉄筋腐食に起因する劣化が見られないかを確認することが、点検時のポイントの一つとなる。

目地部も確認する。ケーソンは基礎マウンドの上に設置するので、基礎の変形が進むとケーソン自体が動く。目地部でケーソン同士が互いにぶつかると、くさび状にコンクリートが剥離する。逆に目地が開きすぎると、背面土砂の流出や背後の地盤の陥没を引き起こす。

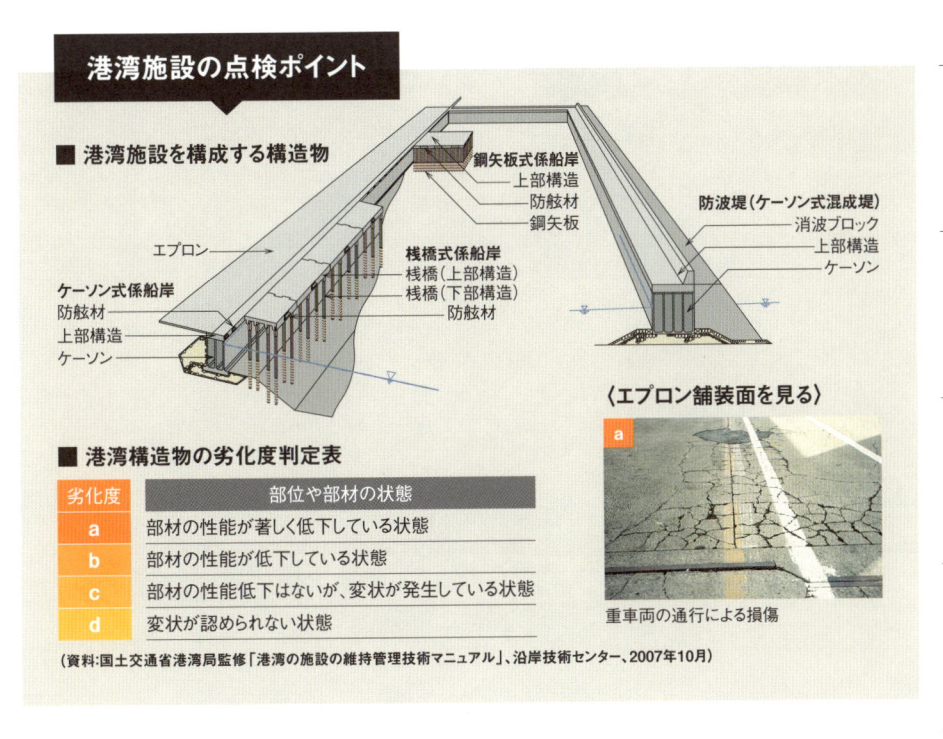

ケーソンの点検ポイント

■ ケーソンに発生する可能性の高い初期ひび割れ

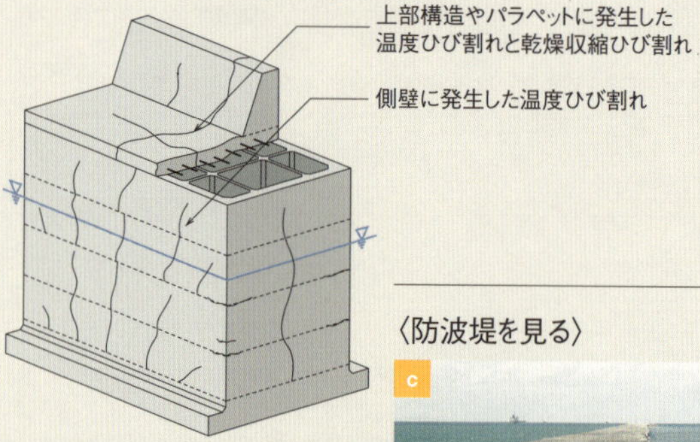

〈目地部を見る〉

目地部での競り合いによる破損

〈防波堤を見る〉

波浪の影響による前面の凹凸

消波ブロックによる損傷

〈塩害状況を見る〉

鉄筋に沿ったさび汁

鉄筋のかぶり部分の剥落

広い範囲の剥落

防波堤では、高波浪を受けてケーソンが移動し、前面に凹凸が発生することがある。消波ブロックが波浪で動くと、ケーソンに損傷を与えたり、消波ブロック自体の損傷や沈下につながったりする。

これらの損傷を未然に防止することはできないが、変状の進行速度を把握し、損傷が激しくなる前に対策を施す計画を立てることが大切だ。

ケーソン自体は鉄筋コンクリート製なので、鉄筋のかぶりが不十分だと塩害を受ける。ただし、塩害劣化は干満帯から気中部にかけてのみ確認される現象で、海中部では鉄筋腐食がほとんど進まないと考えてよい。海中部にあるコンクリート中の鉄筋には酸素が供給されにくく、腐食速度が極端に遅いためだ。

干満帯より上の塩害進行は、まずかぶりの小さい鉄筋に沿ってさび汁が発生し、やがてかぶり部分のコンクリートの一部が剥落する。剥落の範囲が広がると鉄筋の腐食は急速に進行し、壁部材としての性能が大きく低下する。さらに劣化が進んで壁が損傷すると中詰め砂が流出し、ケーソンの安定性を大きく損なう。

［桟橋］塩害が生じやすい場所を知る

桟橋の上部構造は、最も塩害を受けやすい構造物の一つだ。鋼管杭などの鋼材でできた下部構造は、防食のために表面が被覆されているものの、いったん被覆層が損傷すると鋼材の腐食が急速に進行し、構造物の性能が大きく低下する。

劣化しやすいという点で、桟橋は点検や調査が特に重要な構造物の一つだ。しかし、海面上の床版下面を点検するのは容易ではない。

一般的な桟橋は、梁と床版で構成された鉄筋コンクリート製の上部構造を、被覆防食された鋼管杭が支持する構造だ。上部構造と下部構造の接合部には、確実に力を伝達するために、梁幅を広げて鋼管杭を定着した杭頭部がある。

上部構造下面の点検にはボートを使うが、上空が上部構造で覆われているので薄暗い状態にある。波浪の影響を受けて常に揺れながらの作業となるので、非破壊検査機器を使うのも難しい。経験を積んだ技術者の目視に頼る点検とならざるを得ないため、点検する技術者は十分な経験を積むことが大切だ。

上部構造は、塩害で主筋やスターラップなどの鉄筋腐食が顕在化した段階では手遅れとなっている場合が多い。鉄筋腐食が始まる前の段階で塩害状況を把握することが大切だ。

初期段階は、施工時に型枠内に落とした金属や鋼製スペーサー、セパレーターなどの表面近くにある鋼材の腐食として現れる。こうした劣化がすぐさま致命的な損傷に至ることはないものの、この段階の劣化状態を見逃さないことが重要だ。

建設後の経過年数にもよるが、上記のような塩害の予兆を確認したら、まずはコンクリート中に浸透した塩化物イオン濃度を測定して今後の劣化進行を予測する。その予測を念頭に点検や調査を実施し、必要に応じて予防保全的な対策を施す。

桟橋上部の点検ポイント

■ 桟橋を下側から見た概念図

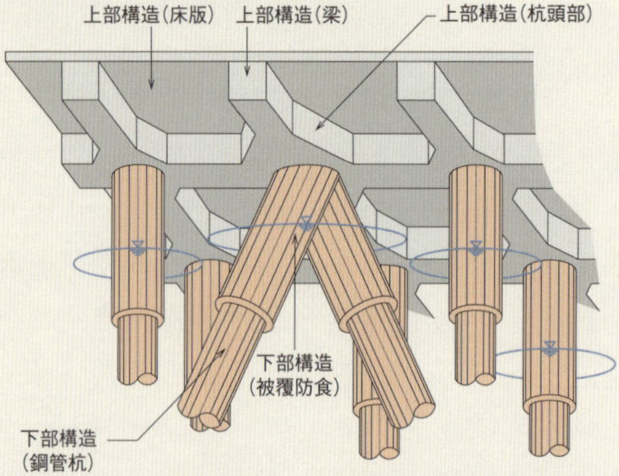

〈上部構造下面を見る〉

ボートで目視点検

〈梁の主筋を見る〉

主筋に沿った腐食ひび割れ

〈塩害の予兆〉

セパレーターなどの腐食によるさび汁

施工時に型枠内に落とした金物や鋼製スペーサーの腐食

〈床版を見る〉

エフロレッセンスを伴うひび割れ

[桟橋上部構造（梁）] 隅角部の主筋は塩害を受けやすい

梁部材ならば、塩害を受けて最初に腐食する鉄筋は、外側に位置するスターラップだ。腐食が進むと、部材のせん断耐力が低下する。

スターラップは打設時にコンクリートの重みで下がり、かぶり不足になっているケースもある。適正なかぶりがあっても、一番外側の鉄筋なので、最初に塩害を受ける。

主筋は、スターラップと比べればかぶりが大きいものの、隅角部が塩害を受けやすい。梁の底面と側面の両方から塩化物イオンが浸入するか

〈スターラップ鉄筋を見る〉

かぶり不足のスターラップの腐食による剥落

ひび割れ幅が大きくても、さび汁が伴わないことは多い

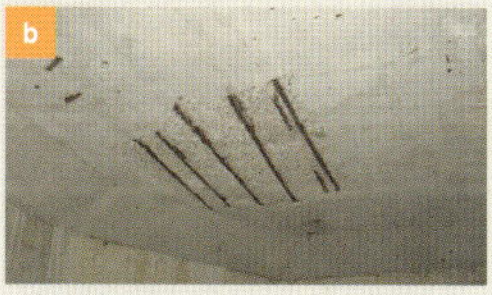

かぶりの小さい鉄筋が腐食してコンクリートが剥落

かぶり不足ではなくてもスターラップから腐食は始まる

主筋の腐食とコンクリートの剥落

広範囲でひび割れを伴う浮きが確認されるがさび汁はない

〈PC部材を見る〉

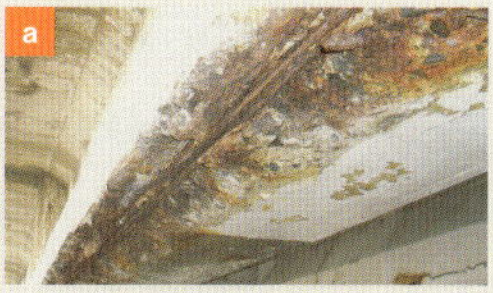

PC鋼線の腐食とコンクリートの剥落

広範囲で鉄筋が露出し、鉄筋の断面積も減少

かぶりが剥落し、鉄筋が垂れ下がった

らだ。腐食が進行すると、鉄筋に沿って腐食ひび割れが発生する。

初期段階の腐食ひび割れはさび汁を伴っていない場合もある。そのときも内部の鉄筋は腐食が進行している。さらに劣化が進むとかぶりコンクリートが剥落し、鉄筋が直接露出して一気に腐食が進む。

PC（プレストレスト・コンクリート）部材も、劣化の進行過程は同様だが、鋼材腐食による引張力の低下や剥落によるコンクリート断面の減少は部材の耐荷力に致命的な影響を及ぼす。鉄筋コンクリート以上に、早い段階で劣化の予兆を察知して必要な対策を施すことが大切だ。

［桟橋上部構造（床版、杭頭部）］下面はたたいて浮きを確認

床版で注意すべき劣化現象の一つは、漏水を伴うひび割れだ。

輪荷重を直接受ける床版は、大きな繰り返し荷重が作用すると舗装面直下の防水層が損傷し、床版に生じたひび割れに雨水が浸入する。その結果、床版下面にエフロレッセンス（白華現象）が発生する。雨水の浸透を伴うひび割れは塩害と疲労の複合劣化に発展しやすく、劣化速度も雨水の浸透がない場合より速い。

点検で床版下面にエフロレッセンスが見られなくても安心できない。床版は平面的な部材なので、かぶりの小さい鉄筋が腐食すれば局所的な剥落が発生する。

かぶりが確保された部分でも、塩化物イオンの浸透が多くなると、腐食ひび割れを伴う浮きが生じる。浮きはさび汁などの顕著な劣化現象を伴わない場合もあるので、目視による発見が難しく、発見しても劣化がそれほど大きくないように見える。

しかし、実際には内部鉄筋の腐食が進んでいることが多い。浮きの発見のためには目視だけでなく、打音法の併用などで注意深く点検する。

いったんかぶりコンクリートが剥落すると、鉄筋が露出して腐食が急速に進む。この段階で床版に輪荷重などの集中荷重が作用すると、床版

コンクリートがブロック状に抜け落ちることがある。安全性の観点からも、広い範囲で鉄筋の露出を見つけたら構造物の供用を停止すべきだ。

この状態に至るまで床版の上面には顕著な劣化が現れない。こまめに下面を点検することが大切だ。

杭頭部は、鋼管杭に鋼板を溶接し、その鋼板に梁の主筋を接合していることが多い。塩害劣化は、梁から延びた鉄筋だけでなく、溶接された鋼板に及ぶ場合が多い。桟橋特有の構造条件だ。

［桟橋下部構造］古い鋼管杭は被覆が無いことも

港湾構造物に鋼管杭などの鋼材を使う場合、現在では海中部は電気防食、干満帯から上方は被覆防食で腐食を防止する。しかし、20～30年ほど前は、腐食が均一に進行すると仮定して、あらかじめ肉厚を大きくして「腐食しろ」を取った設計方法が数多く採用されていた。経過年数の長い鋼構造物では被覆防食を適用していないものもある。このような構造物は、干潮面付近に集中腐食が発生して致命的な劣化状態になっている場合があるので特に注意する。

下部構造で比較的簡単に目視できるのは海面より上側だ。その部分に被覆防食が適用されているか否かを確認する。被覆されていない場合には、海中部も含めて肉厚測定などを早急に実施し、下部構造の腐食状況を詳細に把握する。

被覆防食が適用されていても、防食の種類で劣化の特徴は違う。

被覆厚が数ミリ程度以下の有機系被覆ならば、被覆材の変色やひび割れなど被覆材料自体の劣化が直接防食性能に影響を与える。鋼材表面が露出するほどの劣化に至っているか否かを確認することが大切だ。

モルタル被覆の場合は、被覆厚が5～10cm程度なので、モルタル表面の劣化が防食性能に直接影響を与えることはない。しかし、モルタル層の大きなひび割れやモルタルの脱落、内部鋼材の腐食によるさび汁の

桟橋下部の点検ポイント

〈杭頭部を見る〉

杭頭部の典型的な劣化現象

劣化した杭頭部をはつり出したところ

〈有機系被覆を見る〉

水中硬化型の被覆の白亜化とひび割れ

FRPのひび割れ。海生生物の下にもひび割れが隠れている

〈モルタル被覆を見る〉

モルタル被覆が剥がれて鋼材が露出した状態

海生生物を除去すると鋼材が腐食して孔が開いている

〈海中部を見る〉

海中部は海生生物に覆われている

鋼管杭の集中腐食

鋼矢板の点検ポイント

防食被覆が劣化して鋼矢板が激しく腐食している

干潮面付近で鋼矢板に孔が開いている

滲出《しんしゅつ》などがあれば、防食性能が大きく低下していると判断できる。

被覆防食の健全性が損なわれていると判断したら、必要な範囲の被覆材を除去した後に鋼材の腐食状態を把握し、肉厚測定なども実施する。

上部構造と異なり、表面に海生生物が付着して直接目視できない場合も多い。確認箇所は、部分的に海生生物を除去する。

海中部は土木技術者自らが確認できないので、潜水士が潜って目視する。確認するのは、海中部にある電気防食の陽極が健全か否かだ。もし、電気防食が十分な効果を発揮していなければ、干潮面付近を中心に、海生生物を除去して集中腐食で穴が開いていないかを確認するとともに、肉厚を調べて腐食の進行を確認する。

[鋼矢板] 矢板同士のつなぎ目は弱点

鋼矢板式係船岸も、桟橋の下部構造と同様に、被覆防食と電気防食を併用する。点検の要領も同じだ。ただし、矢板の場合は複数の矢板をつなぎ合わせるセクションと呼ぶ爪がある。この部分が被覆防食の弱点となりやすい。爪の部分を中心に被覆防食の剥離やひび割れ、さび汁の有無などの劣化状態を確認する。

港湾施設もほかの構造物の維持管理と同様に、定期的な点検によって早い段階で劣化を把握し、早めの対策を検討することが大切だ。

栈橋の調査・設計

6～10年に1度は詳細定期点検

港湾施設のなかでも、桟橋は特に塩害の影響を受けやすい。鉄筋コンクリートの上部工と鋼管杭の下部工とでは、劣化のメカニズムや補修方法も異なる。荷役機械や貨物が直接載るので、劣化による損傷は重大な事故につながりかねない。適切な時期の定期点検や各部材の劣化予測を実施して、劣化が顕在化する前に手を打つことが肝心だ。

港湾施設の特徴は、構造物の大半が海水に接する位置に築造されていることだ。そのため、主な構成部材である鋼材やコンクリート部材に、塩害による経年劣化を生じやすい。

特に、直接海洋上に設置されている桟橋式構造は常に波しぶきにさらされているため、塩害による影響を受けやすい。上部工（鉄筋コンクリートやプレストレスト・コンクリート）と下部工（鋼管杭）ともに、多くの劣化事例が報告されている。

いつまで施設を利用するか

鉄筋コンクリート部材で構成された上部工は、空気と海水の双方にさらされる干満帯から飛まつ帯に位置している。コンクリート中に塩化物イオンと酸素、水分が供給され、鉄筋が腐食しやすい環境だ。鉄筋が腐食すると腐食ひび割れが生じ、そのまま放置するとかぶりコンクリートの剥落などに至る。コンクリートの劣化は加速度的に進行する。

鋼管杭で構成される下部工は、飛まつ帯から海水中に位置している。杭頭部から干満帯付近までの範囲には被覆防食､海水中には電気防食（流電陽極）の対策をそれぞれ施すのが一般的だ。

十数年前まで、港湾施設の補修の考え方は、劣化が顕在化した後に補修する「事後保全的」な対策が一般的だった。劣化因子に対する抜本的な対策が取られておらず、再劣化が生じるケースは多く見られた。

桟橋の経年劣化の特徴

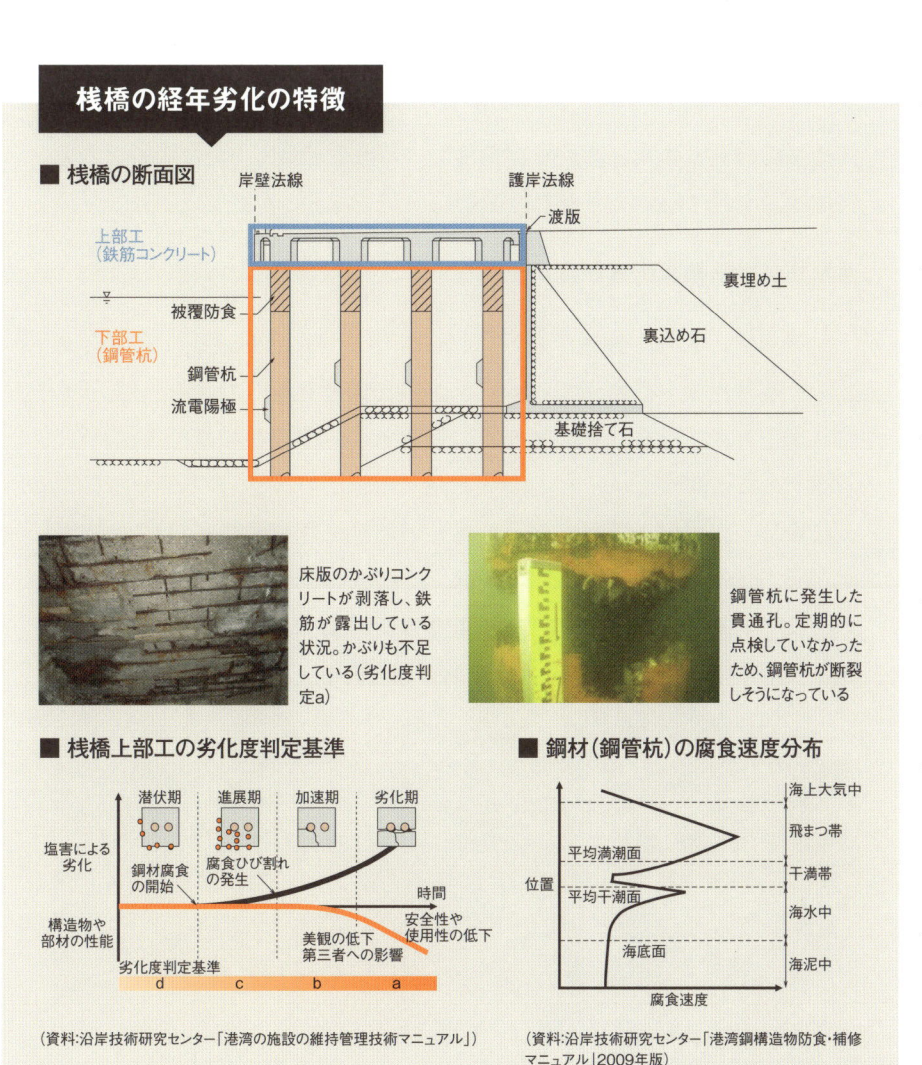

■ 桟橋の断面図

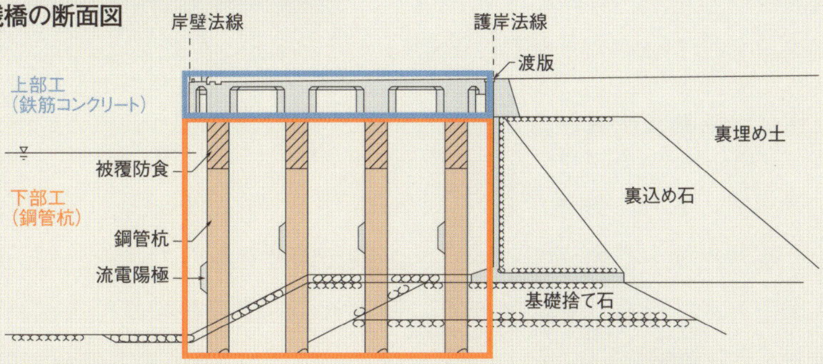

床版のかぶりコンクリートが剥落し、鉄筋が露出している状況。かぶりも不足している（劣化度判定a）

鋼管杭に発生した貫通孔。定期的に点検していなかったため、鋼管杭が断裂しそうになっている

■ 桟橋上部工の劣化度判定基準

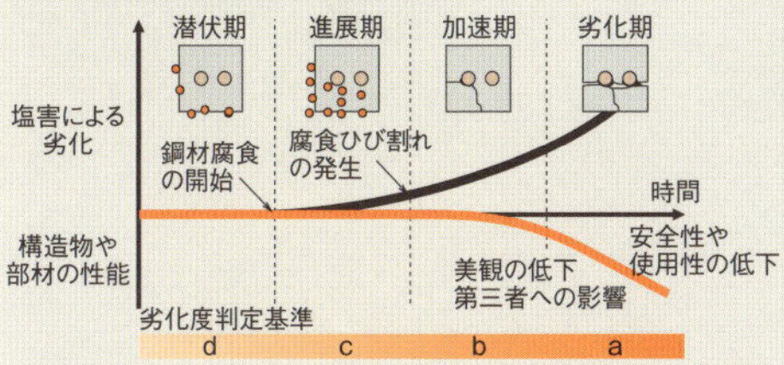

（資料：沿岸技術研究センター「港湾の施設の維持管理技術マニュアル」）

■ 鋼材（鋼管杭）の腐食速度分布

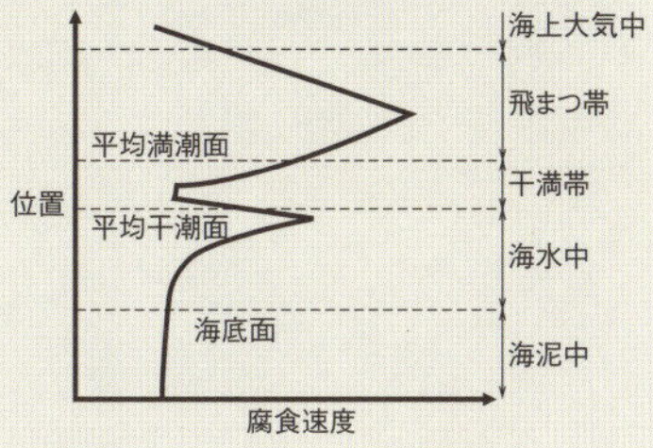

（資料：沿岸技術研究センター「港湾鋼構造物防食・補修マニュアル」2009年版）

しかし最近では、「予防保全的」な対策を施すことが非常に重要となっている。ライフサイクルコストの低減や維持管理費の平準化が求められているからだ。

予防保全的といっても、永久に施設を使い続けるわけにはいかない。では、いつまで使うのか。設計供用期間は、各部材の劣化予測や残存耐力、維持・補修対策の実施時期などを検討するうえで最も重要な条件となる。利用状況や将来計画を考慮し、適切に設定することが肝要だ。

目視調査は熟練技術者が実施

港湾施設の点検・診断の種類には、初回点検と日常点検、定期点検・診断、臨時点検・診断がある。日常点検で確認できるのは、上部工の上面と車止めや防舷材などの付属工に限られ、主要部材の状態を漏れなく確認することは難しい。

しかし、すべての部材について劣化の状態を把握する必要がある。劣

上部工（鉄筋コンクリート）の調査ポイント

〈コンクリートの状態の把握〉

コンクリートコアを採取している状況。コンクリートの強度や劣化因子を推定する試験に使用する

コンクリートに発生したひび割れの深さを計測している様子

〈鉄筋の状態の把握〉

電磁波レーダー法により、鉄筋の位置を推定する。コンクリートコア採取前には必ず実施する

自然電位を計測して、鉄筋腐食の可能性を推定する

〈劣化因子の把握〉

コンクリート表面からどのくらいの深さまで中性化が進展しているかを確認する

■ コンクリート深さと塩分濃度の関係

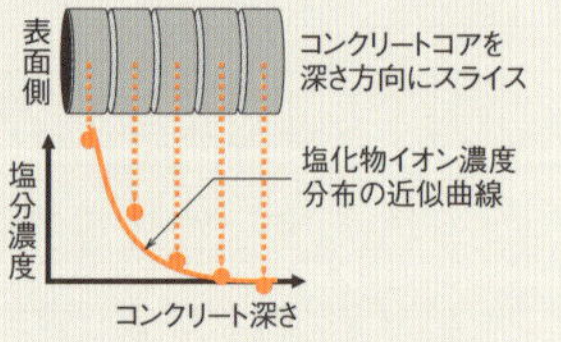

コンクリート深さごとの塩化物イオン量を把握し、鉄筋位置で腐食発生限界値に達する時期を予測する

化に対する適切な対応が遅れれば、施設の安全性に影響を及ぼすような変状に発展する恐れがあるからだ。日常点検で確認できない部材の劣化を見逃さないためにも、適切な時期に、より詳しく部材の状況を確認できる定期点検・診断を実施する。

定期点検・診断は、約3～4年間隔で実施する目視主体の「一般定期点検診断」のほか、潜水士や機器を使った「詳細定期点検診断」を約6～10年間隔で実施する。

目視調査では、部材表面の状態から劣化の程度を把握することが可能だ。しかし、部材表面に劣化が顕在化しない場合もある。そのため、例えばコンクリートの打検調査などを併用して、目視で確認できない浮きなどの変状も把握しなければならない。十分に経験を積んだ技術者による点検を実施し、劣化の兆候を見逃さないことが重要だ。

一方、詳細定期点検診断では、上部工と下部工で主に次のような調査を実施する。

【上部工】

(1) コンクリートの状態の把握（圧縮強度やひび割れ深さなど）

(2) 鉄筋の状態の把握（かぶり厚や鉄筋の腐食状況など）

(3) 劣化因子の把握（中性化深さや塩化物イオン量など）

【下部工】

(1) 鋼管杭の状態の把握（孔食や集中腐食、現有肉厚など）

(2) 防食材の状態の把握（防食効果の確認など）

これらの結果を総合的に評価して、次回以降の点検・診断計画や補修計画を適切に立案する。

特に、桟橋上部工では塩害による劣化現象、下部工では鋼材の肉厚減少と防食工の材料劣化などに注意する。部材が経年劣化すると、設計供用期間内に構造物の性能が要求レベルを下回る恐れがある。各部材の劣化予測を実施したうえで、維持管理計画を作成することが重要だ。

下部工（鋼管杭）の調査ポイント

〈肉厚の測定〉

肉厚測定は鋼管杭の付着物を除去して鋼材面を研磨し、超音波厚さ計の探しょく子で測定する

〈陽極の形状・寸法の測定〉

目視調査で陽極の取り付け状況や個数などを確認。陽極の残寿命は、形状や寸法の計測結果から予測

〈電位測定〉

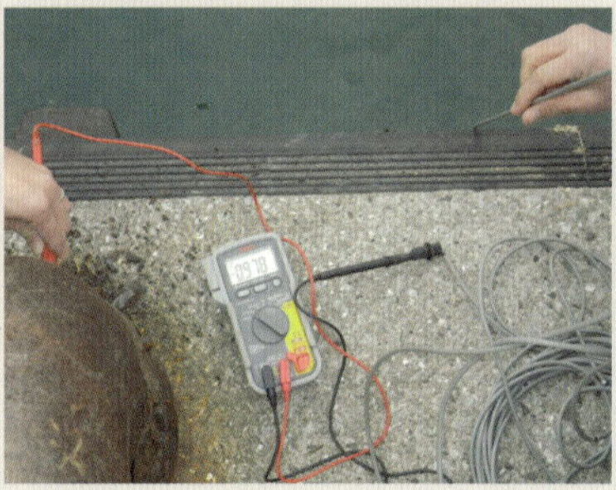

陸上から照合電極を海水中に吊り下げて電位を測定して、防食状態にあるか否かを確認する

上部工は劣化が見えたら手遅れ

栈橋が他の構造形式と大きく違うのは、その上に荷役機械や貨物が直接載ることだ。経年劣化した部材が損傷した場合、大きな事故につながりかねない。

上部コンクリートは、主鉄筋に沿ったひび割れや剥離、剥落などの劣化が顕在化したときには、状態が相当に悪い。施設を長く利用するには、劣化が顕在化する前に予防保全的に対策を施すことが望ましい。

補修の際は、再劣化が生じないようにすることも必要だ。断面修復を施す場合には、主鉄筋の裏側まで既設コンクリートを除去して補修するだけでなく、外部からの塩分を遮断する方法（表面被覆など）や、電気化学的に鉄筋の腐食を抑制する方法（電気防食工法など）を併用する。

一方で下部工の補修は、鋼管杭本体とそれを防食する防食

補修計画のポイント

〈上部工（鉄筋コンクリート）の補修〉

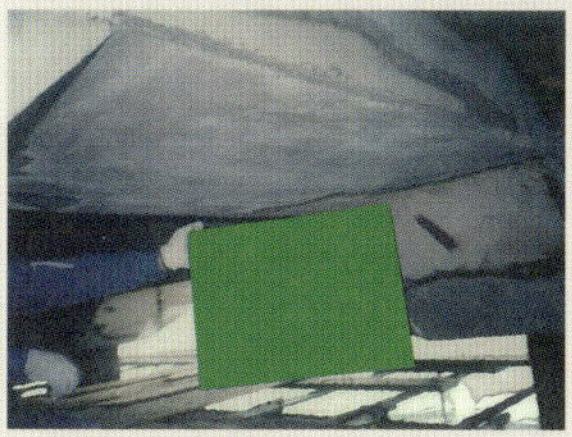

劣化したかぶりコンクリートを除去して断面修復が完了した梁部材

外部からの劣化因子を遮断するため、コンクリート表面を被覆する

〈下部工（鋼管杭）の補修〉

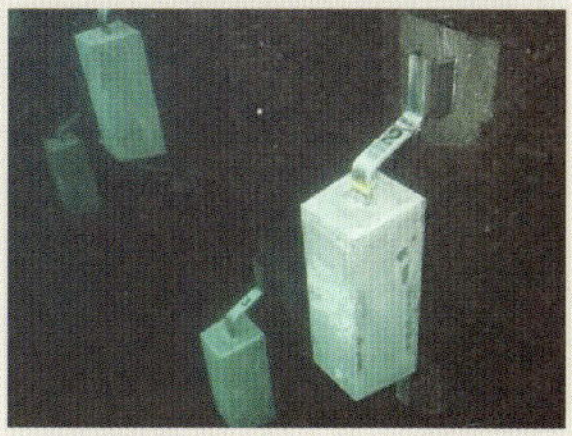

海水中は電気防食で防食する

飛まつ帯から干満帯までは被覆防食（ペトロラタムライニング）で防食する

材料のそれぞれに対策がある。

鋼管杭本体は、腐食で肉厚が不足して耐力不足になると、防食材料が健全でも安全に利用できない。このような場合には、ただちに鋼板溶接や鉄筋コンクリート被覆などで補強する必要がある。

杭頭部の被覆防食は、効用が低下すると鋼管杭の腐食に発展し、安全性に影響を及ぼす。桟橋では杭頭部に発生するモーメントが最も大きいからだ。鋼管杭の腐食を防ぐには、材料劣化の程度を見極めて、適切な時期に部分的または全面的に補修する。水中部の鋼管については、防食用に設けた流電陽極が消失する前に更新すれば、防食効果が持続する。

各部材とも、劣化が顕在化する前の早めの手当てが大切だ。

桟橋上部工の補修

欠かせない設計時の調査内容の再確認

桟橋上部工の補修は海上での作業となるので、潮位や波浪の影響を考慮して足場を設置することが必要だ。設計段階での調査は、船上から実施するので制約条件が多いうえに、補修するまでの間に劣化がさらに進行する。足場を組んだ後には、設計時のはつりや修復の範囲、施工方法が適切かどうかを、改めて確認する作業が不可欠だ。

桟橋上部工の補修工事が、陸上構造物の補修工事と大きく異なるのは、海洋汚染の防止や航行船舶の安全確保に配慮する観点が必要となることだ。海上での工事を始める前に、関係機関への許可申請や届け出などを提出する必要がある。

工事に着手する段階では、まず潮位の変動を意識して、作業性を損なわないように足場の設置レベルを設定する。補修対象のコンクリート部材と足場の間隔は、作業性を考慮すると70cm程度は必要だ。しかし、上部工の高さが低い場合にこれだけの間隔を空けると、満潮時に潮位が足場の上に達し、作業できなくなる恐れがある。

補修作業が可能な時間帯を潮位で制限されると、工程に大きな影響を及ぼす。場合によっては、夜間に補修しなければならなくなる。余裕を持った工程を組むことが大切だ。

特殊なケースだが、潮位との関係から構造物と足場までの間隔を極端に狭くせざるを得ない例もある。このような場合には、能力の低い機械しか使えなかったり、資材の運搬が非効率になったりする。施工効率の大幅な低下を前提にして、施工計画や工程表を作成することが大切だ。

エキスパンドメタルで波浪対策

海上に設置する足場は波浪の影響も受けやすい。工期が台風シーズンをまたぐときは、特に注意する。陸上の構造物と同様に吊り足場を採用

足場のポイント

〈潮位の変動を意識する〉

潮位が低い場合の足場の状況

潮位が高い場合の足場の状況

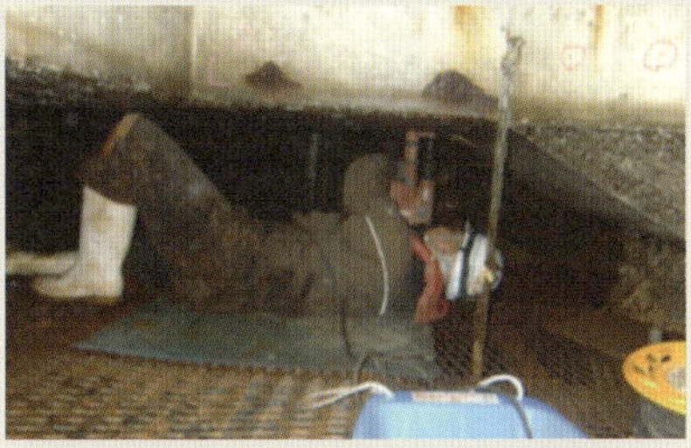

作業空間が狭く、施工能率が大幅に低下する状況

■ 足場板とコンクリート部材の間隔

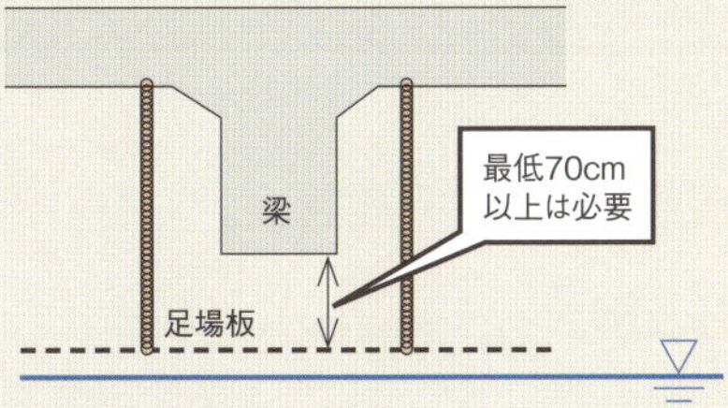

〈波浪の影響を受けやすい〉

波浪を受ける吊り足場

〈波浪に耐える足場の工夫〉

緊張したPC鋼線を使う足場の例。標準的な吊り足場よりも吊りチェーンが少ない

■ PC鋼線を使う足場の断面図

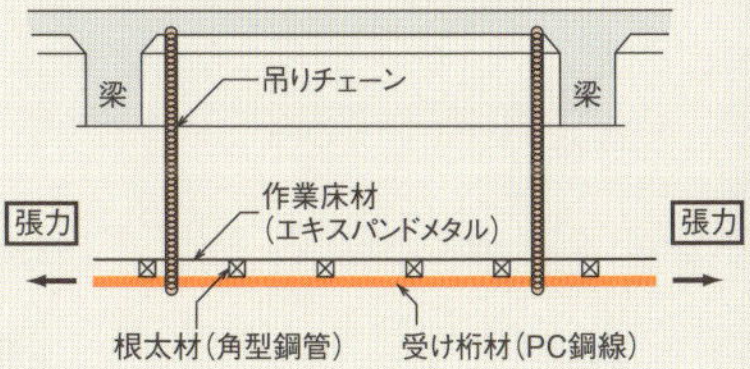

下部工の杭を十数本から数十本で束ねて、PC鋼線で巻いて緊張。その上にエキスパンドメタルを敷いて足場にする

することが多いが、通常の足場板の代わりにエキスパンドメタルを用いる方がよい。海水をかぶっても、水が足場にたまらないからだ。

足場にエキスパンドメタルを使っても、台風時などの波浪による下からの力（アップリフト）には脆弱だ。吊り足場が台風被害にあった事例は多い。足場が崩壊すると、足場材が海中に散乱し、その回収と再設置に多大な時間と費用を要する。

強烈な波浪に耐えられるような様々な足場も考案されている。

例えば、下部工の杭を十数本から数十本束ねるようにしてPC鋼線で巻いて緊張し、そのPC鋼線の上にエキスパンドメタルを敷いて足場にする方法がある。PC鋼線の張力によって、補修時に作用する上からの荷重だけでなく、高波浪時のアップリフトに対しても耐えられる。既にかなりの採用実績がある。

マーカーの色で補修方法を指示

補修作業を開始する前には、作業の範囲や内容が作業者に伝わるように、設計図書に基づいて構造物表面にマーキングを施す。

特に断面修復工法を採用する部分は、改めて足場上でたたき点検を実施して打音や感触などを調べ、浮きや剥離の範囲を正確に把握したうえで、コンクリートをはつり取る範囲を決定する。私の経験では、足場を組んだ後で確認されるはつり範囲は、設計時に考慮した範囲よりも大幅に増加する傾向にある。

設計段階の調査は、船上で実施するので足元が安定せず、調査時間も制約される。加えて、調査してから補修工事までの間に、劣化がさらに進行する。そのため、劣化状況が設計図書と異なることが多い。補修する範囲を再決定したら、マーキングのほかに改めて記録に残しておく。

マーキングでは、補修方法の違いを作業者へ明確に伝えるようにしなければならない。補修方法に応じて作業内容が大きく異なるからだ。例えば、同じコンクリートのはつり取りでも、断面修復工法を用いる範囲は鉄筋の裏側まで確実にはつり取る必要がある。一方、電気防食工法を適用する範囲ならば、浮きの部分だけをはつり取ればよい。作業の違いが分かるようにマーカーの色などを変えて、作業者が間違えないようにすることが重要だ。

はつり作業で浮きが広がる

補修工法として外部電源方式の電気防食を採用する場合、コンクリート表面付近に存在するセパレーターなどの鋼材を、すべて撤去する必要がある。表面付近の鋼材を通じて電気が流れると、防食効果を大幅に低下させる原因になるからだ。表面付近の鋼材除去が目的ならば、除去に必要な範囲のみはつり取ればよい。

ただし、セパレーターなどの金属類は、実際の数量が設計図面に反映されていないことが多い。足場を設置した段階できちんと数量を確認し、除去方法を再検討する。

コンクリートをはつり取る際には、あらかじめはつり範囲の境界線に沿ってカッター目地を入れ、はつりの端部が鋭角になる「フェザーエッジ」と呼ぶ形状にならないようにする。このとき、境界部の健全なコンクリートに、できるだけ振動を与えないように注意する。

とはいえ、はつり作業の過程で発生した振動によって、当初確認していた浮きの範囲が広がることは珍しくない。はつり取った後には、その周辺のコンクリートに浮きが発生していないかどうかを、たたき点検で確認することが不可欠だ。

既設部分より飛び出させる場合も

コンクリートをはつり取った後には鉄筋やかぶり厚などの構造物の状態を確認する。確認作業で見るべきポイントは補修方法に応じて異なる。

はつりのポイント

〈構造物表面にマーキング〉

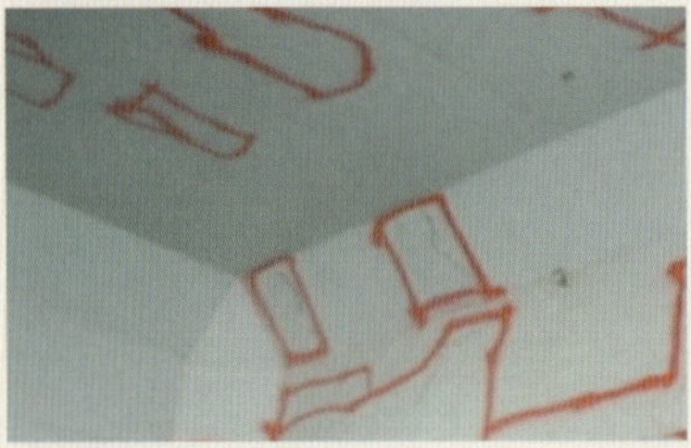

事前調査時点の浮き範囲

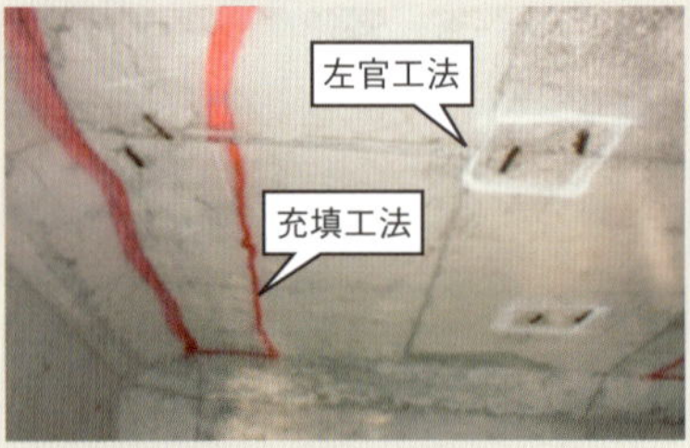

補修方法別のマーキング例

〈状況に応じて範囲を決める〉

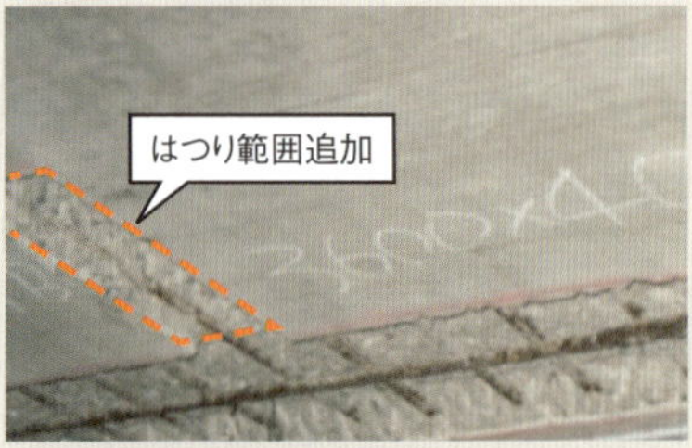

着工後に補修範囲を変更した例

外部電源式の電気防食工法を使うために鋼材を除去した例

〈はつり後の確認〉

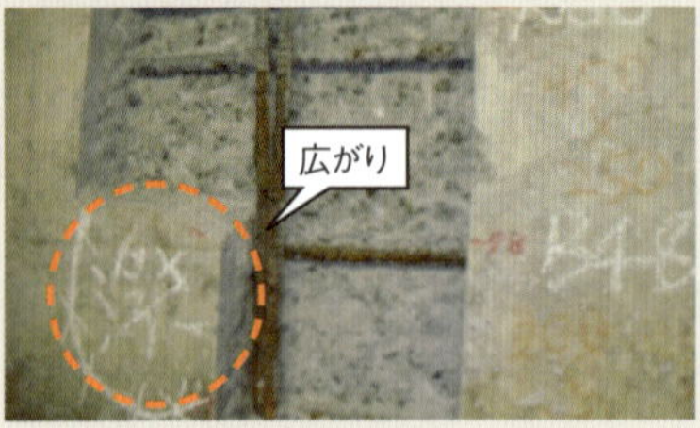

はつり範囲が拡大した例

〈かぶり厚を確保〉

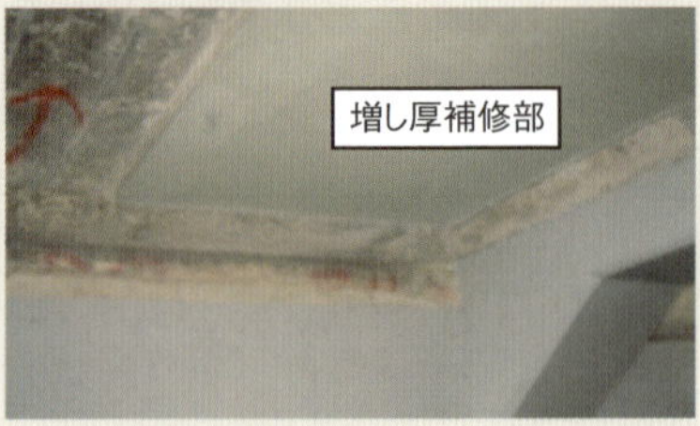

かぶりを意識した断面修復の例。既設表面よりも飛び出させた

例えば、断面修復工法であれば、次のような視点で確認する。断面修復材を確実に充填できるように「鉄筋の裏側まで設計どおりにはつり取られているか」、鉄筋の補強が必要か否か判断するために「断面の減少量が設計で考えた範囲に収まっているか」、断面修復後にかぶり厚を確保できるか否かを判断するために「はつり出した鉄筋のかぶり厚が設計で考

〈はつり出した鉄筋間の導通を確認〉

できるだけ離れた箇所の鉄筋をはつり出し、テスターで導通の有無を確認する

〈導通用の鋼材を溶接する〉

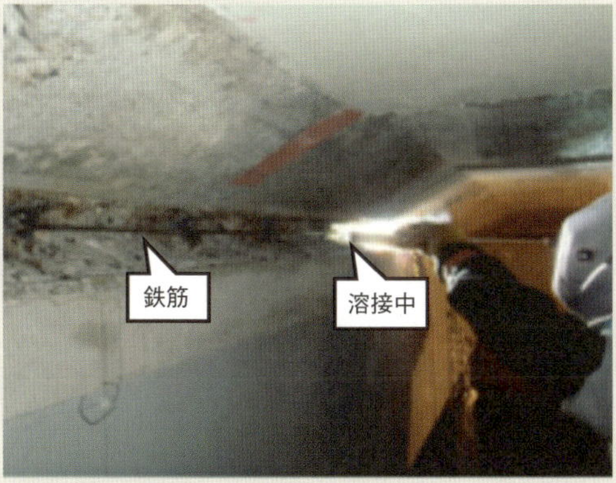

溝状に鉄筋をはつり出して、細い径の鉄筋を溶接。導通を確認後、溝状のはつり部分を埋め戻す

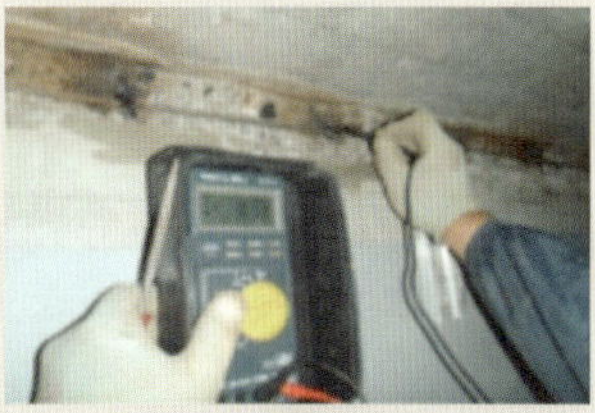

えられた範囲にあるか」——などだ。

かぶり厚を確認する場合、実際のかぶり厚と補修材の塩化物イオン拡散係数とを用いて、補修設計と同じ方法で耐久性照査を実施。本来必要なかぶり厚を確認する。照査の結果、原形復旧状態では所定の性能を満たさないのであれば、断面修復部を既設コンクリート表面よりも飛び出

させて修復する。

電気防食工法を適用する範囲では、はつり出した鉄筋間の電気的な導通の有無を確認することが重要だ。

近年、塩害を受けた桟橋上部工に電気防食を適用する事例が多くなってきた。電気防食工法で必要なことは、「電気防食の対象範囲にある鉄筋が導体として一体化していること」だ。これは、テスターによる導通の有無で確認できる。

塩害で鉄筋腐食が進行すると、鉄筋間の導通が失われることが多い。導通が無いと判断したら、別途、溝状にコンクリートをはつって鉄筋を露出させ、導通用の鋼材を溶接する。

設計時の施工方法を見直す

コンクリートをはつり取った後の断面修復の施工方法は、基本的に補修設計で設定した工法を用いる。しかし、補修工事前の再確認で、設計時と条件が異なっている場合には、当初計画した施工方法が最適であるかどうかを改めて検討する。

例えば、次のようなケースだ。「小断面修復工法を予定していたものの、劣化範囲が広がったので大断面修復工法に変更する」「大断面での充填工法を予定していた範囲だが、当初より補修箇所が多くなったので湿式吹き付け工法に改める」。

工法選定の段階で注意すべきことの一つに、表面被覆工法の材料仕様の選定がある。コンクリートの含水状態は補修時の状態を想定するだけでなく、供用中の雨水流下経路や波浪の影響も考慮しなければならない。

表面塗装を施す材料の仕様は、コンクリートの含水状態に応じて、乾燥面用（含水率が10%未満の場合）、湿潤面用（含水率が10%以上の場合）、海中部用（海水中で施工する場合）の3タイプに分けられる。

材料の仕様は、設計の段階で考慮すべきだが、実際の構造物では部位

断面修復のポイント

〈はつった後に工法を再検討〉

［小断面修復工法］

ミキシングの状況

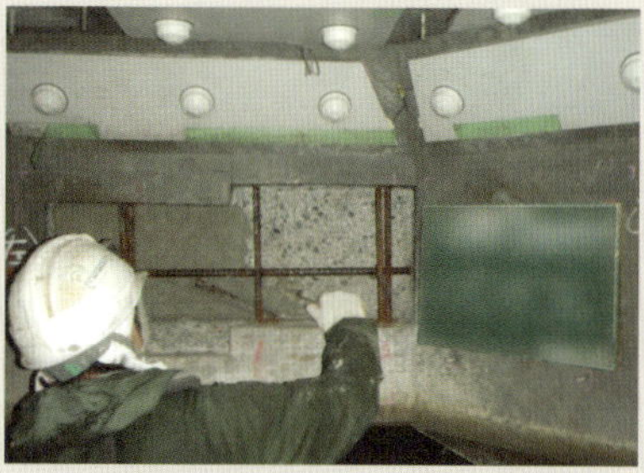

モルタル充填の状況

［大断面修復工法（充填工法）］

型枠の組み立て状況

ミキシングプラントの設置

モルタル充填の状況

［大断面修復工法（吹き付け工法）］

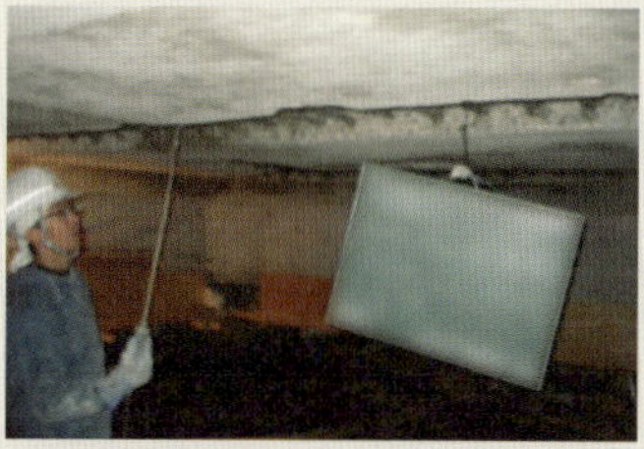

吸水防止剤の塗布

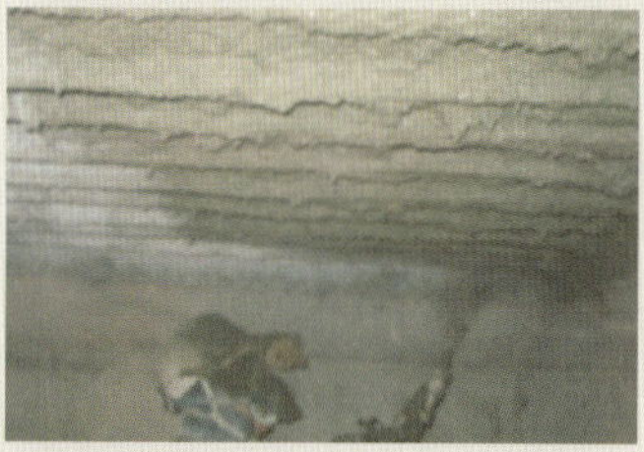

断面修復（吹き付け）

吹き付け仕上げ完了

耐久性維持のポイント

〈表面被覆端部への流水を避ける〉

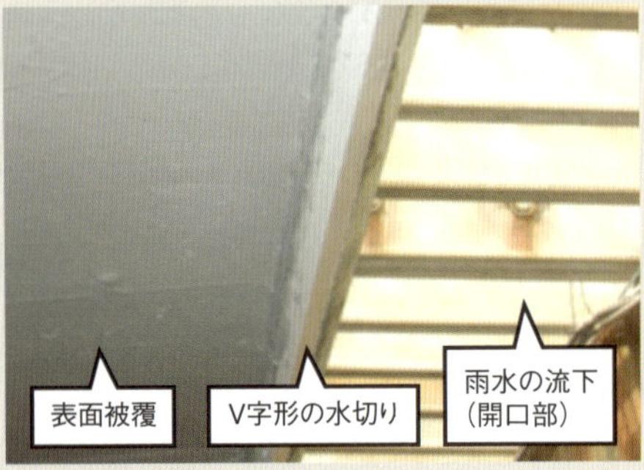

表面被覆の端部にV字形の水切りを設置した例

■ 断面図

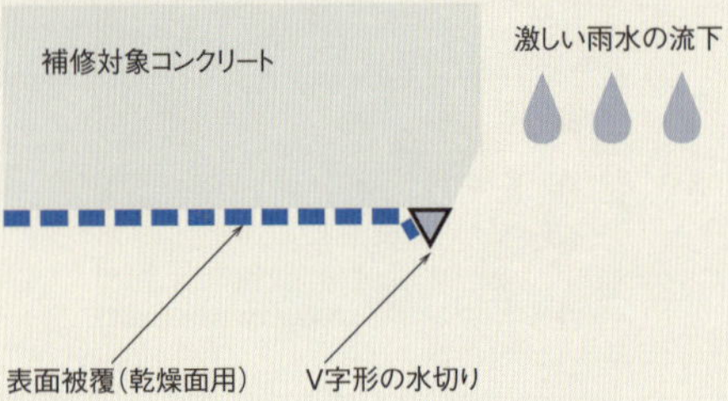

〈表面被覆の施工手順〉

プライマー施工

下塗り施工

上塗り施工

によって環境条件が違う。必ずしもすべての部位が設計時に想定した状態と同じだとは限らない。施工前の段階で、部位ごとに環境条件を確認し、使用材料の適否を検討し直す。

足場用の金物部分は弱点になる

供用中の条件次第では、補修部が劣化を促進しやすい状態になる。

例えば、桟橋上部工に開口部があり、降雨時に激しく雨水が流下するような場合。補修後の耐久性を維持するために、水切りを設置するなどして表面被覆の端部が流水に直接触れないようにする。

一連の補修作業を終えたら、竣工検査を受けて足場を解体する。足場の解体中には、吊りチェーン部の埋め込み金物の劣化防止策を講じる。未塗装部のタッチアップ（部分塗装）やエポキシ樹脂系コーキングでの埋め戻し作業などだ。

これらの箇所は、補修後の弱点となりやすい。ステンレスアンカーを使用するなどして、劣化対策をきちんと計画する。

栈橋下部工の補修

下部工鋼材は防食が基本

栈橋下部工は腐食による損傷が小さければ防食を施して延命化を図り、損傷が大きければ断面補修で耐荷力を回復させる。維持・補修の基本は防食なので、断面補修を施した場合でも、電気防食や被覆防食といった防食の併用を検討する。近年は計画供用期間を延ばすことが多く、一次補修後の再補修も見据えておく必要がある。

港湾鋼構造物の下部工は、海水と接触するので必ず腐食の問題が生じる。腐食が大きく進行すると力学的な性能低下を引き起こす恐れがあるので、計画供用期間が長い港湾施設の場合、下部工の補修や防食対策の重要性が高い。

下に示した図は、既設の下部工の鋼材が腐食によって損傷したときの補修対策の提案例だ。下部工鋼材の一次補修対策は、腐食が比較的小さ

補修対策の提案ポイント

■ 既設構造物の鋼材腐食による補修対策の提案例

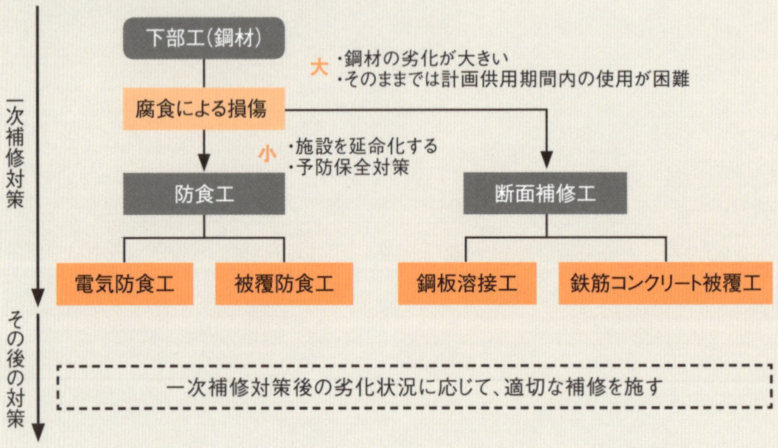

い場合には施設の延命化や予防保全の見地から防食を施す。

腐食が大きく部材の劣化や損傷が激しい場合、あるいは計画供用期間内の使用継続が困難と予測されるほど劣化が進んでいる場合には、鋼板による溶接や鉄筋コンクリート被覆などの断面補修を施す。構造部材の断面強度を確保するためだ。

国内では近年、当初設定した施設の供用期間をさらに延長する傾向が強まっており、一次補修対策を施した後の再補修も、適切に実施する必要がある。維持管理計画では、施した補修対策の劣化状況を把握する維持管理レベルを設定しておく。その計画に基づいて、定期的な点検・診断を実施しながら、適切な補修工法の選定や補修時期を決定する。

海中部には電気防食

鋼管杭の平均的な腐食傾向は、鉛直方向に見ると、十分な酸素を含ん

防食の選定ポイント

■ 防食の分類と鋼管杭の腐食傾向

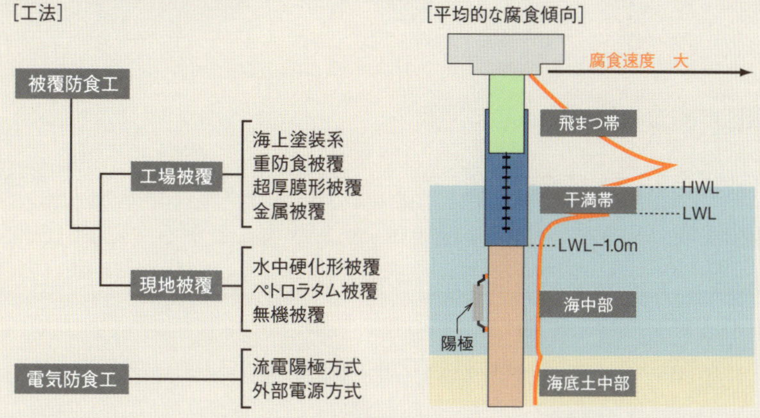

だ薄い水膜が鋼材表面に存在する飛まつ帯で最も大きい。平均干潮面の直下付近は、「マクロセル腐食」と呼ぶ集中腐食が生じ、著しいときには1年間に深さ1mm超の腐食速度を示して腐食孔を発生させる。

補修対策としての下部工鋼材の防食は、「電気防食工」と「被覆防食工」の二つに大別できる。

電気防食は、海中部や海底土中部で適用する。海水による鋼材の腐食反応を電気化学的に抑止して、防食性能を発揮する。下部工への適用実績も多く、被覆防食と比べて防食の信頼性が高い。

アルミニウム合金などの犠牲陽極による「流電陽極方式」と白金系の不溶性電極などを使用する「外部電源方式」がある。現状の主流はアルミニウム合金陽極による流電陽極方式だ。

一方、被覆防食は酸素や水分などの腐食因子を遮断することで防食性能を発揮する。構造物を新設する場合に適用することが多い「工場被覆」と、既設構造物への施工が適している「現地被覆」に分類できる。

工場被覆と現地被覆はともに、いくつかの工法に分かれている。各工法にはそれぞれ特色があり、被覆材の種類やその特性、防食部材の形状、劣化状態への適用性などの違いがある。各工法の特徴や選定方法は、沿岸技術研究センター発行の「港湾鋼構造物防食・補修マニュアル（2009年版）」を参照するとよい。

陽極は完全に消耗する前に交換

施設の計画供用期間を通して下部工を使用し続けるには、一次補修対策の劣化に応じて、適切な再補修を実施することが重要だ。一次補修対策の代表例として、電気防食と被覆防食、鋼板溶接のそれぞれで点検時のポイントを紹介する。

流電陽極方式の電気防食では、防食状態が維持されているかどうかが肝心だ。防食状態は、定期点検時に防食対象となる海水中の鋼材電位を

電気防食（流電陽極方式）のポイント

■ 電位測定結果による判定

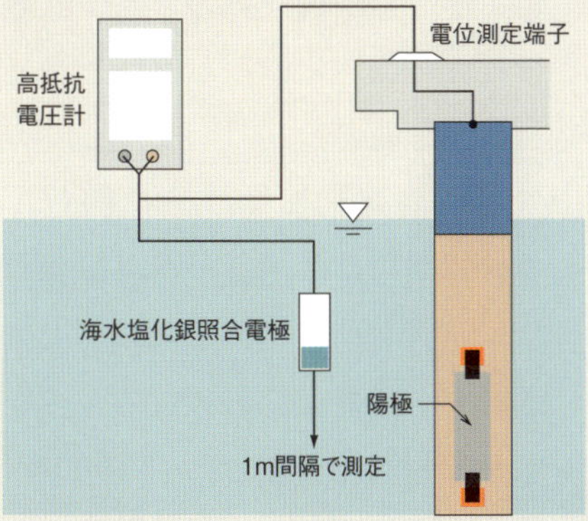

防食管理電位Ep≦−800mV／海水塩化銀電極

［判定基準］

劣化度	評価
a	防食管理電位が維持されていない
b	—
c	—
d	防食管理電位が維持されている

（資料：沿岸技術研究センター「港湾鋼構造物防食・補修マニュアル（2009年版）」）

■ 陽極消耗量測定と残寿命の算出方法

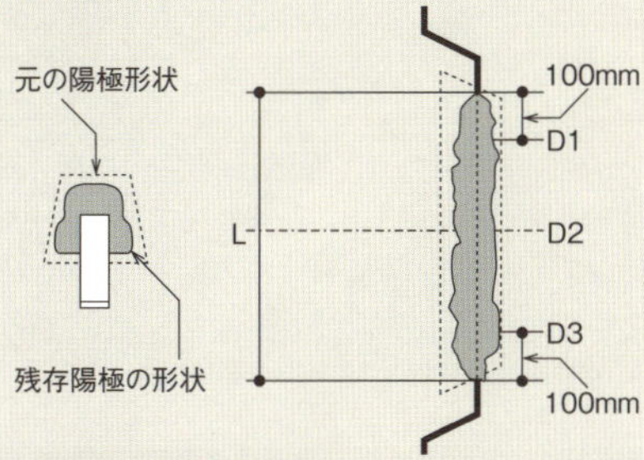

［残存質量W（kg）の算出］

W＝［(D／4)^2×L−芯金の体積］×陽極の密度

D：平均周長＝(D1＋D2＋D3)／3

［平均年間消耗量S（kg／年）の算出］

S＝(W_0−W)／経過年数（年）

W_0：陽極の初期質量（kg）

［残存寿命T（年）の算出］

T＝W／S

潜水士が陽極表面に付着している腐食生成物などを除去し、陽極の形状寸法を計測する。左の写真は周長（D）、右の写真は長さ（L）をそれぞれ測定している様子

測定することで判断できる。

さらに、詳細定期点検時には、陽極の残寿命を推定する。残存陽極のサイズを測って消耗量を測定すれば残寿命を推定できる。ほかに、陽極から発生する電流量を記録して、残寿命を評価する方法もある。

電気防食で使用するアルミニウム合金陽極は犠牲陽極と呼ばれ、防食

〈陽極の消耗写真〉

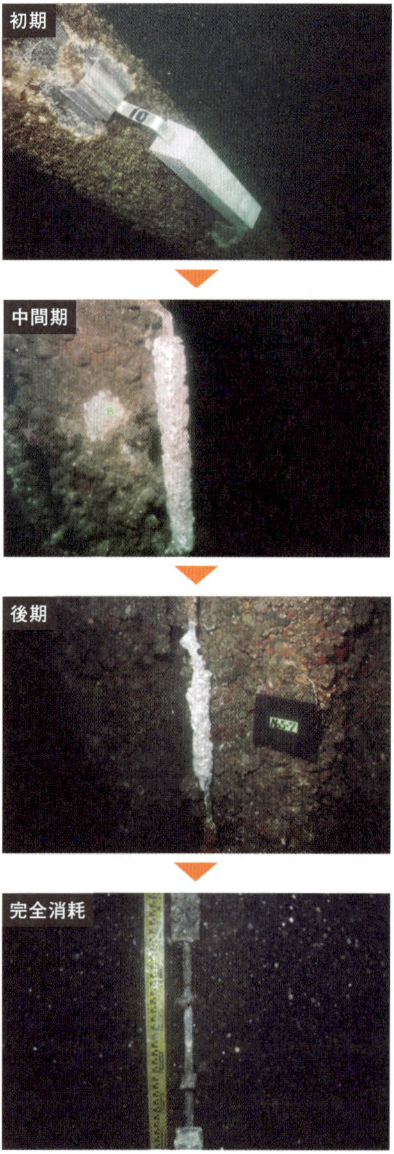

下部工の鋼材に取り付けたアルミニウム合金陽極は表面から溶解消耗し、やがて完全消耗して芯金と取り付け金具だけが残る

電流を鋼材表面へ供給し続ける。左に示した連続写真のように表面付近から徐々に消耗して、やがて交換期を迎える。

下に陽極交換期の概念図を示す。初期には陰極となる鋼材表面にエレクトロコーティングが生成されて、腐食電流の流れにくさを示す鋼材の分極抵抗が上昇する。そのため、時間の経過とともに接地抵抗と鋼材の電位差が大きくなり、鋼材を流れる電流密度が小さくなる（A域）。

その後、鋼材の分極特性が定常化して鋼材電位や電流密度が安定

■ 陽極交換期の概念図

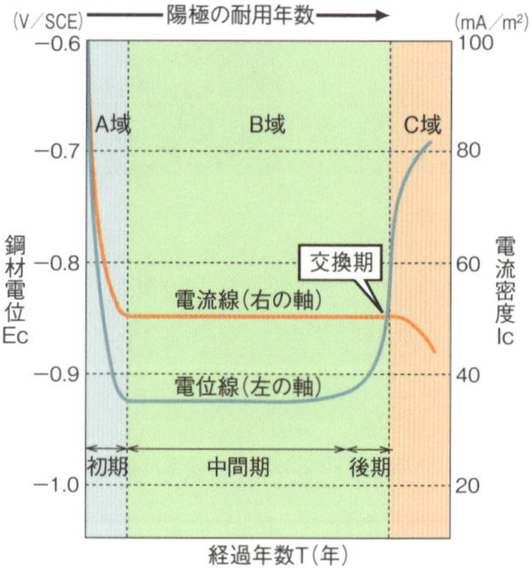

*SCEは飽和カロメル電極を基準にして測定したことを示す

する（B域）。陽極が消耗すると、鋼材電位が貴化傾向を示し、自然電位に近付く。－0.8ボルトになった時点で設計上の寿命となる（C域）。

C域になってから陽極を交換すると、安定するB域に移行するまでに多くの電流が生じて陽極が消耗する。防食の信頼性の確保や経済性を考慮するならば、陽極が完全に消耗する前に交換することが望ましい。

陽極の寿命が当初の計画耐用年数より長くなることも多い。先に述べたような点検診断を定期的に実施しながら、最適な時期に陽極を交換することが賢明だ。

塗り重ねは塗料の相性に注意

被覆防食は電気防食と比べると長期にわたって防食性能を発揮するものの、再補修が不要というわけではない。流木や船舶の接触といった外的要因による損傷や、保護カバーの強度劣化などが想定されるからだ。

被覆防食の再補修は、劣化状況に加えて、一次補修で施した被覆の種類や特性を勘案して適切に実施する。特に、塗り重ねの適合性を考慮することが重要だ。

下塗り塗料が上塗り塗料の溶剤で溶け出すような塗り重ねは避ける。例えば、油性系の塗料にエポキシ系や塩化ゴム系の塗料を塗り重ねるのは不適合だ。一般に部分的な補修の場合、現状の被覆防食と同じ種類の工法で補修することが多い。

部分補修か全面補修かは、点検診断の結果から被覆防食の防食性能を評価し、劣化度に応じて決める。工場被覆と現地被覆の劣化状況を点検診断した例を次ページの囲みに示した。

鋼板溶接は、鋼材の腐食が著しく、部材の性能が大きく低下した場合に、当初の性能まで回復・向上させる目的で適用する断面補修の一つだ。鋼板溶接を施しても、防食対策が必要だと判断することもある。その場合は、電気防食や被覆防食などの防食と併用する。

被覆防食のポイント

■ 劣化度ごとの性能評価と対策例

劣化度	防食の性能評価	対策例
a	防食性能が著しく低下している	被覆防食工の全面的な補修を実施する必要がある
b	防食性能が低下している	劣化した箇所を補修し、以降の定期点検診断時期を早めるなどの配慮が必要である
c	防食性能の低下はないが、変状が発生している	特に補修の必要はないが、多少劣化が始まった時期のため、被覆防食工の種類によっては、以降の定期点検診断時期を早めるなどの配慮が望まれる
d	変状が認められず防食性能の低下はない	従来どおりの定期点検診断を実施する

（資料：沿岸技術研究センター「港湾鋼構造物防食・補修マニュアル（2009年版）」）

〈工場被覆の劣化〉

既設構造物に超厚膜形被覆工法を適用したものの、10年程度でさびの発生が広がった。劣化度aで全面補修と診断した

船舶の衝突によって一部損傷した耐海水性ステンレス被覆工法。劣化度bで部分補修と診断した

〈現地被覆の劣化〉

繰り返し大きな漂流物が接触して、ペトロラタム被覆工法のFRP保護カバーが損傷した。劣化度aで全面補修と診断した

モルタル被覆層に大きなクラックが発生して剥落し、鋼管杭の表面が露出した。劣化度aで全面補修と診断した

断面補修（鋼板溶接）のポイント

〈併用補修の例〉

鋼板溶接と被覆防食を併用した補修対策が完了した例。当初の性能まで回復させる目的として鋼板溶接を適用したうえで、被覆防食を施した

腐食によって鋼管杭に断面欠損が生じたので、鋼板を溶接で接合した状態

溶接した鋼板の維持・補修対策としてペトロラタム被覆工法による防食を施した

港湾構造物の下部工鋼材では防食対策が最も重要だ。各部材の定期点検診断の結果から適切な補修工法や再補修の時期を決めるシナリオを、事前に作成しておくのが望ましい。

執筆者紹介

以下、数字は掲載ページ、カッコ内は日経コンストラクションでの掲載号を示す。執筆者の所属先や肩書きは執筆時のもの。特記以外の写真・資料は執筆者の提供。本書は、日経コンストラクション2011年1月24日号から13年10月28日号までに掲載した「図解 維持・補修に強くなる」を再編集した。本文中の内容は基本的に掲載時のもの

新構造技術社長

松村 英樹（まつむら・えいき）

1950年生まれ。76年に日本大学大学院理工学研究科修了。2005年から新構造技術社長。日本構造物診断技術協会副代表理事、PC技術協会コンクリート構造診断士委員会委員、土木学会フェロー会員、特別上級技術者（メンテナンス）、技術士（建設部門、総合技術監理部門）、コンクリート診断士、コンクリート構造診断士、一級構造物診断士

▶8-13（2011年1月24日号）

▶14-19（2011年2月28日号）

▶38-47（2011年3月28日号）

▶48-53（2012年1月23日号）

▶60-67（2012年3月26日号）

▶84-89（2011年4月25日号）

▶130-139（2011年5月23日号）

ショーボンド建設本社保全技術部長

樋野 勝巳（ひの・かつみ）

1953年生まれ。77年に九州工業大学を卒業後、ショーボンド建設に入社。98年に東京支店技術部長、2000年に補修工学研究所長、04年に本社技術部長。08年に取締役。11年から現職。技術士（総合技術監理部門、建設部門）

▶20-27（2011年9月26日号）

奈良建設本店営業部担当部長

佐藤 貢一（さとう・こういち）

1961年生まれ。85年に武蔵工業大学（現・東京都市大学）土木工学科を卒業後、奈良建設に入社。2002年に技術部担当部長、07年から現職。技術士（総合技術監理部門、建設部門）、コンクリート主任技士、コンクリート診断士、博士（工学）

▶28-35（2011年10月24日号）

▶54-59（2012年2月27日号）

▶100-105（2012年7月23日号）

▶106-113（2012年8月27日号）

富士ピー・エス技術本部エンジニヤリンググループ次長

吉田 光秀（よしだ・みつひで）

1960年生まれ。84年に熊本大学工学部環境建設工学科を卒業後、富士ピー・エス・コンクリート（現・富士ピー・エス）に入社。技術士（建設部門）、コンクリート診断士、コンクリート構造診断士、一級構造物診断士

▶68-75（2012年4月23日号）

▶76-81（2012年5月28日号）

K&Tこんさるたんと代表

肥田 研一（ひだ・けんいち）

1950年生まれ。74年に千代田コンサルタントに入社し、主にPC長大橋の設計と維持補修に携わる。2006年にK&Tこんさるたんとを設立。技術士（建設部門）、コンクリート診断士、コンクリート構造診断士

▶90-99（2012年6月25日号）

横河工事保全事業本部工事第一部計画積算グループ課長

柿沼 努（かきぬま・つとむ）

1970年生まれ。94年に日本大学理工学部土木工学科を卒業後、横河メンテックに入社。2002年に合併で横河工事に転籍。10年から日本橋梁建設協会保全委員会保全第一部会委員

▶116-121（2011年11月28日号）

▶122-129（2011年12月26日号）

NIPPO総合技術部技術研究所研究次長

井原 務（いはら・つとむ）

1981年に中央大学理工学部土木工学科を卒業後、日本鋪道（現NIPPO）に入社。2006年に技術研究所研究第3グループ課長、13年から現職。一級土木施工管理技士、技術士（建設部門）、工学博士

▶142-149（2013年8月26日号）

NIPPO総合技術部生産技術グループ特殊工法担当課長

稲葉 七生（いなば・ななお）

1980年に日本鋪道（現NIPPO）に入社。2002年に工務部、08年に生産技術機械部。13年から現職

▶150-157（2013年9月23日号）

▶158-163（2013年10月28日号）

東京都下水道局施設管理部管路管理課長

池田 匡隆（いけだ・まさたか）

1983年に東京都下水道局入局。90年に日本下水道事業団へ出向。南部管理事務所管路施設課長、流域下水道本部技術部設計課長、建設部設計調整課長などを経て、2010年から現職

▶166-171（2011年7月25日号）

全国上下水道コンサルタント協会下水道委員会下水道管渠設計小委員会委員長

梶川 努（かじかわ・つとむ）

1976年3月にオリジナル設計事務所（現オリジナル設計）入社。2010年1月からオリジナル設計東京支社計画部執行役員部長。06年6月から全国上下水道コンサルタント協会下水道管渠設計小委員長。技術士（上下水道部門、総合技術監理部門）

▶172-177（2012年9月24日号）

FRP内面補修工法協会事務局長

近藤 昌司（こんどう・まさし）

1966年法政大学卒業後、大塩組入社。80年にイセキ開発工機入社。2000年に日本インパイプ入社。04年からFRP内面補修工法協会に所属。約40年間、下水道工事に携わっている

▶178-183（2012年10月22日号）

土木研究所道路技術研究グループ上席研究員（トンネル）

角湯 克典（かどゆ・かつのり）

1991年に神戸大学大学院を修了し、建設省（現・国土交通省）に入省。99年に東北地方建設局企画課長、2004年に河川局海岸室課長補佐を経て、08年から土木研究所上席研究員（トンネル）。技術士（建設部門）

▶186-191（2011年6月27日号）

日本シビックコンサルタント地下構造物設計部長

齊藤 正幸（さいとう・まさゆき）

1985年に日本シールドエンジニアリング（現・日本シビックコンサルタント）入社。現場計測や調査点検、補修・補強の業務に10年間、地下構造物設計業務に25年間、それぞれ携わる

▶192-197（2013年2月25日号）

東京地下鉄工務部構造物担当課長

山本 努（やまもと・つとむ）

1992年に帝都高速度交通営団（現・東京地下鉄）に入団。主に軌道および土木構造物の維持管理業務に携わる。2010年から現職

▶198-203（2013年3月25日号）

東京地下鉄鉄道本部工務部土木課構造物担当課長

大泉 政彦（おおいずみ・まさひこ）

1976年に帝都高速度交通営団（現・東京地下鉄）に入団。主に駅やトンネルの改良、街路整備に伴う換気口や換気塔の移設、土木構造物の補強工事に携わる。2010年から本社土木課、13年4月より現職

▶204-209（2013年5月27日号）

▶210-215（2013年7月22日号）

東亜建設工業技術研究開発センター長

守分 敦郎（もりわけ・あつろう）

1953年生まれ。77年に京都大学を卒業後、東亜建設工業に入社。シビルリニューアル事業室長やエンジニアリング事業部長を経て、2012年に技術研究開発センター長、11年から執行役員。博士（工学）、技術士（建設部門）、土木学会特別上級技術者（メンテナンス）

▶218-227（2011年8月22日号）

▶234-243（2012年12月24日号）

日本港湾コンサルタント九州支社技術部長

山内 浩（やまうち・ひろし）

1972年生まれ。96年に鳥取大学を卒業後、日本港湾コンサルタントに入社。2011年4月より九州支社技術部長。技術士（建設部門）、海洋・港湾構造物維持管理士

▶228-233（2012年11月26日号）

ナカボーテック取締役兼執行役員

仲谷 伸人（なかたに・のぶひと）

1956年生まれ。81年ナカボーテックに入社。RC推進部長や技術研究所長を経て2012年より取締役兼執行役員。防食・補修工法研究会技術部会長。電気防食工業会理事

▶244-251（2013年1月28日号）

図解 維持・補修に強くなる

一目で分かるインフラ維持管理の教科書

2014年4月22日　初版第1刷発行
2014年10月31日　初版第2刷発行
2015年6月12日　初版第3刷発行
2016年5月31日　初版第4刷発行

編者　日経コンストラクション編
発行人　安達 功
編集スタッフ　森下 慎一
発行　日経BP社
発売　日経BPマーケティング
〒108-8646　東京都港区白金1-17-3

デザイン　後藤 一敬、浮岳 喜
印刷・製本　図書印刷株式会社

ISBN978-4-8222-7487-0